Klaus Richarz

# Erdmännchen & Co.

Säugetiere im Zoo

# Inhalt

Was ist eigentlich ein Säugetier? 4
Ordnung in die Vielfalt gebracht 7
Die Großlebensräume der Erde 17
Säugetiere als Haustiere – eine gemeinsame Geschichte 27
Zoos – von der Menagerie zur Arche Noah 32

**Europa 34**

**Asien 74**

**Afrika 136**

**Madagaskar 194**

**Nordamerika 208**

**Südamerika 232**

**Australien 270**

**Polargebiete 286**

**Meere 294**

**Info-Ecke 308**
Zoos in Europa 309
Register 313

# Was ist eigentlich ein Säugetier?

Na, was wohl? So etwas wie Katze und Maus eben. Oder wie Hund und Pferd, Affe und Igel, Murmeltier und Seehund,... Alles, was eine warme Körpertemperatur hat, dazu (meist) ein kuscheliges Fell und vier Beine. Und natürlich, was seine Babys mit Milch säugt. Daher ja schließlich der Name.

Säugetiere mag jeder, schon von Kindesbeinen an. Im Zoo sind sie immer die Stars. Irgendwie fühlen wir uns besonders zu ihnen hingezogen, interessieren wir uns besonders für sie. Doch das ist kein Wunder, schließlich gehören wir Menschen ebenfalls zu den Säugetieren. Wir haben es hier also mit unseren Verwandten zu tun, und Verwandtschaft verbindet eben.

Die Zoologen, die von Berufs wegen untersuchen, analysieren und klassifizieren, wissen zudem eine Vielzahl er-

*Junge Erdmännchen an der Milchbar*

*Duftdrüsen im Gesicht eines Blauduckers*

staunlichster Dinge über die Säugetiere zu berichten. Zum Beispiel, dass diese Gruppe der Wirbeltiere ein in der Tierwelt einzigartiges Kiefergelenk besitzt.

Dank ihrer enormen Anpassungsfähigkeit, ihrer Intelligenz wie ihrem Opportunismus sowie der Fähigkeit zu komplexen Sozialbeziehungen zeigten sich die Säuger im Kampf ums Dasein vielfach den übrigen Tieren überlegen. Jedenfalls vermochten sie im Lauf der vergangenen Jahrmillionen praktisch die ganze Erde zu erobern.

## Die wichtigsten Erfindungen

Es waren unauffällige, säugerähnliche Reptilien, aus denen sich vor 225 bis 195 Millionen Jahren im Schatten der alles beherrschenden Dinosaurier die ersten echten Säugetiere entwickelten. Man weiß heute, dass es sich bei diesen Ur-Ur-Ur-Vätern von Affe, Hirsch & Co. um nur etwa 5 cm große, nachtaktive Tierchen handelte.

Auf den ersten Blick scheint die Entwicklung von Haaren und Hautdrü-

### Muttermilch macht schlau

Durch die exklusive Ernährung mit Muttermilch in der ersten Lebenszeit der Jungen besteht zwar eine existentielle Abhängigkeit des Nachwuchses von der Mutter, jedoch nutzen die Kleinen diese Zeit gewöhnlich zum Lernen.
Dabei können sie nicht-angeborene Verhaltensweisen und Fertigkeiten entwickeln, die es ihnen erlauben, sich flexibler auf verändernde Umweltbedingungen einzustellen.

sen bei den Säugern, darunter Milch-, Talg- und Schweißdrüsen, wenig spektakulär.

Doch gerade diese „Erfindungen" sollten in ihrer Tragweite bis heute all das bestimmen, was ein Säugetierleben an Vorteilen gegenüber anderen Lebensformen bietet. Sie führten nämlich dazu, dass die Säuger ihre Körpertemperatur auf einem konstanten Niveau halten können, und zwar unabhängig von der Umgebungstemperatur. Womit erst eine Besiedlung extremer Lebensräume möglich wurde.

Und nicht zuletzt setzen Säugetiere untereinander geruchliche (über Duftdrüsen) wie akustische und optische Signale in großer Zahl ein, die über Geschlechts-, Gruppen- und Alterszugehörigkeit, Status, Territorium, ja selbst über Stimmung und Individualität anderer Artgenossen Auskunft geben, sowohl gruppenangehöriger wie fremder. Damit hat die Kommunikation nie gekannte Möglichkeiten erreicht. Und Kommunikation ist nun mal wichtig, soll das Sozialleben gut funktionieren.

## Weniger ist mehr

Auch wenn die Gesamtzahl der Säugetierarten im Vergleich zu manch anderen Tierklassen eher bescheiden ist, erreicht keine andere Tiergruppe eine derart große Formenvielfalt und Flexibilität. Offensichtlich können es sich nur die Säuger „leisten", zwischen 1,5–2 g leicht zu bleiben (Hummelfledermaus, Etruskerspitzmaus) oder bis zu 100 t auf die Waage zu bringen (Blauwal) und damit immerhin 100 Millionen Mal schwerer zu werden als die kleinsten Artverwandten.

*Säugetiere, wie diese Amurtiger, haben vielerlei Mittel zur Kommunikation.*

# Ordnung in die Vielfalt gebracht

Fast jeder kennt Zebra, Elefant, Nashorn, Löwe, Affe, Bär, Hase, Delfin, Robbe und Känguru. Aber das sind bei weitem nicht alle! Die überwiegende Mehrzahl der Säugetierarten ist den meisten von uns unbekannt.

Durch neuere Untersuchungen, einige neue Entdeckungen (das beachtlich große Okapi wurde erst 1901 entdeckt!), vor allem aber durch moderne molekulargenetische Labormethoden hat sich die Zahl der in der Fachwelt bekannten und anerkannten Säugetierarten in den letzten Jahrzehnten deutlich erhöht. Bezifferte man ihre Gesamtzahl bis vor kurzem noch auf 4680, werden neuerdings 5411 heute lebende Säugetierarten beschrieben. Die Wissenschaftler ordnen sie der Übersicht halber in ein zoologisches System ein und unterteilen sie aufgrund ihrer verwandtschaftlichen Beziehungen in zahlreiche Gattungen, viele Familien, 29 Ordnungen und zwei Unterklassen.

Von dieser großen Schar wird allerdings nur eine sehr begrenzte Zahl in Zoos gehalten. Warum? Nun, nicht alle Arten wirken auf Besucher gleichermaßen attraktiv, viele sind auch extrem schwierig zu halten oder aber besonders selten. Traditionsgemäß überwiegen in jeder öffentlichen Tierhaltung die großen, spektakulären Arten, zu denen sich dann noch einige besonders interessante oder auch skurrile Arten gesellen. Dennoch kann man in den Zoos dieser Welt unzählige Säugetiere aus nächster Nähe sehen und ungehindert beobachten. Leider kann in einem Buch wie diesem die Auswahl der davon vorgestellten Arten zwangsläufig nur begrenzt sein.

Einen Überblick über die Fülle der Säugetiere und darüber, wer mit wem verwandt und verschwägert ist, geben Ihnen die folgenden Seiten. Sie stellen die verschiedenen Ordnungen der Säugetiere kurz vor.

## Eier legende Säugetiere – kaum zu glauben

So etwas existiert tatsächlich! Die ältesten Fossilfunde dieser außergewöhnlichen Säugetierordnung, von der es heute nur noch fünf Arten gibt, reichen bis in die frühe Kreidezeit vor 120 Millionen Jahren zurück. Das Be-

*Skurril: der Eier legende Schnabeligel aus Australien*

*Die kennt jeder: afrikanische Großsäuger am Wasserloch.*

sondere an ihnen ist, dass die Entwicklung der Jungen eine kurze Zeitspanne in einem lederschaligen Ei abläuft.

Nachdem die Jungen mit etwa zehn Tagen geschlüpft sind, werden sie wie jedes andere Säugetierbaby von Muttermilch ernährt. Australien, Tasmanien und Neuguinea sind die Heimat dieser Tiere.

## Beuteltiere – mit Kinderstube am Bauch

Alle denken bei Beuteltieren an Australien. Tatsächlich entstanden sie aber vor mindestens 80 Millionen Jahren in Nordamerika, wurden dort jedoch durch die zunehmende Zahl höherer Säugetiere mit der Zeit verdrängt und starben vor 15–20 Millionen Jahren wieder aus. Heute kommt in Nordamerika einzig das Virginia-Opossum (siehe S. 210) vor, das vor rund 1 Million Jahren aus Südamerika wieder einwanderte.

In der übrigen Welt aber gibt es noch eine ganze Menge Beuteltiere: Mit 341 Arten besiedeln sie die unterschiedlichsten Lebensräume, vor allem in Australien, Tasmanien, Neuguinea bis Sulawesi und Timor, aber auch in Mittel- und Südamerika.

Typisch für die Beuteltiere ist, dass ihre Jungen sehr unreif geboren werden: Sie sind bei der Geburt unglaublich winzig, fast noch Embryonen, kriechen aber sogleich aus eigener Kraft in den mütterlichen Beutel und entwickeln sich hier weiter, fest angedockt an Milchzitzen.

Beuteltiere werden in sieben Ordnungen eingeteilt: Beutelratten (87 Arten), Spitzmausopossums (sechs Arten), Zwergopossums (eine Art), Beutelmulle (zwei Arten), Raub- und Ameisenbeutler (71 Arten), Bandikuts und Regenwald-Nasenbeutler (21 Arten) sowie Kletterbeutler, Wallabys, Kängurus, Wombats und Koala (zusammen 143 Arten).

## Tanreks und Goldmulle – ungleiche Verwandte

Die oft igelartig aussehenden Tanreks sind wie die maulwurfähnlichen Goldmulle Insektenfresser. Tanreks gibt es nur auf Madagaskar und benachbarten Inseln. Dort konnten sie sich in fast völliger Isolation weiterentwickeln. Im Labor wurde mit molekulargenetischen Methoden eine Verwandtschaft mit den Goldmullen festgestellt, die ausschließlich in Afrika südlich der Sahara vorkommen. Daher fasst man beide Gruppen heute zu einer Ordnung zusammen, die aus 51 Arten besteht.

*Ein junges Känguru, geborgen im Beutel der Mutter*

## Rüsselspringer – einstmals riesig

Sie sehen wie riesige Spitzmäuse auf Stelzen aus: Rüsselhunde und Riesenelefantenspitzmäuse. Früher, vor etwa 24 Millionen Jahren, gab es von ihnen sehr viele Arten, darunter sogar ein 500 g schweres Tier, das an ein kleines Huftier erinnerte und Gras fraß. Alle heute existierenden 15 Arten der Rüsselspringer (Bild siehe S. 10) leben in Afrika und sind Insektenfresser.

## Röhrchenzähner – eine einsame Art

Das einzige Mitglied seiner Ordnung heißt zwar Erdferkel, hat jedoch mit den Schweinen nichts gemein und gehört zu den seltsamsten und am stärksten spezialisierten Säugetieren Afrikas (siehe S. 138).

*Kurzohrrüsselspringer sind kuriose Geschöpfe.*

## Schliefer – Verwandte der Elefanten
Sie sehen aus wie etwas groß geratene Meerschweinchen und doch sind sie, nach den Seekühen, die nächsten Verwandten der Elefanten. Während Schliefer einst in zahlreichen Arten von Südeuropa bis China vorkamen und eine Art wohl sogar im Wasser lebte, trifft man die kleinen Kerlchen heute nur noch in Afrika und im Nahen Osten (siehe S. 178). Die Zoologen stellen sie mit Elefanten und Seekühen in die Überordnung der Fast-Huftiere.

## Elefanten – die grauen Riesen
Von den in früheren Zeitaltern zahlreichen Vertretern dieser Ordnung sind bis heute drei Arten übrig geblieben, eine, die in Asien lebt (siehe S. 124), zwei in Afrika (siehe S. 176). Anhand einiger typischer Merkmale erkennt sie jedes Kind: Sie sind sehr groß, haben einen Rüssel, den sie als Greiforgan einsetzen können, dazu noch riesige Ohren sowie ein Paar langer Stoßzähne, die die stark verlängerten oberen Schneidezähne sind (bei allen Afrikanern und bei den Bullen der Asiaten). Elefanten können als Nicht-Wiederkäuer Pflanzenkost vertragen, die für Wiederkäuer zu derb ist. So machen sie bei der Nahrungswahl den Wiederkäuern in ihrem Lebensraum keine Konkurrenz.

## Seekühe – Nachfahren pflanzenfressender Landsäuger
Seekühe (siehe S. 303) sind die einzigen ständig im Wasser lebenden Meeressäuger, die sich in erster Linie von Pflanzen ernähren. Ihre Vorfahren waren nämlich pflanzenfressende Landsäugetiere, die in seichten Sümpfen grasten und sich ganz allmählich an das Leben im Wasser anpassten. So kamen die vier heute noch lebenden Arten zu ihrem stromlinienförmigen Körper und den Vorderflossen. Damit erinnern sie äußerlich überhaupt nicht mehr an ihre engsten Verwandten, die Elefanten.

## Gürteltiere – uralte Panzerritter
Ihr Abwehrsystem ist einzigartig unter den Säugetieren: Die Gürteltiere (siehe S. 234) schützen sich mit einem harten, geschuppten Panzer aus Hautknochen vor Feindesangriffen. Entwicklungsgeschichtlich gehören sie zu den ältesten Säugetieren.

Die meisten der aktuell lebenden 21 Arten sind eher Leichtgewichte gegenüber ihren Ahnen, die bis zu 100 kg wogen. Das seltene Riesengürteltier aus Südamerika kommt mit immerhin 30–60 kg diesen Vorfahren noch am nächsten. Früher hielt man die gepanzerten Burschen, die sich von Insekten und anderem Kleingetier

*Ein Neunbinden-Gürteltier aus Venezuela*

ernähren, für zahnlos und stellte sie zu den „Zahnarmen". Jedoch besitzen sie Zähne, wenn auch verkümmerte. Pro Kiefer meist 14–18, das Riesengürteltier sogar 80–100 und damit mehr als die meisten anderen Säugetiere.

### Faultiere und Ameisenbären – zahnlos durchs Leben

Im Gegensatz zu den Gürteltieren sind Ameisenbären (siehe S. 235) und Faultiere (siehe S. 236) tatsächlich zahnlos. Aufgrund einer anatomischen Besonderheit fassen die Zoologen sie mit den Gürteltieren zu den „Nebengelenkstieren" zusammen. Zwergameisenbären können sich wie Faultiere vom tragenden Ast aus waagrecht ausstrecken, eine Haltung, die durch die Nebengelenke zwischen ihren Wirbeln erst möglich ist. Die zehn Arten der Ordnung „Faultiere und Ameisenbären" kommen ausschließlich in Mittel- und Südamerika vor.

### Spitzhörnchen – weder Insektenfresser noch Primaten

Sie waren immer gut für Diskussionen unter den Biologen. Die einen zählten die kleinen Kerlchen mit den spitzen Schnauzen zu den Insektenfressern, die anderen hielten sie für urtümliche Primaten. Und keiner hatte recht. Tatsächlich sind die asiatischen Spitzhörnchen (siehe S. 80) eine Säugetierordnung, die sich schon sehr früh in der Entwicklungsgeschichte von den höheren Säugetieren abgespalten hat. So stehen die heute 20 Arten von Spitzhörnchen den gemeinsamen Vorfahren aller höheren Säugetiere wohl recht nahe.

### Riesengleiter – tierische Gleitschirmflieger

Die mit zwei Arten in südostasiatischen Regenwäldern vorkommenden Riesengleiter oder Calugos bilden eine eigene Ordnung „Hautflügler". Etwa hauskatzengroß, sind sie ganz ans

Baumleben angepasst und hervorragende Kletterer. Wenn sie beim Ruhen an einem Ast hängen, sehen sie fast wie Faultiere aus.

Wenn sie aber ihre Flughaut von 70 cm Spannweite ausbreiten, die vom Hals über die Finger- und Zehenspitzen bis zur Schwanzspitze reicht, verwandeln sie sich zu lebenden Gleitschirmen. Sie können so Gleitflüge von 70 m und mehr ohne großen Höhenverlust ausführen. Riesengleiter leben hauptsächlich von Blättern, Trieben und Knospen. Zu ihren natürlichen Feinden zählt einer der seltensten Greifvögel der Welt, der Affenadler, der sich zu 90 Prozent von Riesengleitern ernährt.

## Primaten – greifen, um zu begreifen

Die Angehörigen dieser Ordnung, also die Halbaffen, Affen und Menschenaffen samt uns Menschen, zeigen die fortgeschrittenste Gehirnentwicklung aller Säugetiere. Das Leben im dreidimensionalen Raum der Baumkronen hat die Entwicklung der heute in Südamerika, in Afrika, auf Madagaskar und in Asien vorkommenden 376 Arten stark geprägt.

So hat es auch das räumliche Sehen und das gezielte Greifen mit den Händen beeinflusst, das uns Menschen zusammen mit den Menschenaffen erst ein „Begreifen" ermöglichte.

*Schimpansen – drei Charaktergesichter, die für sich sprechen*

## Nagetiere – tierische Vielfalt mit Meißelzähnen

Mit sage und schreibe 2277 Arten sind sie nicht nur die artenreichste, sondern sicherlich auch die vielfältigste Säugetierordnung überhaupt. Gemeinsam ist Mäusen, Eichhörnchen, Biber & Co., dass sie je ein Paar große, meißelartige, stetig nachwachsende Schneidezähne im Ober- und Unterkiefer haben, dafür dort eine lange Zahnlücke, wo sonst die Eckzähne sitzen. Nagetiere verzehren alle Arten von Pflanzenteilen, aber auch Insekten und andere wirbellose Tiere, manche sogar Fische und Aas. Abgesehen vom aktiven Flug beherrschen sie sämtliche anderen von Säugern bekannten Fortbewegungsweisen.

Mit Ausnahme der Antarktis und einiger kleiner ozeanischer Inseln besiedeln Nager weltweit alle Lebensräume. Einige von ihnen gebären sehr unfertig entwickelte Junge (Nesthocker), die bei der Geburt gerade mal ein Prozent vom Gewicht der Mutter wiegen, bei anderen Arten sind die Neugeborenen sehr weit entwickelt (Nestflüchter) und haben ein Geburtsgewicht von fast zehn Prozent der Mutter. Viele Nagetierarten leben gesellig, manche, wie etwa unser Murmeltier (siehe S. 47) halten einen langen Winterschlaf.

## Hasenartige – nagende Nichtnagetiere

Haben Sie Kaninchen bislang für Nagetiere gehalten? Falsch! Sie gehören neben den Hasen und Pfeifhasen zu den Hasentieren, die zwar auch nagen, sich in der Evolution aber gänzlich unabhängig von den Nagetieren zum Nagertyp entwickelt haben.

Die 92 Arten dieser Ordnung sind bis auf die Antarktis fast weltweit verbreitet. Als Eigentümlichkeit scheiden Hasentiere zweierlei Kot aus, wobei der Blinddarmkot zur doppelten Verdauung ein weiteres Mal verzehrt wird. Viele Hasenartige sind Einzelgänger, manche bilden aber auch Gruppen. Bis auf die Kaninchen und Pfeifhasen, die sich Baue graben, leben die meisten oberirdisch im offenen Gelände mit Deckungsmöglichkeiten.

## Igelartige – mit und ohne Stacheln

Auch wenn Sie beim Stichwort „Igel" sofort an dessen Stachelkleid denken – eine ganze Reihe von Haarigeln kommt auch ohne Stachelrüstung aus. Früher zu den Insektenfressern zählend, fasst man die 24 Arten von Igelartigen heute zu einer eigenen Ordnung zusammen. Sie sind in Europa, Asien und Afrika zu finden und ernähren sich vor allem von wirbellosen Beutetieren sowie gelegentlich von Aas.

## Spitzmausartige – ober- und unterirdisch aktiv

Früher warf man sie wegen ihrer Ernährungsweise zusammen mit vielen anderen Tiergruppen in einen Topf, in die Ordnung der Insektenfresser. Heute bilden aufgrund der Verwandtschaftsverhältnisse die Spitzmausartigen eine eigene Ordnung, und zwar mit 428 Arten keine kleine. Die typischen Spitzmäuse zählen ebenso dazu wie die Maulwürfe und Desmane sowie die äußerst gefährdeten Schlitzrüssler von den Inseln Kuba und Hispaniola.

## Fledertiere – aktive Flieger

Vor 60 Millionen Jahren entwickelten die Fledertiere den aktiven Flug. Sie sind die einzigen aktiv flugfähigen

*Ein Riesenflughund aus Sri Lanka*

Säuger. Die zahlreicheren Kleinfledermäuse beherrschen zudem seit knapp 50 Millionen Jahren das Prinzip der Echoortung. So ausgerüstet, eroberten Fledertiere erfolgreich die Nische der Nacht, um im Schutz der Dunkelheit und in der Dämmerung eine Vielzahl von Nahrungsquellen zu nutzen: Nektar, Pollen, Früchte, Wirbellose, kleine Wirbeltiere und sogar Blut. Heute kommen sie mit 1196 Arten in der ganzen Welt vor, die kältesten Regionen einmal ausgenommen.

## Schuppentiere – Spezialisten in Rüstung

Dachziegelartige Hornschuppen schützen die acht Arten der im tropischen Afrika und Asien vorkommenden Schuppentiere. Allesamt sind die Rüstungsträger auf Ameisen und Termiten spezialisiert.

## Raubtiere – Jäger zu Land und zu Wasser

Raubtiere – dieser Name hat etwas Furchterregendes an sich. Das liegt sicherlich daran, dass sich sowohl die Landraubtiere, zu denen die Marder und Bären, die Schleichkatzen sowie die Hunde- und Katzenartigen gehören, wie auch die Wasserraubtiere, die Robben, hauptsächlich oder sogar ausschließlich von erbeuteten Tieren ernähren. Typisches Merkmal sind ihre dolchartigen Eckzähne (Fangzähne) und scharfe, gezackte Backenzähne. Raubtiere treten weltweit mit 281 Arten auf und bewohnen sämtliche Landschaften und Lebensräume. Sie leben in allen denkbaren Gesellschaftsformen, von Einzelgängern bis zu hochkomplexen Gemeinschaften, in denen sich die Mitglieder bei der Jagd wie bei der Jungenaufzucht gegenseitig unterstützen.

## Unpaarhufer – drei Familien mit wenig Arten

Im Gegensatz zu den Paarhufern ist die Ordnung der Unpaarhufer eine kleine Gesellschaft. Ihre lediglich 17 Arten teilen sich auf die Familien Pferde, Nashörner und Tapire auf, am artenreichsten sind davon noch die Pferde mit Wildpferd, Wildeseln, Halbeseln und Zebras. Obwohl Nashörner und Tapire auf den ersten Blick wenig mit Pferden gemein haben, belegen Gebiss, Bau der Gliedmaßen sowie Ähnlichkeiten im Verhalten und in den Körperfunktionen die enge Verwandtschaft.

## Paarhufer – zeigt her eure Füße … und Kopfwaffen

Sieht man von Australien einmal ab, kommen die Vertreter der Ordnung Paarhufer weltweit vor, alles in allem 196 Arten, unterteilt in zehn Familien. Wichtigstes gemeinsames Merkmal ist, dass jeweils die dritten und vierten Finger bzw. Zehen das gesamte Körpergewicht tragen. Lediglich Flusspferde haben auch den zweiten und fünften Finger/Zeh gut ausgebildet.

Dagegen sind diese bei allen anderen Paarhufern deutlich schwächer entwickelt, liegen als sogenannte „Afterklauen" hinter den Klauen oder fehlen gar – wie bei Giraffen und Kamelen – völlig. Weitere, im wortwörtlichen Sinn „hervorragende" Merkmale der Paarhufer sind ihre Kopfwaffen. Diese können, in Form von Geweihen, Hörnern oder hauerartigen Zähnen, entweder bei beiden Geschlechtern oder nur bei den Männchen vorhanden sein. Sie kommen vor allem in ritualisierten Rangordnungskämpfen zum Einsatz.

Die Wissenschaftler unterteilen die Paarhufer in drei Unterordnungen: die Schweineartigen, zu denen auch die Flusspferde zählen, die Schwielensohler mit den Kamelen und Lamas sowie die artenreichste Unterordnung, die Wiederkäuer. Unter den letzteren finden sich Hirsche und Giraffen ebenso wie die allein schon 137 Arten von Hornträgern, z. B. Rinder, Gazellen und Ziegenartige. Kein Zoo der Welt kann wohl das komplette Artenspektrum der Hornträger präsentieren.

### Säugetiere – verfolgt und verehrt

Säugetiere wurden von jeher von Menschen verfolgt und verehrt.
Seit ihrer Frühgeschichte jagten Menschen vor allem große und mittelgroße Säugetierarten zur Fleischgewinnung, um aus den Fellen und Häuten Kleidung, aus den Knochen Werkzeuge zu fertigen, aber auch, um aus einigen Körperteilen oder Organen Hilfsmittel oder (vermeintliche) Stärkungsmittel zu gewinnen.
Auch wurden einige Säugetierarten gottgleich verehrt, um sie auf magische Weise wohlgesonnen zu stimmen oder um bestimmte Eigenschaften, die man an ihnen bewunderte, auf sich übertragen zu bekommen.

*Die Vorfahren des Großen Tümmlers lebten an Land!*

## Wale und Delfine – Eroberer der Weltmeere

Die 84 Arten von Barten- und Zahnwalen sind am perfektesten von allen Säugetieren an das ständige Leben im Wasser angepasst. Auch, wenn man es kaum glauben mag: Die Wale stammen von landbewohnenden, schweineartigen Huftieren ab. Vor über 50 Millionen Jahren schon eroberten sie den größten Lebensraum der Erde, die Weltmeere, die immerhin zwei Drittel unseres Planeten bedecken.

Fast 90 Prozent aller Walarten gehören zur Unterordnung der Zahnwale. Die meisten davon zählen zu den Delfinen und Schweinswalen. Sie sind mit Längen um 4–5 m recht klein. Darunter gelten die Flussdelfine mit ihren langen „Schnäbeln" und sehr kleinen Augen als die primitivsten Vertreter der heutigen Waltiere. Fast alle Flussdelfin-Arten sind heute stark gefährdet, der Chinesische Flussdelfin aus dem Jangtse ist kürzlich wohl ausgestorben. Der größte unter den Zahnwalen ist der Pottwal.

Der Blauwal wiederum ist nicht nur der größte aller Bartenwale, sondern mit seinem Gewicht bis zu 150 t auch das größte Tier, das jemals auf der Erde lebte.

# Die Großlebensräume der Erde

Säugetiere sehen nicht nur höchst unterschiedlich aus, sie haben im Laufe ihrer Erfolgsgeschichte auch praktisch die ganze Erde besiedelt. Da blieb es nicht aus, dass sie mit ganz verschiedenen Lebensbedingungen klarkommen mussten. Lassen Sie uns die hauptsächlichen Lebensräume, die unsere Erde bereithält, einmal näher betrachten.

## Arktische Wüsten, Tundra, Taiga und Hochgebirge

Ein beißender Schneesturm pfeift dem Eisfuchs um die Nase. Dennoch läuft der pelzige Kerl über die weißen Hänge. Der Hunger treibt ihn an. Es ist unwirtlich kalt, sehr kalt, in seiner Heimat, der Tundra und den Eiswüsten nördlich der Waldgrenze. Hier, im hohen Norden Eurasiens und Nordamerikas währt der Sommer nur kurz, der Winter mit der dunklen, eisigen Polarnacht hingegen zieht sich enorm in die Länge. Acht bis neun Monate kann er dauern. Das sind Bedingungen, mit denen nur wenige Säugetiere zurechtkommen, darunter neben Eisfuchs und Polarwolf auch Lemminge, Moschusochsen oder Rentiere.

Südlich der Tundra schließen sich endlose Nadelwälder an. Sie werden mit ihrem sibirischen Namen als Taiga bezeichnet. Hier lebt es sich schon ein wenig besser, wenn auch noch lange nicht gemütlich. Nagetiere wie Rötelmäuse, Eichhörnchen, Flughörnchen oder der kanadische Urson profitieren von den Samen der Nadelbäume, Raubtiere wie Luchs und Vielfraß,

*Tundra und Berge in Alaska*

Puma, Braun- und Schwarzbär stellen ihrerseits den Pflanzenfressern nach.

Ähnlich strenge Lebensbedingungen wie im hohen Norden herrschen in den Hochgebirgen. Das sind Gebirge, die sich, unabhängig von ihrer tatsächlichen Höhe, über die obere Waldgrenze erheben. Wo im Gebirge keine Bäume mehr wachsen können, ist es auch immer kalt. Da halten sich nur noch Zwergsträucher, oberhalb von diesen herrschen Grasheiden vor, eine Art kalter Steppe. Noch weiter oben, im Bereich der klimatischen Schneegrenze, existieren nur noch alpine Rasen, dazwischen ein paar Polsterpflanzen, dazu Fels und Schutt, die bisweilen noch mit Moos und Flechten besiedelt sind. Und schließlich kommt die eigentliche Schneestufe, die ganzjährig mit Schnee und Firn bedeckt ist. Selbst hier oben, weit über der Baumgrenze, leben noch Säugetiere. So nutzen z. B. Guanakos und Vikunjas in den südamerikanischen Anden die schneefreien Flächen als karge Weiden, und das sogar ganzjährig. Als besondere Anpassung an die große Höhe kann das Blut der Vikunjas den Sauerstoff besonders gut binden, selbst noch in Höhen, wo die Luft schon „dünn" wird.

Auch noch andere Säugetiere trotzen Kälte und Kargheit dieser Lebensräume. So graben z. B. Murmeltiere ihre Baue in den Boden der Hochsteppen, auch kommen Schneemäuse in den Alpen, Pfeifhasen im Himalaja und Chinchillas in den Anden noch in großen Höhen vor. Sogar stattliche Huftiere wie der Yak grasen auf den spärlichen Weideflächen des Hochgebirges, wovon wiederum Raubtiere wie der Schneeleopard profitieren.

*Endlose Nadelwälder der Taiga*

## Vielfalt der Anpassung

Jeder der tierischen Kältespezialisten hat seine persönliche Taktik entwickelt, dem unwirtlichen Lebensraum zu trotzen: ein dicker Pelz, ein langer Winterschlaf oder ein weißes Fell als Tarnung im Schnee.

## Wälder der gemäßigten Breiten

Wenden wir jetzt den Blick vom hohen Norden auf unsere Breitengrade. Während die Lebensgemeinschaften der nördlichen Nadelwälder ihre ursprüngliche Natur noch weitgehend behielten, hat der Mensch in den gemäßigten Breiten die Wälder in großen Teilen gerodet und den Bestand an Tieren und Pflanzen stark verändert. Schließlich waren sowohl die Hartlaubwälder des Mittelmeerraums wie auch die sommergrünen Wälder unserer Breiten für die menschliche Besiedelung besonders geeignet. Die Menschen drängten hier den Wald zurück, und es entwickelten sich an seiner Stelle Hochzivilisationen, zuerst in Vorder- und Ostasien sowie in Europa, nach der Entdeckung der Neuen Welt auch in Nordamerika. Und wo nun der Mensch lebte, war für Großraubtiere wie Bär, Luchs und Wolf kein Platz mehr. Sie wurden als Konkurrenten verfolgt bzw. durch starke Bejagung ausgerottet. Den großen Huftieren wie z. B. dem Wisent erging es nicht anders. Umgekehrt profitierten Rehe und vor allem das Rotwild, aber auch die Wildschweine davon, dass der Mensch sie als Jagdtiere begehrte und entsprechend hegte.

Infolge der landwirtschaftlichen Nutzung der Region entstanden neue Lebensräume wie Felder, Waldränder und Feldhecken. Diese ermöglichen

*Wälder und Felder wechseln sich in unserer Landschaft ab.*

*Karge Landschaft vor unserer Haustür: die Alpen*

### Säuger in Siedlungen

Einige Kleinsäuger folgten dem Menschen sogar von sich aus bis in seine Siedlungen.
Darunter finden sich die Hausmaus und die Wanderratte ebenso wie Iltis und Steinmarder und eine ganze Reihe Fledermausarten.

es, dass Tiere, die ursprünglich Steppenbewohner waren, zuwanderten. Unter unseren heimischen Säugern sind dies z. B. Hase, Hamster und Feldmaus.

## Steppen und Savannen

Wir kennen sie alle von unzähligen Büchern, Bildern und Filmen: Die heißen, grasbestandenen Ebenen Afrikas, auf denen riesige Herden von Zebras, Gnus und Büffeln grasen und in der Ferne Löwen brüllen. Vergleichbares gibt es aber auch auf den übrigen Kontinenten.

Allgemein werden die ausgedehnten, mehr oder weniger baumlosen, trockenen Grasfluren im Innern der Kontinente als Steppen und Savannen zusammengefasst. Bedingt durch ihre besonderen Boden-, Pflanzendecken- und Klimaverhältnisse sind diese Lebensräume im Vergleich zu Wäldern zwar ärmer an Arten, zeichnen sich aber durch eine große Individuenfülle aus. Wie in ältesten Zeiten beeindrucken uns auch heute noch die großen und mittelgroßen Huftiere, die in Rudeln und in riesigen Herden durch die Steppe ziehen. Früher waren sie Garanten für das Überleben der Jägervölker in der Region.

*Eine typische Savanne mit Gras und Akazien in Äthiopien*

DIE GROSSLEBENSRÄUME

*Karg: Steppe in der Mongolei*

In Gebieten mit besonders geringen Niederschlägen gehen die Steppen und Savannen allmählich in Halbwüsten oder Wüstensteppen und schließlich in echte Wüsten über, ohne dass man dazwischen scharfe Grenzen ziehen könnte. Wüstensteppen erscheinen in der Trockenzeit als Wüsten, bringen aber nach einem kräftigen Regen für kurze Zeit einen Pflanzenteppich hervor. In Gebieten mit höherem Grundwasser kommt es auch zwischen Steppe und Wald zu Übergängen in Form von Park- oder Waldsteppen.

In jedem Kontinent hat die Steppe ihr eigenes Gesicht und ihre eigenen Bewohner. In Eurasien wurde sie früher von Grasfressern wie Wildpferd, Halbesel, Wildkamel und Wildyak dominiert. Dazwischen gingen Raubtiere wie Leopard und Gepard auf die Jagd, die heute weitgehend oder ganz ausgerottet sind. Heute leben hier als Grasfresser nur noch die Saiga-Antilope und einige wenige weitere Antilopen- und Gazellenarten, als Fleischfresser nur noch Wolf und Rothund.

In Afrika ist die Grasfresser-Fraktion noch viel größer und besteht z. B. aus Warzenschwein, Wildesel, Steppenzebra, Steppenelefant, Breitmaulnashorn sowie zahlreichen Antilopen- und Gazellenarten. Ihnen stellen hier Gepard, Löwe, Leopard, Hyänen und der Afrikanische Wildhund nach.

In Nordamerika heißt die entsprechende Grassteppe Prärie, in Südamerika Pampa.

Die letzten nordamerikanischen Prärien wurden von Bisons und Gabelböcken genutzt, von denen Wolf, Kojote, Puma und teilweise auch Jaguar profitierten. In den südamerikanischen Pampas leben bis heute noch die Kleinkamele (Lamas), als Großraubtiere Puma und Jaguar.

Doch sind die großen Grasfresser und ihre Raubfeinde nicht die einzigen in der Steppe. Sie haben Gesellschaft von jeder Menge mittelgroßer Säuger wie Pfeifhasen, Hasen, Springhasen,

Steppenmurmeltiere, Ziesel, Präriehunde, Eichhörnchen, Pampashasen, Viscachas, Meerschweinchen, Wombats, Ratten-, Kaninchen- und Mittelkängurus sowie, als deren Verfolger, Schakale, Füchse, Kampf- und Pampasfüchse, Mähnenwölfe, Marder, Tayra, Iltisse, Skunks, Steppen- und Falbkatze. Und schließlich huscht noch eine fast unübersehbare Schar kleiner Nagetiere durchs Gras: Hamster, Wühlmäuse, Spring- und Hüpfmäuse, Kamm-, Taschen- und Ohrenratten und wie sie alle heißen. Dazu gesellen sich als Kleinraubtiere Wiesel, Grisons, Zwergmangusten, Kleinkatzen und viele mehr.

*Zwischen Savanne und Wüste: aufgesprungener Boden in der Sahelzone*

Die größeren Pflanzenfresser suchen als schnelle Läufer ihr Heil in der Flucht. Um sich nähernde Feinde auf jeden Fall zu entdecken, ist es für die Huftiere von Vorteil, sich zu größeren Gruppen zusammenzuschließen: Mehr Augen sehen mehr. Auch, wenn es hart auf hart kommt, tun sie sich in der Gruppe leichter, sich zu verteidigen: mehr Hufe treten mehr.

Raubtiere gehen zwar oft alleine auf die Jagd, eine Reihe von ihnen hat aber auch erkannt, dass das Jagen in der Meute (Wolf, Afrikanischer Wildhund, Rothund) oder im Familienrudel (Löwe) Vorteile für sie bringt. Vorteile haben fürs Überleben, das ist es, worum es immer geht. Und dafür sucht jede Tierart die für sie beste Strategie. So vermeiden z. B. die pflanzenfressenden Säugetiere des Savannen-Graslands, dass sie sich beim Fressen untereinander Konkurrenz machen, indem die einzelnen Arten Pflanzenteile in verschiedenen Höhenschichten nutzen. Während Zebras und Gnus grasen, knabbern Kleinantilopen Blätter und Früchte des niedrigen Dickichts ab, Großantilopen zupfen das Laub von höheren Ästen und die Giraffen fressen bequem das Grün der Baumkronen.

### Männchen machende Gräber

Um ihren Feinden zu entgehen, vergraben sich viele Kleinsäuger der offenen Grasfluren im Boden. Wollen sie „am Tageslicht" die dichte Pflanzendecke überblicken, etwa um nach Feinden Ausschau zu halten, müssen sich die kleinen Kerlchen vielfach erst aufrichten, also „Männchen machen". Für die meisten ist das aber kein Problem.

## Wüsten

Steppen sind gewiss eine trockene Angelegenheit, doch es geht noch trockener. Noch viel trockener. Im eigentlichen Trockengürtel unseres Planeten zwischen den gemäßigten Zonen und den tropischen Savannen und Wäldern liegen die großen Wüsten der Erde: die Nordamerikanischen Wüsten, die Atacama und die patagonischen Trockenräume in Südamerika, die Sahara

*Heiß und trocken: Sandwüste in Kasachstan*

in Nordafrika, Namib und Kalahari in Südafrika, die arabische, indoiranische und turkestanische Wüste, die Takla Makan und Gobi in Zentralasien und last, but not least die australischen Wüstengebiete.

Sämtlichen Wüsten gemeinsam ist der Feuchtigkeitsmangel, nicht jedoch eine dauernde Hitze. In den Wüsten Zentralasiens kann es z. B. auch empfindlich kalt werden.

Doch das Problem der Wüstenbewohner ist nicht die Kälte. Der kann man mit einem dicken Pelz begegnen. Da ist die Hitze schon unangenehmer. Die Wüstentiere dürfen sich nicht überhitzen, das hielte ihr Organismus genausowenig aus wie unserer. Große Ohren und lange, schlanke Gliedmaßen vieler wüstenbewohnenden Säugetiere (Wüstenhasen, Wüstenfuchs) geben Wärme ab.

Auch Hecheln und Belecken des Körpers dienen der Kühlung. Kleinsäuger suchen unterirdische, schattige

### Siesta
Viele Arten entgehen der Gluthitze auch, indem sie morgens und abends aktiv sind und dazwischen eine lange „Mittagspause" einlegen.

Schlupfplätze auf. Das eigentliche Problem der Wüstentiere aber ist die Wasserknappheit. Das heißt, sie müssen äußerst sparsam damit umgehen und dürfen nur wenig Flüssigkeit ausscheiden. Ihr ganzer Organismus ist darauf eingestellt. So ist z. B. ihr Urin hoch konzentriert und der Kot meist bröseltrocken.

## Urwälder der Tropen
Verlassen wir die Trockenzone und sehen wir uns das Gegenteil an. Wo es das ganze Jahr über warm und feucht ist, gedeiht überall auf der Erde tropischer, immergrüner Regenwald. Dieser

### Unermesslicher Verlust

Angesichts der hier lebenden Artenfülle ist die Vernichtung des tropischen Regenwalds durch den Menschen eine Katastrophe.
Nicht nur, dass sie dramatische, negative Auswirkungen auf das Weltklima hat, auch der damit verbundene Verlust an genetischer Vielfalt macht die Regenwald-Abholzung zu einer der schlimmsten Umweltsünden der Menschheit.

uralte Lebensraum hat für die Entwicklung der Landlebewesen die größte Bedeutung. Hier findet sich eine Überfülle an Tier- und Pflanzenarten. Hier überdauerten auch viele stammesgeschichtlich sehr alte Formen, unter den Pflanzen wie unter den Tieren. So überlebten in den amerikanischen Urwäldern die Beutel- und Opossumratten, in den Tropen Asiens die Pelzflatterer und Spitzhörnchen, in Afrika und Madagaskar so urtümliche Insektenfresser wie Tanreks und Goldmulle. Unter den entwicklungsgeschichtlich uralten Halbaffen bewohnen die Lemuren Madagaskar, Loris die tropischen Waldgebiete Südasiens und Afrikas, Koboldmakis die Sundainseln und Philippinen. Auch die Reste anderer, sehr alter Säugetierstämme sind in solchen Wäldern zu Hause, etwa Schuppentiere in der Alten und Zahnarme wie Faultiere und Ameisenbären in der Neuen Welt sowie einige Gürteltiere.

Die bodenbewohnenden Säugetiere der tropischen Urwälder bleiben mit wenigen Ausnahmen recht klein.

*Tropischer Regenwald in Sumatra*

Schließlich müssen sie sich im Gewirr der Vegetation bewegen können. Mit zu den größten Urwaldbewohnern zählen in Afrika das Okapi, der Bongo, das Riesenwaldschwein und der Gorilla, in Asien der Orang-Utan und der Schabrackentapir sowie in Südamerika der Flachlandtapir. Säugetiergruppen, die ihre Hauptverbreitung in offenen Landschaften haben, sind in den Urwäldern nur mit auffallend kleinen Arten vertreten, die durchs Unterholz schlüpfen können (z. B. Ducker-Antilopen in Afrika).

DIE GROSSLEBENSRÄUME

Im Regenwald mit seinen hohen Bäumen und dichten Baumkronen spielt sich das Leben aber nicht nur am Boden ab, sondern auch in den oberen Stockwerken. Gerade sehr bewegliche Arten wie Fledermäuse und Affen profitieren vom Nahrungsangebot in den Baumkronen. Viele größere Säugetierarten suchen dagegen bevorzugt versumpfte, wassernahe Gebiete in den Regenwäldern auf.

Es ist die riesige Artenfülle, die die Urwälder der Tropen vor allen anderen Landlebensräumen auszeichnet. Verantwortlich dafür dürfte das hohe Alter der feuchttropischen Waldlandschaften sein, ihre große Ausdehnung und ihre gelegentliche Aufsplittung in abgesonderte Gebiete während ihrer wechselvollen Geschichte.

## Meere

Soweit die verschiedenen Landlebensräume der Erde. Doch was ist mit den Meeren? Immerhin bedecken Ozeane und Nebenmeere 71 Prozent unseres Planeten und stellen somit den größten Lebensraum dar – und gleichzeitig den am wenigsten erforschten. Die Grenze zwischen Land und Meer ist durch die Gezeiten, die wechselnden Wasserstände unter dem Einfluss von Sonne und Mond, gekennzeichnet.

Es ist zwar kaum zu glauben, aber die Säugetiere haben es geschafft, auch diesen Lebensraum für sich zu erobern. Dabei haben sich die amphibisch lebenden Ohren- und Hundsrobben als Wasserraubtiere sowie die Seekühe und natürlich die Wale am weitesten dem Leben im Wasser angepasst. Schwimmen können sie allesamt hervorragend, der Weltmeister im Tauchen unter ihnen aber ist der Pottwal. Er vermag bei seiner Nahrungssuche bis in 3000 m Tiefe zu gelangen. Weil er aber wie alle Säuger mit Lungen atmet, sind seiner Tauchtiefe Grenzen gesetzt, und zwar wohl eher durch die Tauchzeit als durch den Wasserdruck. Staunenswert ist seine Leistung allemal, zeigt sie doch, zu welchen schier unglaublichen Anpassungen auch an extreme Lebensräume und Lebensweisen die Säugetiere fähig sind.

### Neue Herausforderungen

Nach der Ausrottung oder dem Zurückdrängen vieler Säugetierarten durch direkte Verfolgung tragen heute vor allem und zusätzlich Lebensraumverluste zum Bestandsrückgang bis zum Aussterben vieler Arten bei. Hinzu kommt der globale Klimawandel, dessen Auswirkung auf uns wie unsere Mitsäugetiere dramatisch ist, in seiner Gesamtheit unser Vorstellungsvermögen aber noch übersteigen dürfte. Als „Primat" unter den Primaten haben wir Menschen es noch immer in der Hand, gegen diesen Trend steuernd einzugreifen, um damit unsere Haut wie auch die unserer Mitsäuger zu retten. Eine Voraussetzung für aktives Handeln ist sicher die Erkenntnis, wie viel dabei auf dem Spiel steht. Die Beschäftigung mit unseren Nächsten, den Säugetieren der Welt, hilft vielleicht, sie besser zu verstehen, sich für ihren Erhalt verstärkt einzusetzen und ihnen wie uns damit eine bessere Überlebenschance zu bieten.

# Säugetiere als Haustiere, eine gemeinsame Geschichte

Einige Säugetierarten wurden vom Menschen nicht nur gejagt, sondern durch Zähmung, Haltung und Zucht auch zu Haustieren und ständigen Begleitern gemacht. Das Zusammenleben mit diesen Tieren und ihre Nutzung waren entscheidend für die weitere Entwicklungs- und Kulturgeschichte der Menschen. Der Mensch und seine Haustiere ist die Geschichte einer jahrtausendealten Beziehung.

## Zuerst auf den Hund gekommen

Die Beziehungsgeschichte fing an, als eiszeitliche Mammutjäger damit begannen, den Wolf nicht nur zur Pelzgewinnung zu jagen, sondern ihn an ihren Wohnplätzen auch zu zähmen. Wie kein zweites Wildtier drängte sich der Wolf aufgrund seiner arttypischen Eigenschaften als Haustier geradezu auf. Wie der altsteinzeitliche Mensch ist auch er ein „Großwildjäger", dem viele seiner Beutetiere aufgrund ihrer Kraft, Schnelligkeit oder Waffen eigentlich überlegen sind und sich nur durch Jagen im Kollektiv erbeuten lassen. Solcherart Jagdform fördert die Entstehung sozialer Strukturen, die Entwicklung von gegenseitiger Verständigung, von Aufgabenteilung und sozialer Fürsorge – beim Menschen wie beim Wolf. Wahrscheinlich haben die Steinzeitjäger anfangs Wolfswelpen von ihren Jagdzügen mitgebracht, sie in ihren Lagern aufgezogen und gezähmt und sie so zu ihren Begleitern gemacht. Anhand von Zahnstellungsanomalien an Wolfsschädeln aus jungsteinzeitlichen Siedlungen, die typisch für in Gefangenschaft gehaltene und ernährte Wildtiere sind, konnten Wissenschaftler nachweisen, dass bereits zwischen 40 000 und 13 000 v. Chr. Wölfe zumindest gelegentlich gezähmt wurden. Eindeutige Reste von Haushunden sind durch Knochenfunde aus der anschließenden Altsteinzeit (13 000–9000 v. Chr.) belegt.

*Der Wolf war der erste tierische Gefährte des Menschen.*

SÄUGER ALS HAUSTIERE

## Erste Haustiere zur Fleisch-, Milch- und Wollgewinnung

Am Ende des 9. Jahrtausends v. Chr. begannen Menschen in den teilweise bewaldeten Steppenlandschaften Vorderasiens, im Gebiet des sogenannten Fruchtbaren Halbmonds, sich vom Jagen und Sammeln auf Pflanzenbau und Tierhaltung umzustellen. Als erste Arten wurden Schafe und Ziegen domestiziert, vermutlich, indem die Menschen Jungtiere von Wildschafen und -ziegen kurz nach der Geburt einfingen und in ihren Siedlungen mit der Hand aufzogen.

Durch diese enge Bindung wurde eine intensive Zähmung und gleichzeitig eine feste Prägung der Tiere auf ihre Betreuer erreicht. Im Ergebnis waren die Schafe und Ziegen handzahm und an den Menschen gewöhnt. Als erwachsene Tiere ernährten sie sich vom Bewuchs innerhalb der Siedlungen oder deren unmittelbarer Umgebung. Es ist anzunehmen, dass man die Tiere zumindest zeitweise, vor allem nachts, in einfachen, umzäunten Anlagen hielt, die gegen das Entlaufen und als Schutz vor Raubtieren dienten.

Mit dem Anwachsen der Bestände dürften die Menschen wohl auch lenkend in deren Entwicklung eingegriffen haben. Weil Schaf- und Ziegenböcke vor allem in der Brunft für reichlich Unruhe sorgen, begann man sicherlich schon früh damit, die überzähligen männlichen Tiere aus dem Bestand herauszunehmen, sprich: zu schlachten. Weil dabei vermutlich in erster Linie die wilderen, stärkeren Böcke entfernt wurden, hat wohl eine unbewusste Selektion zugunsten der schwächeren, weniger auffallenden Böcke stattgefunden. Mit der Zeit wurden auf diese Weise die Hausschafe und -ziegen deutlich „handzahmer" als deren wilde Vorfahren.

## Schweine und Rinder kommen hinzu

Der älteste Nachweis für eine Schweinehaltung stammt aus der ersten Hälfte des 8. Jahrtausends v. Chr. und wurde in einer Siedlung in der Südosttürkei gefunden. Die Stammform unseres Hausschweins ist eindeutig das Wildschwein. Dagegen finden sich in anderen Teilen der Erde auch Hinweise auf andere Stammväter der grunzenden Gesellen. So lassen die Papuaschweine Neu-Guineas, sehr primitive Hausschweine, ebenso wie die hochgezüchteten chinesischen Hausschweine auch Merkmale des zu den Bindenschweinen zählenden wilden asiatischen Pustelschweins erkennen.

An der Wende vom 8. zum 7. Jahrtausend breitete sich die Wirtschaftsweise mit Pflanzenanbau und Tierhaltung weiter nach Europa aus und erreichte die Balkanhalbinsel und das

### Woher kommen unsere Rinder?

Als Stammform aller unserer europäischen Hausrinderrassen gilt der seit 1627 ausgestorbene Ur oder Auerochse. Die bisher ältesten Reste von Hausrindern, die in den Übergang vom 7. zum 6. Jahrtausend v. Chr. datieren, fand man übrigens in Nordgriechenland. In anderen Regionen der Erde zähmte man die dort lebenden Wildrinder und machte sie zu Haustieren. So stammt das Balirind vom Banteng, der Gayal vom Gaur, der Yak vom Wildyak und der Wasserbüffel vom Arni ab.

*Wie in alten Zeiten: ein Junge mit Büffeln in Sri Lanka*

Mittelmeergebiet. In dieser Zeit kam auch das Rind als fünfte Haustierart zu Hund, Schaf, Ziege und Schwein hinzu. Hatten die Menschen ihre Haustiere bislang als Lieferanten von Fleisch, Fett, Milch, Wolle, Häuten und Knochen genutzt, kamen sie nun auch darauf, dass man Tiere ebenso als Arbeitshelfer, nämlich als Zug-, Last- und Reittiere einsetzen konnte. Die Rinder eigneten sich bestens dafür, ebenso wie in späteren Jahrtausenden Pferde, Esel, Rentiere und Kamele.

## Weitere Haustiere als Reit-, Last- und Zugtiere

Das Hauspferd wurde ab dem 4. Jahrtausend v. Chr. in Eurasien von Steppenvölkern aus dem Wildpferd domestiziert. Die Haustierwerdung des Esels vollzog sich spätestens in der ersten Hälfte des 4. Jahrtausends v. Chr. im Vorderen Orient aus dem afrikanischen Wildesel. Die früheste Nutzungsbeziehung des Menschen zum Kamel lässt sich aufgrund von Funden im Iran auf die zweite Hälfte des 4. Jahrtausends v. Chr. datieren. Im Südosten der arabischen Halbinsel fand man Hinweise auf die Kamelhaltung bei Ausgrabung einer Siedlung aus der Zeit um 2700 v. Chr. Bis ins 4. Jahrtausend v. Chr. zurück reichen auch die Anfänge der Kleinkamelhaltung in Südamerika.

Für viele nordische Völker war das Ren als Haustier erst der Schlüssel für eine dauerhafte Erschließung der unwirtlichen Gebiete in den arktischen und subarktischen Zonen. Als Reit- und Zugtier ist das Ren ab der zweiten

Hälfte des 1. Jahrtausends v. Chr. belegt.

## Von der Katze bis zum Kaninchen

Klar ist der Hund der beste Freund des Menschen, wie es so schön heißt. Aber die Katze steht ihm darin zumindest nicht viel nach. Auch zu ihr hat der Mensch eine überaus enge emotionale Beziehung entwickelt.

Und weil Katzen immer schon recht eigenwillig waren, verlief bei ihr die Geschichte der Haustierwerdung etwas anders als bei den übrigen Tieren. Die Katze domestizierte sich gewissermaßen selbst. Als der Mensch nämlich im 8. Jahrtausend v. Chr. in Vorderasien sesshaft geworden war, gab es in seinen Siedlungen nicht nur Nahrungsabfälle, sondern auch Vorräte. Beides zog Unmengen von Mäusen und Ratten an. Diese wiederum stellten eine attraktive Nahrungsquelle für die Wildkatzen dar. Weil die Menschen deren Nutzen als Schädlingsvertilger rasch erkannten, duldeten sie die Katzen in ihren Siedlungen, ja, sie gingen alsbald dazu über, die eifrigen Mäusejäger zu fördern, das heißt, sie zusätzlich zu füttern und ihnen Schutz und Unterschlupf zu gewähren.

In Europa, wo die Hauskatze erst von den Römern eingeführt worden war und sich noch lange nicht ausgebreitet hatte, machte man sich den hier heimischen Iltis zunutze. Seine Haustierform, das Frettchen, wurde seit etwa 60 v. Chr. zur Rattenbekämpfung wie zur Kaninchenjagd eingesetzt.

A propos Kaninchen: Die Domestikation des Kaninchens begann erst im frühen Mittelalter. Obwohl zunächst die Fleischgewinnung im Vordergrund stand, schätzte man bald auch das Kaninchenfell als wichtiges Produkt, das die neuen Haustiere liefern konnten.

## Vom Wert alter Haustierrassen

Durch Zuchtwahl entstanden aus den Urformen der Haustiere vor allem bei den Rindern, Schweinen, Schafen, Ziegen und Pferden, aber auch bei Eseln, eine Vielfalt unterschiedlicher Rassen. Ein Großteil davon ist heute, weil wirtschaftlich uninteressant, bereits wieder ausgestorben oder existiert nur noch in letzten Exemplaren und Kleinbeständen. Diese alten Haustierrassen zu erhalten, zum einen als Gen-Reserven, zum andern als lebende Zeugen unserer Kulturgeschichte, ist eine wichtige Aufgabe, der sich heute verantwortungsvolle Zoos, Privathalter und eine eigene Gesellschaft stellen. Die Gesellschaft zur Erhaltung alter und gefährdeter Haustierrassen e. V. (GEH) befasst sich seit 1981 mit der Lebenderhaltung von über 90 gefährdeten Nutztierrassen in Deutschland. Ihre 2200 Mitglieder sind bundesweit

### Missliebige Konkurrenz

Nicht immer war und ist der Mensch den Tieren wohlgesonnen. Auf verschiedene Weise wurden Säugetierarten, große wie kleine, zu Konkurrenten des Menschen um seine Nahrung.

Schließlich unterscheiden Pflanzenfresser nicht zwischen der natürlichen Vegetation und den Kulturpflanzen, die der Mensch mühsam angebaut hat. Manche Fleischfresser leben von den gleichen Arten, die auch vom Menschen gejagt oder von ihm gezüchtet werden.

Und nicht zuletzt können Kleinsäuger wie Mäuse und Ratten als Vorratsschädlinge und sogar als Krankheitsüberträger auftreten.

*Die Thüringer Waldziege ist eine alte und heute bedrohte Haustierrasse.*

verteilt und unterstützen die Arbeit der GEH durch die Zucht eigener Tiere oder durch Spenden. Die GEH ist Mitglied in führenden Gremien zur Erhaltung tiergenetischer Ressourcen, sowohl in nationalem als auch internationalem Rahmen. Jährlich ernennt sie die „Gefährdete Nutztierrasse des Jahres" und betreibt breite Öffentlichkeitsarbeit. Wer sich weitergehend dafür interessiert, findet mehr Informationen darüber auf der Homepage des Vereins: www.g-e-h.de.

# Zoos – von der Menagerie zur Arche Noah

Die Schaulust der Menschen an Tieren, besonders an den großen und fremdländischen Arten, war immer schon groß. Das führte in früheren Jahrhunderten zu Menagerien, aus denen sich in einem ständigen Wandlungsprozess die heutigen, modernen Zoos entwickelten. Bis heute wollen die Zoobesucher in erster Linie unterhalten werden, nicht nur durch den bloßen Anblick von Tieren (den hätte man in einem Museum ebenso), sondern auch, indem sie beobachten können, wie diese leben und lieben, raufen und spielen, fressen und schlafen.

## Das neue Selbstverständnis

Die modernen Tiergartenbiologen haben vor allem zwei Dinge im Auge: Zum einen natürlich, dass es ihren Tieren gutgeht, zum andern aber ebenso, dass die Besucher beim Bummel durch den Zoo auch ökologische Zusammenhänge erkennen können. Fallweise kommt dazu noch das Bestreben, für bedrohte Tierarten eine Art Rettungs-Arche-Noah zu sein. Doch dazu noch später.

Damit es den Tieren gutgeht, bedarf es allerdings mehr, als dass nur das Gehege sauber und das Futter reichlich ist. Weil ihr Lebensraum im Gehege naturgemäß sehr begrenzt ist und weil sich die Tiere im Zoo weder um Wasser noch um ihre Nahrungsbeschaffung kümmern müssen und auch keine Feinde zu fürchten brauchen, besteht vielfach die Gefahr, dass sich die Tiere schlichtweg langweilen. Um dies zu verhindern, wird heute in den Zoos versucht, das psychische und physische Wohlbefinden der Tiere durch Anbieten von geeigneten Umweltreizen zu verbessern, sei es, dass man ihnen Spielzeug anbietet, sie mit anderen Tierarten vergesellschaftet oder ihnen z. B. ihr Futter im Gehege weit verstreut und sie es mühsam zusammensuchen lässt.

## Von der Haltung zur Erhaltung

Nicht selten sehen sich Zoos mit dem Vorwurf von „Tierschützern" konfrontiert, sie würden die Tiere ihrer Freiheit berauben und sie in „Gefangenschaft" halten. Dabei sind heute die meisten in Zoos gehaltenen Tiere bereits in Zoos geboren und kennen ein Leben in freier Wildbahn überhaupt nicht, können es folglich auch nicht vermissen. Ja, viele von ihnen würden in freier Wildbahn wohl gar nicht überleben, weil sie die dazu nötigen Fertigkeiten in ihrer Jugend nicht erlernen konnten.

Umgekehrt allerdings haben immer mehr Tierarten in freier Wildbahn keine Chance mehr zu existieren. Durch die Zerstörung ihrer Lebensräume wird ihnen regelrecht der Boden unter den Füßen entzogen. In diesen Fällen können die Zoos zu einem Rettungsfloß werden. Wie die Vergangenheit zeigt, haben Erhaltungszuchtprogramme in Zoos bereits einige Tierarten, darunter Wisent, Przewalski-Wildpferd und Arabische Oryxantilope, vor dem Aussterben bewahrt. Und in Zukunft werden auch noch weitere Tierarten von den Erhaltungszuchtprogrammen profitieren.

Weil eine stabile Zoopopulation einer bedrohten Tierart nicht nur möglichst viele Köpfe enthalten muss, sondern auch eine möglichst große genetische Vielfalt, dazu eine optimale Geschlechterverteilung und Altersstruktur aufweisen muss, bedarf es eines guten Managements. Dazu haben sich die modernen Zoos zusammengeschlossen und eine Welt-Zoo- und Aquarium-Naturschutzstrategie ausgearbeitet mit einem Europäischen Erhaltungszuchtprogramm (EEP) und einem Species Survival Plan Program (SSP) der amerikanischen Association of Zoos and Aquariums. Jede Art im Programm wird wissenschaftlich überwacht.

Für sie wird ein Zuchtbuch mit jährlichem Zuchtplan geführt, um Zoos und Zuchttiere zu koordinieren, Zuchtgruppen zusammenzustellen, den genetischen Austausch zu sichern und Haltungsbedingungen zu optimieren. Schließlich sollten die zoogezüchteten Tiere – wenn immer möglich – behutsam in geeigneten und geschützten Arealen ihres ursprünglichen Vorkommensgebiets wieder angesiedelt werden.

*Auch für den intelligenten Orang Utan: artgerechte Beschäftigung im Zoo*

### Schutz der (Säuge-)Tiere – eine weltweite Aufgabe

Der Schutz bedrohter Tierarten wird nur gelingen durch Erhaltung bzw. Wiederherstellung ihrer Lebensräume sowie durch Schutz und Überwachung ihrer Bestände. Alle, die sich dafür einsetzen, verdienen unsere Unterstützung. Die wichtigste weltweit operierende Organisation ist die Weltnaturschutz-Union (IUCN). Spezialisten für einzelne Arten verfassen Aktionspläne, in denen die erforderlichen Maßnahmen beschrieben werden (www.iucn.org).

Mit zu den bedeutendsten weltweit operierenden Organisationen, die bei der Einrichtung von Nationalparks und dem Schutz der bedrohten Tiere helfen, zählt auch die Zoologische Gesellschaft Frankfurt. Mitgliedsbeiträge und Spenden kommen bei ihr direkt einer ganzen Reihe von Arten zugute, die Sie in diesem Buch kennenlernen (www.zgf.de).

Die Zoologische Gesellschaft für Arten- und Populationsschutz e.V. (ZGAP) wiederum setzt sich vor allem für den Erhalt und Schutz von weniger spektakulären Arten ein und arbeitet über die Stiftung Artenschutz sehr erfolgreich mit Zoos zusammen (www.zgap.de und www.Stiftung-Artenschutz.de).

# Europa

# Waldspitzmaus  Sorex araneus

**Sieht so aus:** Mit bis zu 8,8 cm Kopfrumpflänge, 5,7 cm Schwanzlänge und bis zu 13 g Gewicht zählt die Waldspitzmaus in Europa zu den mittelgroßen Spitzmausarten. Ihr weiches, glänzendes Fell ist auf der Oberseite dunkelbraun, an den Flanken heller und am Bauch weißlich grau gefärbt.
Spitzmäuse lassen sich anhand der Färbung ihrer Zahnspitzen in zwei Unterfamilien gliedern: die Weißzahnspitzmäuse und die Rotzahnspitzmäuse, deren rote Zahnspitzen durch Ablagerung von Eisen im Zahnschmelz entstehen. Auch die Waldspitzmaus ist so eine Rotzahnige.
**Wohnt dort:** In Mitteleuropa ist sie die häufigste Spitzmaus. Waldspitzmäuse kommen sowohl in Wäldern, Sümpfen und Verlandungszonen, in dichtem Gras, in Hecken und auf Feldern wie auch in Siedlungsgebieten vor, sogar in Gebirgen bis in 2000 m Höhe.
**Lebt so:** Wie alle ihre Artverwandten lebt die Waldspitzmaus einzelgängerisch, ist tag- und nachtaktiv, beinahe ständig auf Nahrungssuche und bewohnt gerne Wühlmaus- und Maulwurfsgänge. Aufgrund ihrer hohen Stoffwechselrate hat sie einen enormen Nahrungsbedarf: In „Käfereinheiten" umgerechnet entspricht er rund 2000 Käfern von 5 mm Länge pro Tag!
**Familienleben:** Bis zu fünf Würfe im Jahr mit jeweils bis zu elf Jungen können Spitzmausweibchen produzieren. Eine besondere Eigenschaft bleibt den Weißzahn-Spitzmäusen vorbehalten: Beim erstmaligen Nestverlassen beißt sich das erste Junge oberhalb der Schwanzwurzel der Mutter im Fell fest, das nächste bei seinem Vordermann an der gleichen Stelle, bis sich schließlich eine ganze Karawane in Marsch setzt.

## Alles „Schrumpfgermanen"

Um im Winter den Energiebedarf zu senken, schrumpfen die nördlichen Spitzmausarten buchstäblich, indem nicht nur die inneren Organe, sondern sogar Skelett und Schädel kleiner werden.

# Igel  Erinaceus europaeus

**Sieht so aus:** Mit seinem Stachelkleid ist der 25–30 cm große und 400–1100 g schwere Igel unverwechselbar.

**Wohnt dort:** Europäische Igel sind über ganz Süd-, West-, Mittel- und große Teile Nordeuropas verbreitet. An ihrer von der Ostsee zur Adria laufenden Verbreitungsgrenze überlappen sie sich mit dem Weißbrust- oder Ostigel (Erinaceus concolor), der sich durch seine weiße Kehle und Brust vom Europäischen Igel unterscheidet. Unterwuchsreiche Laub- und Mischwälder, Waldränder, gehölzreiche Feldfluren und vor allem der Siedlungsraum mit Gärten, Obstwiesen und Parks stellen Igel-Lebensräume dar.

**Lebt so:** Während die meisten Kleinsäuger Heimlichtuer sind, schnaubt und schmatzt der Igel recht unbekümmert und lauthals daher, wenn er ab April nach seinem Winterschlaf auf seinen nächtlichen Streifzügen nach Regenwürmern, Insekten, Schnecken und kleinen Wirbeltieren sucht.

Er verlässt sich ganz auf sein wehrhaftes Stachelkleid als Rüstung, das je nach Körpergröße aus 5000–7000 Stacheln besteht. Ist Gefahr im Verzug, rollt er sich mithilfe eines dicken Muskelrings zu einer Stachelkugel ein. In weniger kritischen Situationen wird die Stachelhaut auch einfach als „Visier" tief ins Gesicht geklappt.

**Familienleben:** Von April bis August kann man Zeuge nächtlicher Igel-Hochzeiten werden, die ziemlich lautstark verlaufen. Nach fünf bis sechs Wochen Tragzeit bringt das Weibchen zweimal pro Jahr jeweils drei bis acht Junge in einem Nestversteck zur Welt. Die Kleinen tragen von Anfang an ein Stachelkleid.

## Sanfte Geburt und spätere Gefahren

Für die Igelmutter ist die Geburt gefahrlos, denn die Erstlingsstacheln der Igelbabys sind noch weich und zudem in die wasserreiche, angeschwollene Haut eingebettet.

Mit 14–18 Tagen öffnen die Jungen die Augen und mit frühestens drei Wochen verlassen sie erstmals unter mütterlicher Führung das Nest zu gemeinsamen Streifzügen. Ab da droht die Gefahr des Überfahrenwerdens, gegen die kein Stachelkleid hilft.

# Hausmaus Mus domesticus

**Sieht so aus:** Die bis 10 cm große Maus ist mit einem körperlangen Schwanz, dunklen Knopfaugen, einem graubraunen bis schwarzen Rückenfell sowie hellerer Unterseite ausgestattet.

**Wohnt dort:** Ursprünglich in den Steppen Zentralasiens beheimatet, fand die Hausmaus schon in vorgeschichtlicher Zeit menschlichen Anschluss und wurde mit dem Getreideanbau und Warenverkehr nach und in Europa aktiv und passiv verbreitet. Heute ist die dämmerungs- und nachtaktive Hausmaus eine „Weltbürgerin" und lebt überall dort, wo Menschen wohnen.

**Lebt so:** Ihr ausgezeichneter Geruchs- und Gehörsinn sowie die Fähigkeiten, schnell laufen und gut klettern, springen und schwimmen zu können, kamen ihr bei der Eroberung der Welt zugute. Neben Pflanzenkost verzehren Hausmäuse auch menschliche Vorräte und Insekten. Tagsüber halten sie sich in Verstecken auf. Das können in Gebäuden Zwischenböden und Hohlräume, im Freien Erdbaue mit Nest- und Vorratskammern sein.

### Eigene Familiengerüche

Hausmäuse leben in unterschiedlich großen Familienverbänden mit einem dominanten Männchen und mehreren erwachsenen Weibchen sowie Jungtieren aller Altersstufen.
Das Familienrevier wird mit Urin markiert, wobei jede Sippe ihren eigenen Familiengeruch hat.

**Familienleben:** Während sich Hausmäuse im Freiland von April bis Oktober mit bis zu vier Würfen fortpflanzen, können sie sich in Gebäuden ganzjährig vermehren und bis zu achtmal im Jahr vier bis neun Junge bekommen.

# Großes Mausohr  Myotis myotis

**Sieht so aus:** Mit bis zu 8 cm Körperlänge, 43 cm Flügelspannweite und 40 g Gewicht ist das Große Mausohr in Deutschland die größte Fledermausart.

**Wohnt dort:** Außer in Mitteleuropa kommt es auch noch in Südeuropa und im nördlichsten Afrika vor. Als wärmeliebende Art bevorzugt es klimatisch begünstigte Täler, offenes Wald- und Weideland sowie Gebiete mit traditioneller Landwirtschaft.

**Lebt so:** Bei uns jagen Mausohren in Waldgebieten vorzugsweise nach Laufkäfern, wobei sie sich nicht selten mehr als 10 km von ihrem Schlafquartier entfernen.

In punkto Geselligkeit sind Mausohrweibchen von den anderen heimischen Fledermausarten kaum zu übertreffen. Im Sommer bilden sie Kolonien mit bis zu 2000 Tieren. In diesen sogenannten Wochenstuben, die sich meist auf ungestörten Dachböden befinden, ziehen sie ihre Jungen gemeinsam auf. Zum Winterschlaf suchen Mausohren frostfreie, kühle Höhlen auf, die über 100 km vom Sommerquartier entfernt liegen können.

### Gar nicht „mausig"

Fledermäuse sind keine geflügelten Mäuse, auch wenn sie rein äußerlich mit ihrem meist graubraunen Fell den Nagern etwas ähneln. Spätestens beim Jungekriegen und -aufziehen verhalten sie sich gar nicht „mausig".

Während Mäuse sehr viele Nachkommen in kurzen Abständen produzieren, setzen Fledermäuse eher auf das „Ein-Kind-Modell". Die Fledermausweibchen, so auch das Mausohr, investieren ihre ganze Energie in die aufwändige Betreuung vielumsorgter Einzelkinder. Nur gelegentlich kommen bei Fledermäusen auch Zwillinge vor (bei der Zweifarbfledermaus, die zwei statt einem Zitzenpaar hat, auch Vierlinge).

# Langohr  Plecotus auritus, Plecotus austriacus

**Sieht so aus:** Nur 5–11 g leicht, kommt diese Fledermaus auf häutigen Flügeln mit etwa 25 cm Spannweite angeflattert. Weil die Ohren mit über 4 cm Länge fast so groß wie das restliche Tier sind, taufte man es „Langohr".
**Wohnt dort:** Zwei sehr ähnliche Arten von Langohren, das Braune (Bild) und das Graue Langohr (*Plecotus auritus* und *P. austriacus*), sind bei uns heimisch, wobei das Graue Langohr mehr wärmeliebend ist als sein brauner Vetter und im Gegensatz zu diesem in Norddeutschland und Nordeuropa nicht mehr auftaucht.
**Lebt so:** Nachdem sie den Tag in Spaltenverstecken auf Dachböden, in Baumhöhlen oder in Nistkästen verdöst und verschlafen haben, fliegen die Langohren meist erst bei Dunkelheit aus, um im langsam gaukelnden Flug oder rüttelnd vor Blattwerk und Wänden nach Insekten zu suchen. Mittels ihrer Lauscher nehmen sie feinste Krabbelgeräusche ihrer Beutetiere wahr. Hat sich ein Falter verraten, wird er vom Langohr mit spitzen Zähnen gepackt, im Mund zu einem Fraßplatz getragen und dort genüsslich verspeist. Die ungenießbaren Flügel der erbeuteten Falter trudeln dabei zu Boden und bleiben dort oft liegen, deutliche Hinweise auf die Vorzugsbeute dieser „fliegenden Osterhasen".

### Aus langen Ohren werden Öhrchen

Beim Schlafen, ob beim Tagesschlaf in Baumhöhlen oder auf Dachböden oder beim Winterschlaf in Höhlen oder alten, feuchten Kellern, falten Langohren ihre Lauscher nach hinten und klemmen sie unter die Unterarme.
Nur die Ohrdeckel stehen dann wie kleine Teufelshörner nach vorn heraus und täuschen Öhrchen vor.

# Bechsteinfledermaus Myotis bechsteinii

**Sieht so aus:** Bei der Bechsteinfledermaus handelt es sich um eine mittelgroße Fledermaus. Nach den Langohren weist sie die längsten Ohren aller in Europa vorkommenden Arten auf.

**Wohnt dort:** Bechsteinfledermäuse sind auf die gemäßigten Zonen Europas beschränkt, nur lokal verbreitet und nirgendwo häufig. Als Waldfledermaus bevorzugen sie Laubwaldgebiete und erreichen ihre höchsten Dichten in strukturreichen, alten Buchenwäldern mit hohem Baumhöhlenangebot.

**Lebt so:** Ihre Nahrungstiere finden sie im gaukelnden Flug mit geschicktem Manövrieren auf engstem Raum. Dabei werden Insekten und Spinnen auch im Rüttelflug von Blättern, Zweigen oder vom Boden abgelesen.

## Standorttreue Einheiten

Die relativ kleinen, 20–80 Weibchen umfassenden Kolonien der Bechsteinfledermaus sind genetisch sehr einheitlich. Ein Austausch von Weibchen zwischen benachbarten Kolonien findet nicht statt. Auch weisen Bechsteinfledermäuse die geringsten Aktionsradien aller heimischen Fledermausarten auf. Entfernungen von mehr als 1 km zwischen ihrem Tagesquartier und ihren Jagdgebieten sind eher selten.

# Feldhase *Lepus europaeus*

**Sieht so aus:** Lange „Löffel" (Ohren) mit stets schwarzen Ohrspitzen und eine rein weiße Schwanzunterseite, die beim Aufrichten des Schwanzes zum Signal wird („Blume"), sind die Erkennungszeichen von Meister Lampe.
**Wohnt dort:** Feldhasen kommen in ganz Europa außer in Nordskandinavien vor und werden auf der Iberischen Halbinsel durch den nahe verwandten Andalusischen Hasen (*Lepus granatensis*) vertreten.
**Lebt so:** Als typisches Fluchttier macht sich dieser ursprüngliche Steppenbewohner zunächst „unsichtbar", indem er regungslos in einer gescharrten Mulde („Sasse") verharrt. Erst wenn ein Feind allzu nahe kommt, springt der Hase sehr plötzlich auf und sucht sein Heil in der Flucht. Dabei erreicht er eine Geschwindigkeit von 70 km/h, springt bis zu 2 m hoch und 2,70 m weit und versucht Haken schlagend, schwimmend und sogar kletternd zu entkommen. Feldhasen haben zahlreiche behaarte und gefiederte Fressfeinde, doch der Einfluss der einzelnen Beutegreifer auf die Hasenbestände ist noch unklar. Sicher ist, dass dort, wo hohe Fuchsbestände vorkommen, wenig Hasen leben. Ihre höchsten Populationsdichten erreichen Feldhasen in Ackerbaugebieten mit hoher Bodenqualität, doch können sie praktisch in allen Landlebensräumen vorkommen, von der alpinen Waldgrenze bis zu geschlossenen Wäldern. Die dämmerungs- und nachtaktiven Tiere ernähren sich von Kräutern, Gräsern, Kulturpflanzen, Knospen, Zweigen und Rinde. Feldhasen leben in Gruppen mit festen Rangordnungsbeziehungen und Gruppenrevieren.

### Pillen aus eigener Apotheke

Wie alle Hasentiere scheidet auch der Feldhase zweierlei Kot aus. Der von Mikroorganismen im geräumigen Blinddarm aufgearbeitete Nahrungsbrei enthält wertvolle Proteine und einen höheren Vitamingehalt als die ursprüngliche Pflanzennahrung.

Während der Hase ruht, wird dieser Blinddarminhalt ausgeschieden und direkt beim Austritt aus dem After quasi als Pille aus der eigenen Apotheke nochmals verzehrt.

**Familienleben:** Zur Paarungszeit (in Mitteleuropa Januar bis August) kommt es immer wieder zu größeren Ansammlungen rivalisierender Männchen, die im Wettbewerb um die Weibchen regelrechte Boxkämpfe austragen.

Die nach einer Tragzeit von 42–43 Tagen zur Welt kommenden ein bis fünf Jungen werden behaart und mit offenen Augen als Nestflüchter geboren.

Die meiste Zeit des Tages sitzen sie reglos in einer Bodenmulde. Nur ein- bis zweimal am Tage kommt die Häsin vorbei, um sie zu säugen, mit vier Wochen werden sie entwöhnt.

# Schneehase Lepus timidus

**Sieht so aus:** Der Schneehase ist etwas kleiner und kürzer als der Feldhase. Im Sommer trägt er ein rotbraunes bis bräunlich graues, im Winter ein rein weißes Fell. Die Ohrspitzen dagegen sind rund ums Jahr schwarz, der Schwanz ist immer rein weiß.

**Wohnt dort:** Hauptsächlich sind Schneehasen im nördlichen Eurasien von Irland bis Sachalin verbreitet, nur eine kleine Unterart ist auf den Alpenraum beschränkt. Ihr Lebensraum ist die nördliche Waldzone und Tundra sowie die asiatische Steppe. In den Alpen kommen sie von der Nadelwaldregion bis über die Krummholzzone hinauf vor.

**Lebt so:** Die geselligen Tiere fressen tagsüber an Kräutern, Gräsern und Beerensträuchern. Im Winter leben sie von Zweigen, Knospen und Rinde. Das weiße Fell dient ihnen zur Tarnung vor ihren Fressfeinden, nämlich Steinadler, Uhu und Fuchs. Ihre stark behaarten, spreizbaren Pfoten wirken im lockeren Tiefschnee wie Schneeschuhe, die ein tiefes Einsinken verhindern. Durch die relativ kurzen Ohren ist der Wärmeverlust geringer.

### Manche mögen's kalt

Nach der Eiszeit waren Schneehasen noch in ganz Mitteleuropa verbreitet. Mit der zunehmenden Klimaerwärmung zogen sie sich jedoch in die raueren Gebiete im Norden und im Hochgebirge zurück.

# Wildkaninchen Oryctolagus cuniculus

**Sieht so aus:** Gegenüber dem Feldhasen sind Wildkaninchen kleiner, haben einen rundlicheren Kopf und kürzere Ohren, die keine schwarzen Spitzen besitzen und die immer aufrecht getragen werden.

**Wohnt dort:** Ursprünglich nur in Spanien und in NW-Afrika verbreitet, wurden die Wildkaninchen bereits im Altertum im übrigen Europa an vielen Stellen ausgesetzt. Heute kommen sie in ganz Europa, als besondere Plage auch in Australien vor. Sie bewohnen vorzugsweise deckungsreiche, trockenwarme Landschaften mit sandigen Böden und haben sich auch in vielen Städten angesiedelt.

**Lebt so:** Wildkaninchen leben in Großfamilien, bestehend aus einem Männchen und mehreren Weibchen sowie Jungen, in denen eine strenge Rangordnung herrscht. Bei Gefahr trommeln Kaninchen zur Warnung mit den Hinterbeinen auf den Boden, um gleich danach vereint in ihren weitverzweigten selbst gegrabenen Bau zu verschwinden. Zur Fortpflanzungszeit patrouillieren die Kaninchenmänner die Grenze ihrer Territorien ab. Wo Einschüchterungsversuche durch Imponiergehabe nichts nutzen, können zwischen Konkurrenten schon mal kräftig die Haare fliegen. Brünstige Weibchen werden vor der Begattung durch steifbeiniges Umkreisen und Präsentieren des weißen Schwänzchens heftig umworben und mit Sexuallockstoffen und Urin betört.

**Familienleben:** Bis zu neun Würfe pro Jahr mit maximal elf Jungen pro Wurf sind Ergebnis dieser Liebesmüh.

## Bestandsschwankungen

In Europa wurden Kaninchen vielfach absichtlich mit einer Viruskrankheit (Myxomatose) infiziert, um die Bestände einzudämmen. Jedoch erholten sich diese einige Zeit nach dem Zusammenbruch immer wieder. Auch ohne Myxomatose machen Kaninchen etwa alle zehn Jahre starke Populationsschwankungen durch.

# Eichhörnchen Sciurus vulgaris

**Sieht so aus:** Mit seinem buschigen, fast körperlangen Schwanz ist das Eichhörnchen unverwechselbar. Sein Fell variiert in der Farbe von Hellrot bis fast Schwarz, wobei die Unterseite immer rein weiß ist. Im Winter trägt es auffällige Haarbüschel an den Ohrspitzen, die im Sommer nur angedeutet vorkommen.

## Baumsamen und Verstecke

Eichhörnchen leben dort, wo ein ausreichendes Angebot an Baumsamen von Nadelbäumen, an Bucheckern, Eicheln, Hasel- und Walnüssen vorhanden ist. Im Herbst vergraben sie Vorräte, verstecken sie in Baumhöhlen und Rindenritzen oder klemmen sie in Astgabeln ein, um im Winter davon zu zehren.
Dabei merken sie sich, anders als etwa der Eichelhäher oder der Tannenhäher, die Verstecke nicht, sondern verlassen sich beim Suchen im Winter ganz auf ihre feine Nase.

**Wohnt dort:** Von England im Westen über ganz Eurasien bis Japan und Sachalin besiedelt das Eichhörnchen die Waldregionen.
**Lebt so:** Die tagaktiven Eichhörnchen sind ausgesprochene Baumtiere, die mit ihren spitzen Krallen an Fingern und Zehen selbst an glatten Baumstämmen auf- und abwärts zu klettern vermögen, abwärts sogar mit dem Kopf voran. Mit ihrem buschigen Schwanz halten sie auf dünnen Zweigen das Gleichgewicht, beim Sprung in die Tiefe können sie damit die Fallgeschwindigkeit bremsen.
**Familienleben:** Zur Paarungszeit vom Dezember bis zum Juni/Juli veranstalten die Männchen wilde Hetzjagden hinter den Weibchen her. Als Schlaf- und Wurfnester dienen selbst gebaute Reisigkobel im Geäst oder ausgepolsterte Baumhöhlen. Die drei bis fünf Jungen werden nach 38 Tagen Tragzeit als Nesthocker blind und nackt geboren, sind mit neun Wochen erwachsen und mit einem Jahr geschlechtsreif.

# Alpenmurmeltier Marmota marmota

**Sieht so aus:** Etwa hasengroß und bis zu 8 kg schwer, ist das Murmeltier der größte Vertreter der Hörnchen-Familie und nach dem Biber (siehe S. 48) bei uns das zweitgrößte Nagetier. Ein dichtes, graubraunes Fell, an der Unterseite heller, ein kurzer, buschiger Schwanz mit schwarzer Spitze und ein breiter Kopf mit kleinen Ohren – so präsentiert es sich dem Beobachter.

**Wohnt dort:** Als Bergbewohner leben die Murmeltiere in den Alpen oberhalb der Baumregion, mit kleinen Splittergruppen auch in den Pyrenäen und Karpaten.

**Lebt so:** Schlafen wie ein Murmeltier ist ein durchaus passender Vergleich. Die Tiere verbringen den eisigen Bergwinter im Winterschlaf, ganze sieben Monate lang. Während des Bergsommers haben sie energiereiche Gräser, Knospen, Kräuter, Samen und Wurzeln verzehrt und sich damit die notwendigen Fettreserven für den langen Winterschlaf angefuttert. Mit ihren kräftigen Füßen, die stumpfe Grabeklauen tragen, legen sie ihre umfangreichen Baue mit Fluchtröhren und Wohnkesseln an. Sie dienen ihnen außer zum Winterschlaf auch zum Schutz vor Feinden wie Steinadler, Uhu, Kolkrabe und Raubsäuger.

**Familienleben:** Im April/Mai besetzen die Männchen Reviere, die sie mit Wangendrüsensekret markieren und gegen Rivalen heftig verteidigen. Nach 33–44 Tagen Tragzeit bringen die Weibchen bis zu sieben Junge zur Welt, die ihren Bau mit vier bis fünf Wochen erstmals verlassen.

### Ein Pfiff, der keiner ist

In einer Murmeltierkolonie halten einzelne Tiere auf erhöhten Stellen oft männchenmachend Wache, um bei „Feind in Sicht" mit scharfem Signal die Nachbarn zu warnen, woraufhin die ganze Mannschaft sofort in die Baue abtaucht. Was sich wie ein Pfiff anhört, ist tatsächlich ein schriller Schrei, denn er entsteht nicht zwischen den (Nage-)Zähnen, sondern in der Kehle.

# Eurasischer Biber Castor fiber

### Verwechslungen

Häufig werden Biber mit zwei bei uns eingebürgerten, wassergebundenen Nagetieren verwechselt.
Die Nutria (Sumpfbiber) *Myocastor coypus* aus Südamerika ist um einiges kleiner als der Biber und besitzt einen drehrunden Schwanz.
Der aus Nordamerika stammende Bisam *Ondatra zibethicus* ist sehr viel kleiner, verzehrt weiche Pflanzen, Schnecken und Muscheln und hat einen seitlich abgeplatteten Schwanz.

**Sieht so aus:** Das stattliche Nagetier mit dem braunen bis schwärzlichen Fell bringt es auf 75–110 cm Körperlänge. Ganz typisch für den Biber ist sein abgeplatteter, geschuppter Schwanz. Er dient beim Schwimmen als Höhenruder, an Land als Stütze, bei Gefahr gibt das Tier damit ein Warnsignal, indem es ihn laut aufs Wasser aufschlägt.

**Wohnt dort:** Ursprünglich war der Eurasische Biber von Spanien und Kleinasien bis Nordskandinavien und über weite Teile Nordafrikas verbreitet. Nachdem die Art bei uns schon praktisch ausgerottet war, ist sie dank erfolgreicher Wiedereinbürgerungsprojekte heute wieder in vielen Ländern Mitteleuropas heimisch.

**Lebt so:** Biber verbrauchen pro Kopf und Jahr rund 4000 kg Holz. Durch sanduhrförmiges Benagen mit den Schneidezähnen fällt er auch dicke Bäume, deren Astwerk als Nahrung (Rinde) oder als Baumaterial für Dämme und Burgen genutzt wird (zur Bautätigkeit des Bibers und seinem Verhalten siehe Kanadabiber, S. 212).

**Besonderes:** Talgdrüsen bei beiden Geschlechtern enthalten ein Markierungssekret, das sogenannte „Bibergeil" oder „Castoreum", dem früher Heilkräfte zugesprochen wurden und für das die Biber schon im Mittelalter verfolgt wurden. Darüber hinaus sah man sie wegen ihres geschuppten Schwanzes und dem Leben im Wasser als fischähnlich an, womit sie als Fastenspeise erlaubt waren. Die Folge war, dass die Biber zu Beginn des 20. Jahrhunderts in Westeuropa weitgehend ausgerottet waren.

# Feldhamster Cricetus cricetus

**Sieht so aus:** Innerhalb seiner 23 Artverwandten ist „unser" Hamster recht groß und bunt. Er erreicht eine Kopfrumpflänge bis 27 cm und wird bis 460 g schwer. Sein dichtes, kurzes Fell ist am Rücken gelb- bis rotgraubraun, am Bauch schwarz. An Lippen und Kehle, unterhalb der Ohren, an den Armansätzen und der Innenseite der Schenkel trägt er weiße bis gelblich weiße Flecken.

**Wohnt dort:** Das Hauptverbreitungsgebiet des Feldhamsters sind die Steppen Osteuropas. Mit der Waldrodung und Ackernutzung hat er sich auch bei uns verbreitet und bevorzugt hier reich strukturierte Ackerlandschaften mit tiefgrundigen Löss- und Lehmböden.

**Lebt so:** Die Einzelgänger graben dort tiefe Gangsysteme mit Wohn- und Vorratsräumen. Bei Auseinandersetzungen mit Artgenossen und auch bei Gefahr imponieren Hamster durch Aufrichten, Wetzen mit den Nagezähnen und lautem Fauchen. Neben Samen, Wurzeln, Knollen und Gräsern verzehren die bunten Nager auch Schnecken, Regenwürmer, Insekten, Frösche, Mäuse und Jungvögel von Bodenbrütern.

Das Sammeln von Nahrung und Deponieren für schlechte Zeiten bei Hamstern ist sprichwörtlich und längst ein fester Begriff bei menschlicher Vorratshaltung für schlechte Zeiten. Zum Sammeln und Transportieren von Nahrung haben Hamster Taschen in Form von lockeren Hautfalten im Gesicht (Backentaschen). Darin können jede Menge Getreidekörner verschwinden, um nach Hause getragen und in den unterirdischen Vorratskammern entleert zu werden.

**Familienleben:** Hamster sind recht fruchtbar. Nach knapp drei Wochen Tragzeit bringt das Weibchen im Wohnkessel vier bis elf nackte und blinde Junge zur Welt, die in drei bis vier Wochen bereits entwöhnt und mit zweieinhalb Monaten ihrerseits schon fortpflanzungsfähig sind.

## Großer Vorrat – schlechter Ruf

Beim Aufgraben eines Hamsterbaus stieß man schon auf 15 kg Vorrat. Diese illegale Getreideernte wurde dem Hamster nicht gegönnt.

Als Ernteschädling verfolgte man ihn bei uns lange Zeit. Heute ist der Feldhamster infolge der intensiven Landwirtschaft und dem für ihn damit verbundenen Lebensraumverlust eine europaweit gefährdete Art.

EUROPA

# Berglemming  Lemmus lemmus

**Sieht so aus:** Die bekannteste unter den Lemmingarten ist wohl der Berglemming. Mit seiner schwarzen, gelb- und rotbraunen Fellfarbe am Rücken wirkt er ausgesprochen bunt. Er wird bis zu 15 cm lang, wozu sein kurzes Schwänzchen höchstens 2 cm beiträgt, und wiegt vollgefressen bis 130 g. Die kleinen Ohren sind fast vollständig im Fell verborgen.

**Wohnt dort:** Verbreitet ist die Wühlmaus-Art in Nordeuropa von Skandinavien über Nordfinnland bis zur russischen Halbinsel Kola.

**Lebt so:** Berglemminge sind nachtaktive Einzelgänger, die sich von Moosen, Gräsern, Beeren und Knospen von Zwerggehölzen ernähren. Im Winter suchen sie dazu die alpine Region mit den Grasheiden und felsenreichen Gebieten auf. Unter der hohen Schneedecke finden sie dann ihre Futterpflanzen, während sie im Sommer aus Nahrungsgründen tiefere und feuchtere Lagen wie Moore, Bachränder, Birkenwälder und moosreiche Nadelwaldregionen besiedeln.

Sowohl gegen Artfremde wie gegen Artgenossen verhalten sich Lemminge äußerst aggressiv. Es kommt nicht selten vor, dass sie sogar viel größere Gegner anspringen und beißen.

### Kein gemeinsamer Selbstmord

Hartnäckig hält sich das Gerücht, dass Lemminge sich in Selbstmordabsicht massenhaft ins Meer und in Flüsse stürzen. Zwar können tatsächlich Tausende von Tieren im Wasser sterben.
Ursache hierfür ist aber allein die Nahrungsknappheit nach Massenvermehrungen, die die Lemminge zu Massenwanderungen veranlasst.
Auf denen können die Tiere in Seen und Flüssen ertrinken und dann aufs offene Meer abgetrieben werden.

# Rotfuchs *Vulpes vulpes*

**Sieht so aus:** Die unverwechselbare Gestalt von Meister Reineke mit dem oberseits gelbroten bis rotbraunen, unterseits hellgrauen bis weißen Fell, vor allem aber mit dem langen, buschigen Schwanz mit oft weißer Spitze kennt wohl jedes Kind. Mit einer Körperlänge von 50–90 cm und einem Gewicht von 2,5–10 kg ist dieses Raubtier aus der Familie der Hundeartigen in der Größe recht variabel.

**Wohnt dort:** Die dämmerungs- und nachtaktiven Tiere sind enorm anpassungsfähig und kommen in nahezu allen Landlebensräumen in fast ganz Europa, dazu in großen Teilen Nord- und Zentralasiens sowie Nordamerikas vor und haben nach ihrer Einbürgerung auch in Australien erfolgreich Fuß gefasst. Bis über die Waldgrenze und sogar inmitten von Großstädten wie Berlin oder London sind Rotfüchse anzutreffen.

**Lebt so:** Außerhalb der Fortpflanzungszeit leben sie einzelgängerisch. Zum Schlafen und zur Jungenaufzucht dient ihnen ein selbst gegrabener oder vom Dachs (siehe S. 60) übernommener Erdbau. Auch Strohmieten oder trockene Kanalrohre werden als Baue besetzt. Ihre 0,1 bis 50 km² großen Territorien markieren Rotfüchse mit Harn und Kot. Wenn sie sich streiten, keckern sie lauthals. In der Paarungszeit, etwa zwischen Mitte Dezember und Mitte Februar, lassen sie hingegen oft ein kreischendes Bellen hören.

Als Allesfresser ernähren sie sich von Kleinsäugern bis Kaninchengröße, Vögeln, Insekten, Regenwürmern, Aas, Obst und Beeren. Ihre Hauptbeute sind jedoch Mäuse.

### Immer in Kontakt

Bei hoher Populationsdichte bilden Rotfüchse Familienverbände mit einem Männchen und mehreren Weibchen. Aber auch wenn sie einzeln leben, stehen die Tiere über ihre als Duftmarken abgesetzten Ausscheidungen untereinander in ständigem Kontakt.

# Braunbär Ursus arctos

**Sieht so aus:** Mit unverwechselbarer Silhouette steht der Braunbär vor uns: ein großes, kräftig gebautes Tier mit dichtem, (meist) braunem Fell und breitem, recht langem Kopf, an dem kurze, abgerundete Ohren sitzen. Wie alle Bären ist er ein Sohlengänger, d. h., er tritt beim Laufen wie wir mit der ganzen Fußfläche auf. Seine fünf nicht einziehbaren Krallen pro Fuß helfen ihm in schwierigem Gelände.

**Wohnt dort:** Der Braunbär ist die einzige in Europa vorkommende Bärenart. Einst war er in vielen Unterarten über ganz Europa, Teile Nordafrikas, Nord- und Mittelasien bis Nordamerika verbreitet. In Eurasien nehmen Braunbären übrigens von Westen nach Osten an Größe und Gewicht zu. Mit 170 cm Körperlänge und 70 kg Gewicht sind die Alpenbären die kleinsten unter ihnen, dagegen sind die Männchen der ostsibirischen Kamtschatka- und Kodiakbären mit bis zu 3 m Länge, 150 cm Schulterhöhe und über 500 kg, manchmal sogar über 700 kg Gewicht die

## Hoch verehrt

Kein anderes Großtier hat die Menschen auf der nördlichen Erdhalbkugel so beeindruckt.
Davon Zeugen die Bärenkulte in der Altsteinzeit und die Verehrung durch die Indianer ebenso wie zahlreiche Wappen, Mythen, Fabeln und Sagen bis hin zu den nach Bären genannten Städten (Bern, Berlin).

größten ihrer Art. Ihr Lebensraum sind ausgedehnte Waldgebiete, Gebirgswälder und die Tundra.

**Lebt so:** Als dämmerungs- und nachtaktive Einzelgänger und in Mutterfamilien durchstreifen Braunbären ihre Reviere, die 10 km², aber auch 1600 km² groß sein können. Die Männchen markieren hauptsächlich in der Brunstzeit von April bis Juni ihre Reviere, indem sie hoch aufgerichtet an Nadelbäumen mit ihren Tatzen kratzen und anschließend daran ihren Rücken reiben. Braunbären sind Allesfresser mit einem hohen Anteil an pflanzlicher Nahrung. Sie legen, abhängig von den äußeren Bedingungen, eine unterschiedlich lange und unregelmäßige Winterruhe ein, die sie in Felshöhlen, unter Wurzeltellern oder in selbst gegrabenen Höhlungen verbringen. In dieser Zeit zehren sie bei gedrosselten Körperfunktionen von ihren angefressenen Fettreserven.

**Familienleben:** Nach der Paarung und Befruchtung findet im Uterus der Bärin eine sogenannte Keimruhe statt, d. h., die Entwicklung der Embryonen setzt verzögert ein. So werden die meist zwei bis drei Jungen erst im Winterlager geboren. Die Bärin versorgt die nur rattengroß, nackt und blind zur Welt

### Nicht immer braun

Braunbären müssen keineswegs immer braun gefärbt sein, wie die hellen Unterarten im Himalaja und in Syrien (Isabell-, Syrischer Braunbär) oder der auch Graubär genannte Grizzly aus Nordamerika belegen.

kommenden Bärchen lange und intensiv. Auch den nächsten Winter verbringen Jungbären noch gemeinsam mit der Mutter. Erst mit zweieinhalb Jahren werden sie selbstständig, mit vier bis fünf Jahren dann geschlechtsreif.

**Besonderes:** Die Verfolgung als Viehräuber, der Verlust an Lebensräumen und die Trennung von Populationen durch Straßenbau führten zum starken Rückgang bzw. zum völligen Verschwinden der Braunbären in vielen Teilen ihres einst riesigen Verbreitungsgebiets. Neuerdings unternehmen immer wieder einzelne Individuen aus östlichen Populationen oder Tiere aus Wiedereinbürgerungsprojekten Vorstöße vor allem in die Alpenregion, wobei „Meister Petz" nicht immer vorurteilsfrei empfangen wird (s. „Bruno").

# Mauswiesel Mustela nivalis

**Sieht so aus:** Mit maximal 26 cm Länge und nur 200 g Gewicht (das gilt fürs Männchen; die Weibchen bleiben wesentlich kleiner und werden nur gut halb so schwer) ist das Mauswiesel das kleinste Raubtier der Welt. Seine bräunliche Felloberseite ist gegen die weiße bis gelbliche Unterseite gezackt abgesetzt. Im Gegensatz zum ähnlichen, aber etwas größeren Hermelin ist sein bis 7 cm langer Schwanz immer ohne schwarze Spitze. Auch tragen Mauswiesel, wiederum im Gegensatz zum größeren Verwandten, im Winter nur im Hochgebirge ein weißes Fell, sonst sind sie meist nur braun-weiß gefleckt.
**Wohnt dort:** Ihr großes Verbreitungsgebiet erstreckt sich über ganz Europa, Asien, Afrika und Nordamerika.
**Lebt so:** Die meist dämmerungs- und nachtaktiven Mauswiesel jagen vor allem Wühlmäusen hinterher. Dank ihres gertenschlanken Körpers können sie ihnen problemlos in ihre Gänge folgen. Selbst nach dem Verzehr dieser im Verhältnis zum eigenen Körper recht großen Beute bleiben sie agil und schlank und müssen nicht befürchten, im engen Mäusegang steckenzubleiben. Während ihnen in Siedlungen Holzstapel, Schuppen und Gärten Verstecke bieten, nutzen Mauswiesel draußen im Feld vor allem Maulwurfsgänge und Wühlmausnester als Unterschlupf und als Kinderwiege.
**Familienleben:** Die Hauptpaarungszeit der kleinen Räuber ist im Februar/März. Nach fünf Wochen Tragzeit werfen die Weibchen (oft auch zweimal im Jahr) im Versteck drei bis zwölf (!) Junge.

### Keine Konkurrenten

Das rattengroße Hermelin *Mustela erminea* ist im Gegensatz zum kleineren, ganz auf Wühlmäuse spezialisierten Mauswiesel ein Generalist mit weitaus größerem Beutespektrum. So können beide Arten im selben Lebensraum vorkommen, ohne dass sie zu sehr um die gleiche Beute konkurrieren müssten.

# Iltis Mustela putorius

**Sieht so aus:** Man erkennt diesen auch Waldiltis genannten Marder unschwer an seinem gelbbraunen bis schwarzen Fell, bei dem an den Flanken die gelbliche Unterwolle durchschimmert, an der gelblich weißen Gesichtsmaske, den runden, weiß gerandeten Ohren und dem in ganzer Länge schwarzbraunen Schwanz. Waldiltis-Männchen, die deutlich größer und schwerer werden als ihre Weibchen, erreichen fast 50 cm Körperlänge und ein Gewicht von 1,5 kg. Sie bleiben damit aber noch unter den Maßen des Steinmarders (siehe S. 56).
**Wohnt dort:** Die Art ist in Kontinentaleuropa bis auf Nordskandinavien und in Südosteuropa bis auf den Balkan weit verbreitet. Ihr typischer Lebensraum sind offene Landschaften mit Wäldern, Hainen und Gebüschen.
**Lebt so:** Die dämmerungs- und nachtaktiven Tiere sind als Einzelgänger unterwegs und häufig in Wassernähe anzutreffen. Sie können gut schwimmen und graben, vermeiden aber zu klettern. Zu ihren Beutetieren zählen kleinere Nager, Kaninchen, Hasen, Vögel bis Hühner- und Taubengröße, Eier, Kriechtiere, Frösche und Insekten, aber auch Früchte verschmähen sie nicht. Das sprichwörtliche „Stinken wie ein Iltis" ist durchaus wörtlich zu nehmen: Iltisse können, ähnlich wie ein Stinktier, bei Gefahr oder Schreck ein Sekret aus ihren Analdrüsen absondern, das einen abschreckenden Gestank entwickelt.
**Familienleben:** Nach einer Tragzeit von rund sechs Wochen bringt das Weibchen durchschnittlich vier bis acht Junge zur Welt, die zunächst ein weißes Fell haben und sich erst allmählich braun färben.

### Wichtige Helfer

Die hellen bis weißen Frettchen *Mustela putorius* f. *fera* sind die domestizierte Form des Waldiltis. Frettchen werden bei der Kaninchenjagd und zur Bekämpfung von Ratten und Mäusen eingesetzt, neuerdings aber auch als Haustiere gehalten.

# Steinmarder Martes foina

**Sieht so aus:** Ein schlanker, langgestreckter Körper mit kurzen Beinen und einem gut halbkörperlangen Schwanz, so kommt der knapp katzengroße Steinmarder daher. Sein graubraunes Fell wird von einem weißen Kehlfleck aufgehellt, es ist außerdem etwas lichter und gröber als das des Baummarders (siehe S. 57).
Wer sich bei der Unterscheidung noch nicht sicher ist, sieht auf den Nasenspiegel: Er ist bei Steinmarder immer hell fleischfarben.
**Wohnt dort:** Über fast ganz Europa sowie in Asien bis nach China und der Mongolei kommen Steinmarder vor. Sie besiedeln fast alle Landschaftstypen, als Kulturfolger auch sehr oft Dörfer und Städte. Dort nisten sie sich gerne auf Dachböden ein, wo sie sehr geräuschvoll sein können und teilweise auch Schaden am Dämmmaterial verursachen, welches sie für ihren Nestbau verwenden.
**Lebt so:** Die überwiegend nachtaktiven Tiere sind gute Kletterer und in Bezug auf ihre Nahrung ausgesprochen vielseitig. Kleintiere, Eier, Insekten, Regenwürmer, im Sommer aber immerhin auch 80 Prozent Früchte stehen auf ihrem Speiseplan. Früher machten sie sich nicht selten unbeliebt, indem sie in Hühnerställe eindrangen und dort kräftig aufräumten.

## Ungeliebter „Automarder"

In menschlichen Siedlungen wurden Steinmarder als „Automarder" berühmt-berüchtigt.
Wenn ein Steinmarder auf seinen nächtlichen Streifzügen in den Motorraum eines geparkten Autos eindringt und dort womöglich den Duft eines Rivalen riecht, weil das Auto zuvor anderswo parkte, wo ein anderer Steinmarder sein Revier hat, so reagiert der Marder auf den im Motorraum hinterlassenen Duft des Rivalen mit Zerbeißen von Gummi- und Plastikschläuchen.

# Baummarder *Martes martes*

**Sieht so aus:** Der etwa katzengroße Baummarder trägt ein kastanienbraunes Fell. Er ist nicht nur etwas hochbeiniger, sondern insgesamt auch etwas größer und schwerer als sein naher Verwandter, der Steinmarder (siehe S. 56). Sicher unterscheiden lässt er sich von ihm aber nur an seinem dunklen Nasenspiegel, der beim Steinmarder fleischfarben ist.

**Wohnt dort:** Baummarder kommen in fast ganz Europa, im Osten bis Sibirien sowie in Klein- und Vorderasien vor. Dort leben sie in Wäldern aller Art, bevorzugen aber höhlenreiche Altholzbestände mit gutem Kleinsäugervorkommen.

**Lebt so:** Neben Nagetieren bis Eichhörnchengröße und Junghasen erbeuten die hauptsächlich dämmerungs- und nachtaktiven Einzelgänger auch Vögel bis Hühnergröße, ernähren sich aber auch von Eiern, Kriechtieren, Insekten, Regenwürmern, Obst, Beeren und Bucheckern. Zum Schlafen und zur Jungenaufzucht suchen die geschickten Kletterer Baumhöhlen, große Nistkästen, aber auch verlassene Krähen- und Greifvogelnester auf. Im Winter werden gerne die wärmeren Eichhörnchenkobel bezogen.

Baummarder-Reviere sind sehr variabel: Sie können, je nach den äußeren Umständen, zwischen 1 und 30 km² groß sein. Wie bei Raubtieren nicht selten, können dabei die großen Reviere der Männchen mehrere Weibchen-Reviere einschließen.

### Gelbkehlchen mit gefärbten Haaren

Der dotter- bis rötlich gelbe Kehlfleck des Baummarders wird gerne als Unterscheidungsmerkmal zum Steinmarder angeführt, der einen weißlichen Kehlfleck hat. Doch ist das „Gelbkehlchen" nicht ganz echt, zumindest nicht im Sinne eines genetisch bedingten Merkmals. Vielmehr entsteht der gelbliche Kehlfleck erst durch Einfärbung des Fells mit einem Drüsensekret.

# Vielfraß Gulo gulo

**Sieht so aus:** Der größte Vertreter der Mardersippe erreicht eine Körperlänge bis zu 95 cm, eine Schwanzlänge bis 20 cm und ein Gewicht von 25 kg. Seine Größe, die schwerfällig plump wirkende Gestalt, der wallende Pelz und die dicken, kräftigen Pfoten mit Spannhäuten zwischen den Zehen und teilweise rückziehbaren Krallen trugen ihm auch den Namen Bärenmarder ein.
**Wohnt dort:** Sein Lebensraum ist die gesamte arktische und subarktische Tundra und Taiga in Nordamerika und Eurasien.
**Lebt so:** Während sich der Vielfraß im Sommer auch von Vögeln, kleinen Säugetieren und Pflanzen ernährt, zählen im Winter Ren-

### Keineswegs verfressen

Auch wenn Vielfraße wegen ihrer Übergriffe auf Rentiere und Schafe bei den Hirten verhasst sind und vielerorts fast ausgerottet wurden, sind sie noch lange nicht besonders verfressen.
Der deutsche Name Vielfraß leitet sich vielmehr vom schwedischen Fjellfras (Felsenkatze) bzw. dem norwegischen Fjellfross (Bergkater) ab.
Auch der norwegische Begriff frese (fauchen) spielt bei der Namensgebung wohl eine Rolle.

tiere oder Karibus zu seiner Hauptbeute. Die Überreste von Luchs-, Wolf- und Bärenmahlzeiten werden ebenfalls gerne verzehrt.
Auf der Nahrungssuche durchstreift der ausdauernde Läufer, abhängig von der Jahreszeit, Reviere, die unter 100 km², aber auch bis zu mehrere tausend km² umfassen können. Seine großen Pfoten funktionieren im Winter wie Schneeschuhe. Im weichen Tiefschnee vermag er damit eine flüchtende Beute sehr rasch einzuholen. Großtiere wie Rentiere oder Elche springt der Vielfraß an, verbeißt sich in ihren Nacken, hält sich fest und reitet zum Teil mehrere 100 m auf ihrem Rücken mit, bevor das Opfer tot umfällt. Von so großer Beute, die er nicht auf einmal fressen kann, reißt er nach der Mahlzeit mit seinem kräftigen Kiefer große Fleischstücke ab, die er in Verstecken wie Baumhöhlen, selbst gegrabenen Gruben oder Wasserlöchern für magere Zeiten deponiert.

**Familienleben:** Im Spätwinter bringt das Vielfraß-Weibchen nach einer verlängerten Tragzeit von sieben bis neun Monaten in einer Höhle zwei bis drei Junge zur Welt. Die Kleinen haben ein Geburtsgewicht von nur 80–90 g und tragen ein vollständig weißes Fell. Ab Ende April beginnen sie mit der Mutter umherzustreifen, im kommenden Frühwinter sind sie ausgewachsen und müssen nun selbstständig werden. In ihrem ersten Winter sind die Nahrungsdepots der erwachsenen Vielfraße vor allem für die noch unerfahrenen Jungtiere überlebenswichtig.

# Dachs Meles meles

**Sieht so aus:** Sein plumper Körper mit dem grauen Fell und der schwarz-weiß längsgestreifte Kopf machen den Dachs unverwechselbar. Seine Vorderpfoten sind mit langen, starken Krallen bestückt.

**Wohnt dort:** In Europa kommt „Meister Grimbart" außer in Island und Nordskandinavien sowie auf Sizilien und Korsika fast überall vor. Nach Osten setzt sich sein Verbreitungsgebiet bis nach Mittelasien fort. Er ist sowohl in Laub- und Mischwäldern wie auch in Parklandschaften und Flussauen sowie im Gebirge bis hinauf in 2000 m Höhe anzutreffen.

**Lebt so:** Die dämmerungs- und nachtaktiven Dachse leben paarweise oder im Familienverband, sind aber gewöhnlich allein unterwegs. In ihrer Nahrungswahl geben sich die Allesfresser sehr flexibel: Kleinsäuger, Vögel, Eier, Amphibien, Reptilien, Insekten, Schnecken und vor allem große Mengen Regenwürmer, daneben auch Obst, Nüsse und Feldfrüchte wandern in ihren Magen. Im Herbst fressen sich die Tiere mächtig viel Fett als Vorrat für die Winterruhe an. Sie können dann ihr Gewicht im Vergleich zum Frühjahr verdoppeln. Mit ihren Grabeklauen sind Dachse für die Arbeit untertage bestens gerüstet. An ihren umfangreichen Bauen wird fast ganzjährig gearbeitet und ausgebessert. Dachsbaue können von mehreren Generationen genutzt werden und über 100 Jahre alt sein.

### Sauberes Heim, oft mit Untermieter

Von Dachsbauen geht im Gegensatz zu Fuchsbauen kein Raubtiergeruch aus. Dachse setzen nämlich ihren Kot in selbst gegrabenen Erdlöchern (Toiletten) entfernt vom Bau ab und markieren so ihr Revier. Riecht es aus dem Dachsbau dennoch nach Raubtier, ist dort trotz der Dachse eine Fuchsfamilie als Untermieter eingezogen. Das funktioniert, weil die Füchse im Dachsbau einen getrennten Kessel quasi als „Einliegerwohnung" nutzen.

# Fischotter Lutra lutra

**Sieht so aus:** Ein dichtes, braunes Fell mit feiner Unterwolle, Schwimmhäute zwischen den Zehen und ein langer, spitz zulaufender Schwanz kennzeichnen den schlanken und flinken Wassermarder. Mit 60–95 cm Körper- und bis zu 50 cm Schwanzlänge erreichen Fischotter die Größe eines Rotfuchses, wobei die Männchen größer und schwerer werden als die Weibchen.

**Wohnt dort:** Die Verbreitung des Fischotters reicht über ganz Europa (mit Ausnahme von Irland und den Mittelmeerinseln), Nordafrika und Kleinasien bis nach Japan. Nur die Steppen und Wüsten bleiben ausgespart. Unterschiedlichste Gewässer, selbst Flussmündungen und Meeresufer, werden von ihnen besiedelt, entscheidend ist eine reichhaltige Fischfauna.

**Lebt so:** Die überaus gewandten Schwimmer können bis zu acht Minuten lang tauchen. Sie betrachten beinahe alle an, auf und im Wasser lebenden Tiere als Beute. In Gebieten mit geringen menschlichen Störungen, im Winter sowie entlang von Küsten mit Gezeitenrhythmus sind die sonst nachtaktiven Fischotter auch tagsüber unterwegs. Sie leben einzeln, paarweise oder im Familienverband und markieren die Grenzen ihres Territoriums, dessen Größe in erster Linie vom Nahrungsangebot abhängt, mit Kot. Auf der Suche nach neuen Revieren unternehmen sie auch lange Wanderungen über Land.

Als Baue nutzen Fischotter vorgefundene oder auch selbst gegrabene Erdhöhlen in Uferböschungen.

Die Eingänge ihrer Domizile liegen dabei meist unter Wasser oder haben Rutschbahnen zum Wasser.

### Gefahren einst und jetzt

Früher wurden die Fischotter als Fischjäger und wegen ihres dichten Fells verfolgt, heute stellen der Verlust an Lebensraum, der Straßenverkehr sowie Fischreusen die Hauptursachen dar für die Gefährdung der Bestände.

# Wildkatze Felis silvestris

### Gefährliche Wanderungen

Zur Paarungszeit im Januar/Februar unternehmen Wildkatzen oft größere Wanderungen.
Dann lassen die Kuder einen kreischend-heulenden Imponiergesang hören, nicht selten kämpfen sie auch mit ihren Rivalen.
Weil die Kuder im Winter deutlich aktiver sind als die Weibchen, werden sie häufiger zu Verkehrsopfern. Oft sind überfahrene Wildkatzen der einzige Beleg für das Vorkommen dieser scheuen Tiere in einer Gegend.

**Sieht so aus:** Nicht jede Katze, die wir außerhalb unserer Siedlungen treffen, muss eine streunende Hauskatze sein. Findet die Begegnung in bewaldeten Mittelgebirgsregionen statt, ist die Katze kräftig gebaut, trägt ein langhaariges, gelbbraunes Fell mit dunkler Tigerung, einen schwärzlichen Aalstrich auf dem Rücken, hat eine fleischfarbene Nase, gelbgrüne Augen und einen buschigen Schwanz mit mehreren schwarzen Ringen und stumpfer, schwarzer Spitze, dann könnte es eine Wildkatze, auch Waldwildkatze genannt, sein.

**Wohnt dort:** Der scheue Jäger kommt von Westeuropa bis Indien und Afrika vor. In Europa fehlt er nur in Regionen mit langen, kalten Wintern und in Tiefebenen. Urwüchsige Laubwälder, vor allem Eichenwälder, sowie dichte Nadelwälder, zudem noch mit Steinhalden oder Felsklüften durchsetzt, sind sein bevorzugter Lebensraum.

**Lebt so:** Die Männchen (Kuder) der vorwiegend nachtaktiven und einzelgängerisch lebenden Art nutzen Aktionsräume von 150 bis über 1000 ha. Die Kätzinnen dagegen bewohnen kleinere Reviere, die sich mit denen der Männchen überlappen können. Jedes Territorium wird mit Urin und Fußdrüsensekret markiert.
Kleinsäuger, vor allem Wühlmäuse, werden in typischer Katzenmanier durch Anschleichen gejagt. Daneben stehen auch Vögel, Reptilien, Amphibien, Wirbellose, Aas und gelegentlich Gräser und Früchte auf dem Speiseplan.

# Pardelluchs Felis (Lynx) pardinus

**Sieht so aus:** Mit 75–100 cm Kopfrumpflänge und bis 15 kg Gewicht ist der Pardelluchs etwas kleiner als der Nordluchs (siehe S. 86). In der Färbung kontrastreicher, zieren dunkle, kräftige Flecken sein lohfarben-ockergelbes Fell. Der Pardelluchs trägt zudem einen besonders langen Backenbart.

**Wohnt dort:** Pardelluchse kommen ausschließlich auf der Iberischen Halbinsel, und dort nur in zwei zersplitterten Teilarealen vor. Als Einzelgänger mit Reviergrößen zwischen 5 und 30 km² leben sie in Heidelandschaften, Buschland und mediterranen Trockenwäldern mit lichtem Baumbestand.

**Lebt so:** Als ausgesprochener Nahrungsspezialist ist der Pardelluchs stark von seiner Hauptbeute, dem Wildkaninchen, abhängig, das 80–100 Prozent seiner Nahrung ausmacht.

**Besonderes:** Während man in den 1980er-Jahren die Gesamtpopulation des Pardelluchses noch auf rund 1000 Exemplare schätzte, umfasst heute der Restbestand dieser bedrohtesten Wildkatzenart der Welt nur noch zwischen 84–143 erwachsene Tiere. Straßen, Bahntrassen und Gas-Pipelines haben ihre Reviere zerstückelt und ihnen den Lebensraum genommen. Immer wieder kommen Pardelluchse auch bei Kollisionen auf den spanischen „Autopistas" ums Leben.

## Fotofallen und Zuchtprogramme

Die Letzten ihrer Art werden in ihren Rückzugsgebieten, etwa dem Donana-Nationalpark, von Wildhütern mit Fotofallen registriert und überwacht. In Zuchtstationen soll das Überleben der schönen Katzen in Menschenobhut gelingen.

# Wildschwein Sus scrofa

**Sieht so aus:** Wildschweine tragen ein schwarz- bis graubraunes Fell mit langen Grannen und dichter Unterwolle. Im Winter sind die Haare dunkler und länger. Die Männchen (Keiler) sind unschwer an ihren kräftigen, dreikantigen, äußerlich sichtbaren Eckzähnen im Unterkiefer zu erkennen.
**Wohnt dort:** Als weit verbreitete Art kommt das Wildschwein in 18 Unterarten von Eurasien bis Indien, Japan und Nordafrika vor. Laub- und Mischwälder mit Sümpfen, Schilfgürtel und andere deckungsreiche Landschaften sind der bevorzugte Lebensraum der tag- und nachtaktiven Allesfresser. Zum Fressen ziehen sie (sehr zum Leidwesen der Bauern) aber gerne auch auf Felder. Sogar in manchen Großstädten kann man sie heute schon antreffen, wo sie Gärten und Mülhalden durchwühlen.
**Lebt so:** Wildschweine suhlen sich besonders im Sommer sehr häufig. Dieses Komfortverhalten, was den Schweinen die unberechtigte Bezeichnung „Dreckschwein" einbrachte, dient ihnen zur Kühlung sowie zum Schutz vor Plagegeistern wie Fliegen und Stechmücken und vor Hautparasiten, die dann zusammen mit dem angetrockneten Schlamm an den sogenannten „Malbäumen" abgerieben werden. Mit dem Reiben hinterlassen die Tiere dort gleichzeitig ihre typischen Duftmarken. Daneben markieren sie ihr Revier durch feste Kot- und Harnplätze.
All diese Plätze und Verhaltensweisen kann man auch in Wildparks oder Zoos entdecken und beobachten.

### Frischlinge im Streifenlook

Das scheinbar auffällige Streifenmuster der Frischlinge (Bild S. 65 unten) dient in Wahrheit ihrer Tarnung. Die quirligen Kleinen sind ja, ganz im Gegensatz zu den Erwachsenen, zunächst noch wehr- und hilflos. Im Halbdunkel des Waldes mit dem Licht- und Schattenspiel der bodennahen Vegetation löst die Streifenzeichnung ihre Silhouette optisch auf.
So wird das Muster zum perfekten Tarnanzug vor Feinden wie Luchsen, Wölfen, Bären, Leoparden oder Tigern.

### Wie eine Löwin

Bachen, die Junge führen, verteidigen ihren Nachwuchs unerschrocken gegen jedwede Gefahr, wobei sie nachgerade zu Löwinnen werden.
So kann ein heimischer Waldspaziergang, bei dem man unversehens eine Bache mit Frischlingen aufstöbert, für uns durchaus gefährlich werden.

**Familienleben:** Die Wildschwein-Weibchen (Bachen) leben zusammen mit ihren Jungtieren (die gestreiften Frischlinge und die schon größeren Überläufer) in Familienverbänden (Rotten) mit bis zu 50 Tieren, geführt von der ältesten Bache mit der größten Erfahrung. Die männlichen Tiere werden ab dem Alter von eineinhalb Jahren in der Rotte nicht mehr geduldet und leben dann als Einzelgänger. Zwar sind die Keiler zu diesem Zeitpunkt bereits geschlechtsreif, sie können sich jedoch gewöhnlich erst ab etwa vier Jahren erfolgreich paaren, dann nämlich, wenn sie sich zu voller Manneskraft entwickelt haben. Während sich Wildschweine in den feuchten Tropen das ganze Jahr über paaren, findet die Paarungszeit hierzulande im Herbst statt. Zur Geburt, die bei uns dann oft schon in den Februar/März fällt, baut die Bache eine flache Mulde mit einem großen Nest aus dürrem Gras, Farnkraut und Zweigen. Dort bringt sie vier bis acht, manchmal sogar bis zu 13 Junge zur Welt. Die Kleinen sind zunächst noch recht kälteempfindlich und drängen sich eng aneinander. Sie werden von der Mutter drei bis vier Monate gesäugt.

# Rothirsch  Cervus elaphus

**Sieht so aus:** Das im Sommer rötlich braune Fell trug dem stattlichen Hirsch, der bis 2,50 m groß und bis zu 220 kg schwer werden kann, seinen Namen ein. Das Winterfell ist allerdings graubraun gefärbt. Jungtiere (Kälber) tragen als Zeichnungsmuster helle Flecken im Fell. Während die männlichen Hirsche ein Stangengeweih ausbilden, sind die Weibchen (Hirschkühe) immer geweihlos.
**Wohnt dort:** Rothirsche kommen in Europa, Nordafrika und von Kleinasien bis Afghanistan vor. Auch der Wapiti Nordamerikas und Asiens wird vielfach als Unterart des Rothirsches betrachtet. Seine Lebensräume sind Waldgebiete mit Freiflächen, baumloses Heide-Hochland und im Sommer die Mattenregionen der Hochgebirge.
**Lebt so:** Die Hirschkühe leben mit den Kälbern in Rudeln, die Männchen schließen sich im Sommer oft ebenfalls zu Gruppen zusammen. Im Oktober aber wandern die Männchen einzeln zu ihren Brunftplätzen und versuchen dort, einen Harem zu erobern, den sie dann mit Brunftgeschrei (Röhren) und ritualisierten Kämpfen gegen ihre Rivalen verteidigen. Im Spätwinter schließlich verlieren die Hirsche ihr Geweih, doch innerhalb von 100 Tagen wächst ihnen ein neues. Ist dieses im nächsten August fertig entwickelt, streifen die Hirsche durch heftiges „Fegen" an Geäst die das Geweih umgebende, nun getrocknete Basthaut ab.

### Kämpfe mit und ohne strenge Regeln

Das Geweih wird von Hirschen zum Imponieren und zum meist unblutigen, weil ritualisierten Kräftemessen eingesetzt. Wenn sie ihr Geweih gerade verloren haben, drohen die Männchen, indem sie sich ihre Eckzähne zeigen. Streitigkeiten werden dann auf den Hinterläufen stehend und mit den Vorderläufen schlagend ausgetragen. Hirschkühe kennen da weit weniger Pardon. Sie schlagen durchaus auch mit den Eckzähnen kräftig zu.

# Damhirsch Dama dama

**Sieht so aus:** Damhirsche sind kleiner als die Rothirsche. Ihr rotbraunes Sommerfell ist lebhaft weiß gefleckt, das Winterfell dunkler und weniger gefleckt. Der unterseits weiße Schwanz ist von einem weißen, oben schwarz geränderten Spiegel umgeben. Als Farbvarianten kommen Damhirsche auch mit grauschwarzem, weißem und isabellfarbenem Fell vor. Die Männchen tragen ab dem zweiten Lebensjahr meist ein Schaufelgeweih.

**Wohnt dort:** Ursprünglich in den Mittelmeerländern und Vorderasien heimisch, wurden Damhirsche schon im Altertum in Europa ausgerottet. Inzwischen hat man sie in zahlreichen Regionen wieder eingebürgert, heute leben sie in vielen Ländern Europas, aber auch in Amerika, Südafrika und Neuseeland, und zwar vorzugsweise in Mischwäldern.

## Seltenheit aus Mesopotamien

Durch seine Körpergröße, die etwas stärkere Fleckung und seine kräftigen Stangen mit weniger ausgeprägten Schaufeln ist der Mesopotamische Damhirsch (*Dama mesopotamica*) gut vom Europäischen Damhirsch zu unterscheiden. Einst in Nordafrika und Vorderasien weit verbreitet, leben heute nur noch winzige Restbestände im Iran sowie in einigen Zuchtgruppen in Zoos.

**Lebt so:** Im Winter bilden Damhirsche gemischte Rudel, im Frühjahr jedoch trennen sie sich. Während der herbstlichen Brunft kämpfen die Hirsche um die Damkuh-Rudel.

# Reh  Capreolus capreolus

### Emanzipierte Weibchen

In der Brunft im Juli/August treiben Rehböcke ihre Weibchen (Ricken) in engen Kreisen und Schleifen vor sich her, wodurch im Gras und Getreide sogenannte „Hexenringe" entstehen.
Obwohl der Bock dabei scheinbar die aktive Rolle übernimmt, werden Beginn, Tempo und Ende des Treibens dennoch allein von der Ricke bestimmt.

**Sieht so aus:** Diese kleinste in Europa heimische Hirschart trägt im Sommer ein rotbraunes, im Winter ein graubraunes Fell mit weißer Analregion (Spiegel).
**Wohnt dort:** Rehe sind in Europa mit Ausnahme von Island, Irland, dem hohen Norden und einigen Mittelmeergebieten weit verbreitet.
**Lebt so:** Anders als etwa der Rothirsch sind Rehe keine überwiegenden Grasfresser, sondern auf hochwertige Pflanzennahrung angewiesen. In Gourmet-Manier zupfen sie hier eine Knospe, verzehren da ein Kräutlein. Dieses Nahrungsspektrum finden sie am ehesten an Waldrändern, wenngleich sie in fast allen Landlebensräumen zu finden sind, im Gebirge bis hinauf zur Waldgrenze.
Eigentlich leben Rehe einzeln (Böcke) oder in kleinen Familiengruppen, doch im großflächigen Agrarland kommen sie auch in großen Rudeln vor („Feldrehe"). Die Männchen besetzen im Frühjahr Territorien von 20–70 ha Größe, die sie markieren, indem sie ein Sekret aus ihrer Stirndrüse an Pflanzen absetzen, Zweige und Stämmchen mit ihrem bis 30 cm langen Geweih blankschälen und gleichzeitig mit den Hufen am Boden scharren. Jeder andere Bock wird als Konkurrent aus dem Revier vertrieben.
Nach der Fortpflanzungszeit im Juli/August verlieren die Böcke im Herbst ihr Geweih. Im Hochwinter wächst ihnen ein neues Geweih, das die Böcke im März/April, wenn sein Wachstum abgeschlossen ist, durch Fegen an Stämmen und Ästen von der Basthaut befreien.

# Elch  Alces alces

**Sieht so aus:** Der pferdegroße Elch ist die größte Hirschart der Welt. Er hat einen stämmigen, kurzhalsigen, aber sehr hochbeinigen Körper mit einem buckelartig erhöhten Widerrist. Unverwechselbar ist der lange Kopf mit der auffallend langen Nasenregion und der breiten, überhängenden und äußerst beweglichen Oberlippe. Große Elchbullen können bis zu 800 kg wiegen, während die kleineren Weibchen durchschnittlich „nur" bis 450 kg schwer werden. Wie bei Hirschen üblich, tragen lediglich die Männchen ein Geweih. Bei jungen Tieren ist es noch als Stangengeweih ausgebildet, bei alten Bullen ist es meist schaufelförmig verbreitert und bis zu 2 m breit und 20 kg schwer.
**Wohnt dort:** Elche kommen von Alaska und Kanada über ganz Nordeuropa bis Ostsibirien vor und bewohnen dort die Taiga, die Bergmischwälder und die Bergtundra.
**Lebt so:** Gewöhnlich stapfen Elche alleine durch ihren Lebensraum. Sie zupfen Blätter und Zweige von Bäumen und Sträuchern und verzehren Kräuter und Wasserpflanzen. Nur im Winter schließen sie sich zu kleinen Rudeln unter der Führung eines Weibchens zusammen.

## Kühles Bad und Verteidigungsstrategie

Weil Elche gut an Kälte, aber schlecht an Wärme angepasst sind, suchen sie nicht nur zum Fressen Gewässer auf. Im Wasser finden sie im Sommer Kühle, können sich darin aber auch besser gegen Wölfe verteidigen.
Wenn sie sich gegen ein Wolfsrudel zur Wehr setzen müssen, schlagen Elche nicht nur mit den Vorderbeinen oder dem Geweih, sondern treten an Land auch, ähnlich wie Pferde, gezielt mit den Hinterbeinen aus.

# Wisent  Bison bonasus

**Sieht so aus:** Ein dunkelbrauner, massiger Vorderkörper kennzeichnet den Europäischen Bison oder Wisent. Im Vergleich zum Amerikanischen Bison (siehe S. 228) ist sein Brustkorb etwas kleiner, dafür das Hinterteil etwas höher. Auch trägt der Wisent den breiten, kurzen Schädel höher als sein amerikanischer Verwandter. Die verhältnismäßig kleinen Hörner sind etwas abwärts gerichtet und nach innen gebogen. Wisente können eine Länge von 2,90 m erreichen, die großen Bullen werden satte 800–1000 kg schwer.

**Wohnt dort:** Ursprünglich über ganz Europa und weite Teile des nördlichen Asiens verbreitet, wurden die letzten Vertreter zu Anfang des 20. Jahrhunderts in freier Wildbahn ausgerottet.

**Lebt so:** Lebensraum der Wisente sind Laub- und Mischwälder mit viel Unterholz und feuchten Lichtungen. Dort suchen sie ihre Nahrung, die aus Gräsern, Kräutern, Laub, Trieben, Rinde und Flechten besteht. Mit ihren Klauen können sie im Winter die Nahrung auch unter tiefem Schnee ausgraben.

**Familienleben:** Wisente leben in Muttergruppen. Die Bullen sind Einzelgänger oder schließen sich zu Männchengruppen zusammen. Erst mit acht Jahren werden die Bullen geschlechtsreif, die Kühe schon mit zwei Jahren. Nach einer Tragzeit von 254–272 Tagen bekommen die Kühe ihr Kalb, das nach sechs bis acht Monaten selbstständig ist.

### Eine Erfolgsgeschichte der Wildtierhaltung

Alle heute lebenden Wisente, auch die in freier Wildbahn in Polen, Russland und Rumänien, gehen auf 54 Tiere zurück, die in Gehegen überlebt hatten, nachdem im Freiland die Letzten ihrer Art abgeschossen worden waren.

Den koordinierten Zuchtprogrammen von Zoos und Tierparks ist es zu verdanken, dass wir diese urigen Wildrinder heute auch wieder im Freiland erleben können.

# Gämse  Rupicapra rupicapra

**Sieht so aus:** Ihr Aussehen verrät die Zugehörigkeit zu den Ziegen. Beide Geschlechter tragen Hörner, deren Spitzen sich mit fortschreitendem Alter nach hinten biegen („Gamskrucken"). Das Fell ist im Sommer blassbraun, im Winter dunkelbraun bis schwarz gefärbt. Der berühmte „Gamsbart" findet sich keineswegs am Kinn, es handelt sich dabei um die verlängerten Haare auf dem Rücken.

**Wohnt dort:** Gämsen kommen in den Alpen, im Kaukasus, den Karpaten, der Hohen Tatra, der Nordosttürkei und auf dem Balkan vor. Im Schwarzwald und in der Sächsischen Schweiz wurden sie eingebürgert, ebenso in Neuseeland. Die hervorragenden Kletterer leben im offenen, felsigen Gelände, im Sommer stets oberhalb der Waldgrenze, nur vor dem Bergwinter ziehen sie sich in tiefere Lagen in den Bergwald zurück.

**Lebt so:** Die Weibchen bilden zusammen mit Kitzen und Jährlingen große Rudel, die Böcke leben allein oder in kleinen Gruppen. Im Wald verhalten sich Böcke territorial und verteidigen Reviere. Zu Beginn des Winters suchen sie die Weibchenrudel auf. Jetzt setzen sie ihren Gamsbart zum Imponieren ein, indem sie ihren Körperumriss durch Aufstellen der bis zu 25 cm langen Rückenhaare optisch vergrößern. Jeder Rivale wird in wilden Hetzjagden verfolgt, was im Tiefschnee viel Kraft kostet und zu hohen Verlusten führen kann.

### Restbestände der letzten Eiszeit

Die nah verwandte, aber schlankere, mit längeren Hörnern ausgestattete Pyrenäen- oder Abruzzengämse (*Rupicapra pyrenaica*) aus den Pyrenäen, Nordwestspanien und den Abruzzen ist heute stark gefährdet.
Sie wanderte wohl vor der letzten Eiszeit aus Asien nach Europa ein. Durch die letzte Vereisung wurden dann alle Vorkommen bis auf jene in Südeuropa ausgelöscht.

# Steinbock Capra ibex

**Sieht so aus:** Der Steinbock ist ein kräftiger, robuster Ziegentyp. Die Böcke tragen einen kurzen Bart. Ihre säbelförmig nach hinten gekrümmten Hörner werden bis über 1 m, die der Weibchen (Geißen) bis 35 cm lang.

**Wohnt dort:** Steinböcke leben in Mitteleuropa, in Afghanistan und im Kaschmir, in der Mongolei, in Zentralchina, Nordäthiopien, Syrien und Arabien und kommen dort im Hochgebirge und in Wüsten vor. Steile, felsige Hänge hoch über der Waldgrenze sind der Lebensraum dieser Hochgebirgstiere, deren Hufsohlen sich wie moderne Kletterschuhe an kleinste Unebenheiten festklammern können. Im Winter suchen die genügsamen Tiere steile, südseitige Hänge zum Fressen auf, an denen der Schnee abgleitet und das zähe Gras erreichbar ist.

**Lebt so:** Außerhalb der Paarungszeit im Dezember/Januar leben Steinböcke in getrennten Bock- und Geißverbänden.

**Familienleben:** Die ein bis zwei Jungen, die im Frühsommer geboren werden, können ihrer Mutter schon nach einem Tag in den steilen Fels folgen.

**Besonderes:** Die Alpenform des Steinbocks war Mitte des 19. Jahrhunderts bis auf 50–100 Tiere im Gran Paradiso (Aostatal, Italien) ausgerottet. Von diesen stammen sämtliche heute lebenden Alpensteinböcke ab, die dank strenger Schutzmaßnahmen wieder viele Gebirgsstöcke bevölkern.

### Apotheke geschlossen

Weil man vielen Körperteilen und Organen des Steinbocks magische Heilkräfte zuschrieb, wurde er im Mittelalter als „kletternde Apotheke" hemmungslos verfolgt.

Dabei wurde den Steinböcken eine Eigenart zum Verhängnis: Die Tiere flüchten nie weit, sondern suchen nur Steilwände auf, in denen sie sich vermeintlich sicher fühlen. Dort boten sie aber ein leichtes Ziel zunächst für Bogen- und Armbrustschützen, später dann für Pulverwaffen.

# Bezoarziege Capra aegagrus cretica

**Sieht so aus:** Die Kretische Wildziege oder Bezoarziege als Stammform der Hausziege ähnelt mit ihrem rötlich grauen Fell sowie dem schwarzbraunen Hals und Widerrist wildfarbenen Hausziegen. Ein langer Kinnbart bei den Männchen und säbelförmige, seitlich abgeflachte Hörner, die von beiden Geschlechtern getragen werden, sind weitere Merkmale. In der Größe sehr unterschiedlich, kommen Bezoarziegen auf Kreta mit bis zu 42 kg Gewicht (Männchen), in Persien hingegen mit bis zu 90 kg Gewicht (Männchen) vor. Die alten Böcke (im Bild das Tier im Vordergrund) sind bunter als die Weibchen und Jungböcke, ihre Hörner werden bis über 1,20 m lang.

**Wohnt dort:** Das Verbreitungsgebiet umfasst die Gebirgsregionen Südwestasiens von der Ägäis im Westen bis Pakistan im Osten. Die Bezoarziege als kleinste Unterart kommt in den Weißen Bergen Kretas, auf Theodoru und einigen umliegenden griechischen Inseln vor. Sie wurde dort möglicherweise bereits in der Antike eingeführt.

## Kugeln aus Haaren

Im Magen von Bezoarziegen finden sich die sogenannten Bezoarkugeln. Der Volksglaube hielt sie für eine Wundermedizin, was zu einer rücksichtslosen Jagd auf die Tiere führte.
Dabei sind die Wunderkugeln, die übrigens auch beim Steinbock vorkommen, nichts anderes als bei der Fellpflege abgeleckte und verschluckte Haare, die sich im Magen zusammenballen und mit der Zeit eine steinharte, glatte Oberfläche bekommen.

**Lebt so:** Diese Ziegen leben als Bewohner der Felsregion gesellig in Herden mit manchmal mehr als 50 Tieren. Geißen und Altböcke halten sich allerdings außerhalb der Paarungszeit getrennt auf.

# Flughunde Familie Pteropodidae

**Sieht so aus:** Die Vertreter der Flughund-Familie unterscheiden sich deutlich von den übrigen Fledermäusen. Sie haben einen hundeartigen Kopf, große und für das Dämmerungssehen leistungsfähige Augen, große, gut bewegliche Daumen, am 2. Finger meist eine Kralle, dazu einfache Flügel und nur eine schmale Schwanzflughaut um den kurzen oder fehlenden Schwanz. Außerdem besitzen sie weder Nasenaufsatz noch Ohrdeckel wie viele der Kleinfledermäuse.

**Wohnt dort:** Vertreter dieser Tierfamilie, die weltweit 186 Arten umfasst, kommen vom tropischen Afrika und Madagaskar über den östlichen Mittelmeerraum und weiter nach Osten über das tropische Asien (Bild rechts: Harlekinflughund *Styloctenium wallacei* von Sulawesi) bis zum tropischen Australien vor. Unter ihnen gehören einige Arten aus der Gattung *Pteropus* mit 42 cm Körperlänge, 1,6 kg Gewicht und 1,70 m Flügelspannweite zu den größten Vertretern der Fledertiere (Bild oben: Indischer Riesenflughund *Pteropus giganteus*).

**Lebt so:** Die meisten Flughundearten beziehen Quartier in Bäumen, einige wenige sind Höhlenbewohner. Letztere, die zur Gattung der Höhlenflughunde *Rousettus* zählen, orientieren sich in ihren stockfinsteren Quartieren echoortend durch Klicklaute, die sie mit der Zunge erzeugen.

Als überwiegende Fruchtfresser finden Flughunde ihre Nahrung mithilfe ihres ausgezeichneten Geruchssinns. Manche Flughunde ernähren sich auch von Pollen und Nektar. Sie haben in der Alten Welt die gleiche Planstelle als Bestäuber inne wie die Blütenfledermäuse in der Neuen Welt.

Arten der Flughund-Gattung *Pteropus* bilden innerhalb der Flughunde die größten Schlafgesellschaften. Von den Australischen Flughunden können sich an die 50 000–100 000 Tiere zum Tagesschlaf zusammenfinden. Wenn dann Tausende von Flughunden im Geäst hängen, in ihre Flughäute eingehüllt und sorgfältig auf Individualabstand zueinander achtend, wirken sie von weitem wie große, reife Früchte.

## Insulaner leben gefährlich

Dank ihrer Flugfähigkeit konnten vor allem größere Flughundformen selbst kleinste ozeanische Inseln besiedeln und dort neue Arten entwickeln. Insel-Arten sind jedoch besonders gefährdet. Überall, ob auf den Komoren oder Philippinen, auf Mauritius oder Samoa, ist der Lebensraum der Flughunde durch Abholzung der ursprünglichen Vegetation stark geschrumpft. So wären beispielsweise die letzten Rodriguez-Flughunde auf der gleichnamigen Tropeninsel mitsamt ihren Schlafbäumen durch Hurrikane hinweggefegt worden, hätte man nicht rechtzeitig ein Erhaltungszuchtprogramm in einem Zuchtgehege auf Mauritius und im Jersey-Zoo gestartet.

# Langohrigel  Hemiechinus auritus

**Sieht so aus:** Rücken und Körperseiten des recht hochbeinig daherkommenden Langohrigels sind mit sandfarbenen Stacheln bedeckt. Am Kopf des Stachelritters fallen die mit 3–4 cm besonders großen, sehr beweglichen Ohren auf.

**Wohnt dort:** Langohrigel kommen von der Ostukraine bis in die Mongolei im Norden und von Lybien bis Westpakistan im Süden vor. Sie leben dort in Wüsten und Steppen, steinigen bis halbtrockenen Gebieten, Trockensteppen und Gärten.

**Lebt so:** Die nachtaktiven Tiere verbringen den Tag unter Steinen, in Höhlen und Steinhaufen. Auf ihrem Speiseplan stehen Gliederfüßer, kleine Wirbeltiere, Eier, Früchte und Korn. Wie der Europäische Igel (siehe S. 37) ist auch der Langohrigel ein Winterschläfer, der zudem im Sommer noch in Trockenstarre verfallen kann.

### Immer auf Nahrungssuche

Langohrigel verbringen fast ihre gesamte aktive Zeit mit Nahrungssuche. Pro Nacht legen sie dabei bis zu 9 km zurück. Sie finden ihre Beute hauptsächlich mit ihrem Geruchssinn. Ihre langen Ohren sind eine Anpassung an das Leben in offenen, trockenheißen Landschaften, denn über die großen, dünnen Ohrmuscheln geschieht eine wirkungsvolle Wärmeabgabe.

# Pfeifhase, Pika *Ochotona spec.*

**Sieht so aus:** Das kleine Hasentier ähnelt in Größe und Gestalt eher einem Meerschweinchen als seinen langohrigen Verwandten, den Hasen und Kaninchen. Charakteristisch für alle 29 Arten der Gattung *Ochotona* sind eine eiförmige Silhouette, kurze, gerundete Ohren, kurze Gliedmaßen sowie ein kaum sichtbarer Schwanz. Die je nach Art 12–30 cm großen und 50–350 g schweren Tiere tragen alle ein dichtes, weiches Fell, das bei den meisten Arten graubraun (bei einer rotbraun) und oben dunkler als unten gefärbt ist.
**Wohnt dort:** Die Verbreitung der Pikas erstreckt sich von den Rocky Mountains im Westen Nordamerikas über Asien nördlich des Himalajas und vom Nahen Osten und Ural zur nördlichen Pazifikküste. Es sind zum einen Bewohner von Felslandschaften und Geröllhängen, zum andern Bewohner von Steppen und Halbwüsten.
**Lebt so:** Der Name Pika ist lautmalend und bezieht sich auf die Rufe der Tiere, mit denen Mitglieder einer Gruppe untereinander Kontakt halten. Typisch für Pikas ist ein Wechsel zwischen lebhaftem Umherflitzen und reglosem Verweilen. Die Felsbewohner unter ihnen leben allein (nordamerikanische Arten) oder mit einem Partner (asiatische Arten), während Steppenpikas in Familiengruppen selbst gegrabene Gemeinschaftsbaue bewohnen und in hohen Dichten vorkommen.
**Familienleben:** Felsbewohner und Baubewohner unterscheiden sich stark in ihrem Fortpflanzungsverhalten. Während erstere zwei Würfe im Jahr mit jeweils ein bis fünf Jungen gebären, bekommen die Baue grabenden Formen pro Wurf bis zu 13 Junge, und das bis zu fünfmal im Jahr.

### Fleißige Heuernte

Alle Pikas ernähren sich von Gräsern, Kräutern und Blättern, und fast alle Arten legen im Spätsommer große Heuvorräte an, die ihnen als Winternahrung dienen. Bis zu 30 Prozent ihrer aktiven Zeit widmen sie sich der Heuernte!

# Spitzhörnchen Tupaia spec.

Die Eichhörnchen ähnelnden Spitzhörnchen oder Tupajas wurden aufgrund ihres Gebisses von den Zoologen zunächst zu den Spitzmäusen gestellt. Daher stammt ihre englische Bezeichnung „tree-shrews", Baumspitzmäuse. Im Folgenden hielt man sie 50 Jahre lang für Primaten, um sie schließlich aufgrund jüngster Forschungsergebnisse als Mitglieder einer eigenen Säugetierordnung zu betrachten.

**Sieht so aus:** Von den insgesamt 18 Arten, die sechs verschiedenen Gattungen angehören, zählen die elf Arten der Gattung *Tupaia* zu den am wenigsten spezialisierten Spitzhörnchen. Ein buschiger, körperlanger Schwanz und fast menschlich anmutende Ohrmuscheln zeichnen die Tiere aus, die nur eine Körperlänge von etwa 18 cm und ein Gewicht von 160 g erreichen. Ihre Felloberseite ist dunkelolivgrün bis graubraun mit beigen Schulterstreifen, die Körperunterseite beige. Je nach Art haben die Weibchen ein bis drei Paar Zitzen.

**Wohnt dort:** Tupajas kommen von Nordwestindien bis zur Philippinen-Insel Mindanao, von Südchina bis Java und auf den meisten Inseln des Malaiischen Archipels vor. Ihr Lebensraum sind die tropischen Wälder bis in 1000 m Höhe.

**Lebt so:** Je nach Art sind Tupajas mehr oder weniger boden- oder baumlebend. Sie ernähren sich von Früchten, Gliedertieren und kleinen Wirbeltieren. Bei der Nahrungssuche wie beim Verzehr der Nahrung vermögen sie ihre bekrallten Hände mit dem abspreizbaren Daumen sehr geschickt einzusetzen.

## Ungewöhnliche Kindheit

Tupajajunge kommen nackt und blind mit einem Geburtsgewicht von 6–10 g zur Welt und werden – abgesehen vom Säugen – ganz sich selbst überlassen. Nur alle zwei Tage besucht die Mutter das Nest, um den Nachwuchs fünf bis zehn Minuten lang mit Milch zu versorgen. Deren ungewöhnlich hoher Fettgehalt von 26 Prozent, zusammen mit zehn Prozent Eiweiß, garantiert ein rasches Wachstum der Jungen. Nach zehn Tagen öffnen sich die Ohren der Tupajakinder, mit 20 Tagen ihre Augen, mit vier Wochen verlassen sie das Nest. Sie wiegen nun bereits über 100 g, obwohl die Mutter sie in der ganzen Zeit nur 14-mal und insgesamt nur 90 Minuten lang gesäugt hat. Bei den wenigen Nestbesuchen der Mutter waren die einzigen weiteren Kontakte ein Begrüßungslecken an der Schnauze. Duftstoffe, die von ihr bereits vor der Geburt der Jungen abgegeben wurden, hinderten den Vater und andere Artgenossen die ganze Zeit am Betreten des Nests.

**Familienleben:** Tupajas leben paarweise, wobei jedes Paar ein eigenes Revier besetzt. Revier und Partner werden mit einem öligen Sekret aus der Halsdrüse und mit Urin markiert. Ein Paar begrüßt sich durch Lecken von Speichel am Mundwinkel und festigt seine Paarbindung durch tägliches gemeinsames Ruhen mit engem Körperkontakt.

Etwa 45 Tage nach der Begattung bringt das Weibchen in einem von ihm gebauten und mit Pflanzenmaterial ausgepolsterten Wurfnest ein bis vier (meist zwei) Junge zur Welt, die es alleine aufzieht. Sobald der Nachwuchs mit etwa zwei Monaten geschlechtsreif ist, wird er rigoros aus dem elterlichen Revier vertrieben.

# Zobel *Martes zibellina*

**Sieht so aus:** Der hübsche Marder ist etwas kleiner und leichter als der Baummarder (siehe S. 57) und mit einem kürzeren Schwanz ausgestattet. Sein Fell ist dunkelbraun, Kopf, Bauch und Flanken sind etwas heller. Während das Zobelfell im Sommer kurz und grob ist, wird es im Winter länger und dichter und fühlt sich überaus seidig an.

**Wohnt dort:** Das Verbreitungsgebiet des Zobels erstreckte sich ursprünglich über weite Teile Nordasiens und die nördlichen japanischen Inseln. Sein Lebensraum sind die endlosen Wälder der Taiga, sei es im Flachland oder im Gebirge. Gern hält er sich in der Nähe eines Gewässers auf.

**Lebt so:** Obwohl Zobel gute Kletterer sind, leben sie hauptsächlich als Bodentiere und jagen in Sprüngen kleinen Nagetieren, Vögeln und Reptilien hinterher, fangen aber auch Lachse und verzehren Beeren sowie die Früchte der Zirbelkiefern.

Ein Zobel kann tagsüber ebenso wie nachts aktiv sein, wobei die Größe seines Reviers bis zu 30 km² betragen kann. Als Unterschlupf nutzt er Baumhöhlen oder Hohlräume unter Baumstümpfen, nur selten Erdbaue.

**Besonderes:** Als begehrtestes Pelztier Russlands wurden Zobel vom 15. bis zum 18. Jahrhundert wegen ihres Winterpelzes so stark gejagt, dass zu Beginn des 20. Jahrhunderts nur noch zersplitterte Restvorkommen übriggeblieben waren. Erst durch strenge Jagdregeln konnten sich die Bestände seither wieder erholen.

### Lange Tragzeit und hohe Jungensterblichkeit

Die Zobelpaarung findet im Sommer, die Weiterentwicklung der Embryos aber erst nach einer Keimruhe im Februar/März statt. Somit kann sich die Trächtigkeit auf 245–298 Tage erstrecken, und die bis zu sieben Jungen kommen Ende März bis Anfang Mai zur Welt.

Obwohl Zobel wenig natürliche Feinde haben, ist die Jungensterblichkeit, bedingt durch raues Klima und Nahrungsmangel, sehr hoch. Nur 15 bis 25 Prozent der jungen Zobel überleben das erste Jahr.

# Binturong *Arctictis binturong*

**Sieht so aus:** Etwa 80 cm lang wird der Binturong, zusätzlich ist er noch mit einem gut 70 cm langen, buschigen Greifschwanz ausgestattet. Wegen seines Aussehens und weil er recht behäbig wirkt, wird er auch Marderbär genannt. Tatsächlich aber ist er kein Bär, sondern eine Schleichkatze. Sein langes, derbes Fell ist schwarz gefärbt mit weißen oder gelben Haarspitzen. Die weißen Ohrränder sind mit langen, schwarzen Haarbüscheln besetzt.

**Wohnt dort:** Der gewandt kletternde Bambusbewohner kommt in Indien, Nepal, Bhutan, Myanmar, Thailand, Malaysia und Indochina sowie auf Sumatra, Java, Borneo und Palawan vor.

**Lebt so:** Einzel lebend und nachtaktiv sucht er in Bambuswäldern, bedächtig umherkletternd, hauptsächlich nach Früchten und Blättern, verzehrt aber auch Insekten, Kleinsäuger und Vögel. Er kann sogar schwimmend und tauchend Fische erbeuten.

## Schleichkatzen – vielseitige Familie mit alten Wurzeln

Schleichkatzen besitzen einen schlanken Kopf, einen langen, häufig buschig behaarten Schwanz und relativ kurze Beine. Ihre Wurzeln reichen bis zur Stammgruppe der modernen Raubtiere, den Miaciden, zurück, die vor 50 Millionen Jahren lebten.

Ihre Wiege stand wohl im tropischen Afrika und Asien, die heutigen 35 Arten kommen von Afrika über Südwesteuropa bis Südostasien vor. Während sich das Gebiss der Schleichkatzen über die Jahrmillionen kaum veränderte, haben sie sich ansonsten den unterschiedlichsten Lebensweisen angepasst, vom baumbewohnenden, einzelgängerischen Binturong als einziger Form mit echtem Greifschwanz bis zu den bodenlebenden, hochsozialen Mangusten (z. B. Erdmännchen, siehe S. 140).

# Fischkatze Felis (Prionailurus) viverrinus

**Sieht so aus:** Die seltene Raubkatze bringt es auf 80 cm Körpergröße plus 30 cm Schwanz. Ihr dichtes, graubraunes Fell ist mit kleinen, dunklen Tupfen übersät, nur der Kopf trägt eine Streifenzeichnung. Die Pfoten sind, einzigartig unter Katzen, mit kleinen Schwimmhäuten ausgestattet, und die Krallen lassen sich nicht ganz zurückziehen.
**Wohnt dort:** Fischkatzen bewohnen gewässerreiche Landschaften Südostasiens, von Sumatra und Java bis Südchina und Indien. Sie halten sich bevorzugt direkt in Gewässernähe auf.

### Ganz schön mutig!
Dank ihres kräftigen Körperbaus und der außerordentlich stark entwickelten Eckzähne vermögen Fischkatzen auch Beutetiere bis zur Größe eines Hirschkalbs zu überwältigen.

**Lebt so:** Ganz anders als unsere Hauskatzen sind Fischkatzen alles andere als wasserscheu. Sie schwimmen sehr gut und gern. Bei der Jagd waten die ungewöhnlichen Katzen ohne Scheu ins Wasser, um schlagbereit mit einer erhobenen Tatze einen vorbeischwimmenden Fisch zu erbeuten. Daneben fangen Fischkatzen aber auch Vögel, Insekten und Krebstiere.
**Familienleben:** Die Tiere leben einzeln und wohl auch paarweise. Nach 63 Tagen Tragzeit werden ein bis vier Junge geboren, an deren Aufzucht sich möglicherweise auch der Kater beteiligt.

# Rostkatze Felis (Prionailurus) rubiginosus

**Sieht so aus:** Mit 33–48 cm Körperlänge, einer Schwanzlänge von 15–25 cm und einem Gewicht von 1,1 kg (Weibchen) bzw. 1,5–1,6 kg (Männchen) zählt die Rostkatze zu den kleinsten wildlebenden Katzenarten – gegenüber dem Sibirischen Tiger (siehe S. 92) wahrhaft ein federgewichtiger Zwerg. Auffällig ist auch der kleine, spitz zulaufende Kopf. Benannt hat man die Art nach ihrem rostroten, braun gefleckten und gestreiften Fell. Die abgerundeten Ohren zeigen auf ihrer Rückseite ein zentrales weißes Mittelfeld.

**Wohnt dort:** Im äußersten Süden Indiens und auf Sri Lanka kommen Rostkatzen in verschiedenen Unterarten vor, in Indien im eher trockenen Busch und offenen Grasland, im Süden Sri Lankas dagegen im Regenwald.

**Lebt so:** Es sind nachtaktive Einzelgänger, die zwar gut klettern können, aber dennoch meist am Boden unterwegs sind. Sie gehen im Buschland, im Wald und in Gewässernähe auf Kleinsäuger-, Vogel- und Insektenjagd. Auch Frösche werden erbeutet. Rostkatzen, die in der Nähe von menschlichen Siedlungen leben, machen gelegentlich auch Jagd auf Hausgeflügel.

**Familienleben:** Die Rostkatzen-Weibchen werfen nach einer Tragzeit von 66–70 Tagen in einer Baumhöhle oder unter Steinen ihre ein bis zwei Jungen. Die Kleinen wiegen bei der Geburt 60–77 g. Ihr Fell ist zunächst dunkelbraun, leicht rötlich getönt und mit schwarzer Fleckenzeichnung.
Die Namen gebenden „rostigen" Farbflecken erscheinen erst später.

### Mehr oder weniger „rostig"

Während die in den feuchten Wäldern des südlichen Sri Lankas lebende Unterart der Rostkatze ein leuchtend rostbraunes Fell trägt, finden sich in den Trockengebieten Sri Lankas eher graublaue Exemplare.
Die südindische Unterart zeichnet sich wiederum durch eine mehr rotbraune bis graubraune Grundfärbung aus.

# Eurasischer Luchs *Lynx lynx*

### Große Färbungsunterschiede

Innerhalb ihres riesigen Verbreitungsgebiets kommen Luchse mit auffällig großen Unterschieden in der Grundfärbung und Fleckung ihres Fells vor. Bei einzelnen Individuen können die Flecken fast völlig verschwunden sein, während andere Tiere in der gleichen Region gefleckt sind.

**Sieht so aus:** Diese hochbeinige, etwa schäferhundgroße Katzenart erreicht Körperlängen zwischen 80 und 130 cm und ein Gewicht bis zu 30 kg. Ihre Markenzeichen sind der stummelförmige, am Ende gestutzte Schwanz, die spitzen, dreieckigen Ohren mit auffallenden Haarpinseln, ein Backenbart und das fahlgraue bis rotgelbe, mehr oder weniger stark gefleckte Fell.
**Wohnt dort:** Von Westeuropa bis Sibirien leben die einzelgängerischen Nordluchse in Wald- und Buschgebieten.
**Lebt so:** Als Pirschjäger klettern Luchse nur bei Gefahr, niemals aber zum Jagen auf Bäume. Größere Beutetiere wie Rehe oder Gämsen werden durch einen Biss in die Kehle und Erdrosseln getötet. Im Norden ihres Verbreitungsgebiets stehen aber vor allem Schneehasen und Raufußhühner auf der Beuteliste der dämmerungsaktiven Raubkatzen. In ihrem Revier dulden Luchse keine gleichgeschlechtlichen Artgenossen.
**Familienleben:** Die im Frühjahr geborenen ein bis vier Jungen bleiben bis zum Alter von fast einem Jahr bei der Mutter.
**Besonderes:** Durch Auswilderungen und Einwandern sind Luchse vielerorts auch in Westeuropa wieder heimisch geworden. Inzwischen kommen die Tiere bei uns nicht nur im Alpenraum und im Bayerischen Wald, sondern auch wieder in vielen Mittelgebirgsregionen vor. Ursprünglich vermutete negative Auswirkungen auf die Bestände des Schalenwilds und der Raufußhühner blieben ebenso aus wie Schäden an Haustieren.

# Manul Felis (Otocolobus) manul

**Sieht so aus:** Manule erreichen mit 50–65 cm Körperlänge und 2,5–4,5 kg Gewicht etwa Hauskatzengröße. Ihr rundlicher, breiter Kopf mit kleinen, tief seitlich angesetzten Ohren und die fast direkt nach vorn gerichteten Augen verleihen ihnen einen beinahe eulenartigen Ausdruck. Kurze Beine, ein langhaariges, rötlich gelbes bis gelbbraunes Fell, über das auf dem Rücken einige dünne Querstreifen verlaufen, und ein buschiger, halbkörperlanger, geringelter Schwanz mit einer breiten schwarzen Spitze sind weitere Kennzeichen. Die Stirn der auch Pallaskatze genannten Art ist unregelmäßig gefleckt.

**Wohnt dort:** Vom westlichen Iran bis Westchina kommen Manule in Gebirgssteppen und felsigem Terrain vor. Manule aus dem westlichen Teil ihres Verbreitungsgebiets tragen ein blasseres Zeichnungsmuster als ihre östlichen Artgenossen. Die Wangenstreifen und Bänder an den Innenseiten der Beine sind jedoch immer deutlich ausgeprägt.

**Lebt so:** Pfeifhasen, Kleinnager und Steppenhühner sind die hauptsächlichen Beutetiere dieser nachtaktiven Einzelgänger, die den Tag in Höhlen und Felsspalten verschlafen. Hier bringt das Weibchen auch seine ein bis fünf Jungen zur Welt.

### Das kleine Gegenstück zum Schneeleoparden

In seiner sehr rauen, zum Teil ewig verschneiten Umwelt ist der langhaarige Manul das kleine Gegenstück zum Schneeleoparden (siehe S. 88). Letzterer dürfte neben Wölfen, Bären und großen Greifvögeln noch zu seinen Feinden zählen. Die eigentliche Gefährdung liegt jedoch in der menschlichen Verfolgung wegen seines wertvollen Pelzes.

# Schneeleopard Panthera (Uncia) uncia

**Sieht so aus:** Als seltenes, menschenscheues Wesen führt der auch Irbis genannte Schneeleopard ein Leben unter Extrembedingungen auf dem „Dach der Welt", im Himalaja. Er ist dabei hervorragend an seinen Lebensraum angepasst. Ein dichtes, langhaariges Fell mit bis zu 12 cm langer, rahmweißer Unterwolle und mit großen, schwarzen Ringflecken schützt die bis 1,50 m große Raubkatze vor Kälte. Durch die vergrößerte Nasenhöhle wird die eingeatmete Kaltluft erwärmt. Der dicke, fast 1 m lange Schwanz hilft beim Balancieren im steilen Gelände, die breite Brust und die kurzen Vorderbeine fördern zusätzlich die Bergtauglichkeit.

**Wohnt dort:** Schneeleoparden leben in den Hochgebirgen Zentralasiens, vom Himalaja bis zur Süd- und Westmongolei und Südrussland.

**Lebt so:** Einzelgängerisch durchstreifen sie ihre riesigen, bis zu 1000 km² großen Reviere. Obwohl sich die Territorien von Männchen und Weibchen stark überlappen, halten die Tiere außerhalb der Paarungszeit Mindestabstände von 1 km zueinander ein. Die Verständigung der Artgenossen erfolgt über Duft- und Kratzmarken. Die kraftvollen Raubkatzen vermögen Gebirgshuftiere bis zum Dreifachen ihres Eigengewichts (das bis 70 kg betragen kann) zu überwältigen. Aber auch Murmeltiere, Hühnervögel und Haustiere werden erbeutet.

**Familienleben:** Sind einmal zwei oder mehr Irbisse beisammen, muss es sich um ein Hochzeitspaar oder ein Weibchen mit größeren Jungen handeln, die immerhin 18–22 Monate lang bei der Mutter bleiben. Eine Schneeleopardin pflanzt sich nur alle zwei Jahre fort. Sie bringt ihre ein bis vier Jungen im Frühling zur Welt. Die Kleinen haben anfangs ein fast schwarzes Fell.

### Die Stimme des Yetis?

Das langgezogene Heulen der Schneeleoparden zur Paarungszeit von Januar bis März wurde schon für den Ruf des legendären Yetis gehalten.

# Nebelparder  *Neofelis nebulosa, Neofelis diardi*

**Sieht so aus:** Mit einer Kopfrumpflänge von 70–110 cm, 50 cm Schulterhöhe und 15–25 kg Gewicht ist der Nebelparder, wenngleich zu den Großkatzen zählend, eine eher mittelgroße Katzenart. Die scheuen, von den Einheimischen auch „Baumtiger" genannten Tiere tragen ein dichtes, kurzes Fell, das in der Farbe von Dunkelbraun oder Grau bis Ockergelb variiert. Seine Zeichnung besteht am Körper aus dunkleren, netzartig verbundenen Streifen, an Kopf und Beinen dagegen aus Punkten oder Flecken. Auffällig sind der lange, dicke Schwanz sowie die überlangen Eckzähne der Tiere, die schon beinahe an die ausgestorbenen Säbelzahntiger erinnern.
**Wohnt dort:** Heimat des Nebelparders ist der immergrüne, südostasiatische Tropenwald.
**Lebt so:** Auf der Jagd nach Vögeln und Kleinsäugern bewegen sich die kurzbeinigen Katzen geschickt, ja fast akrobatisch im Geäst des Waldes, wobei der lange Schwanz eine hervorragende Balancierhilfe darstellt. Von oben springen sie auch Wildschweine oder Kleinhirsche an.
**Familienleben:** Nach 90 Tagen Tragzeit wirft das Weibchen zwei bis vier Junge, die fünf Monate lang gesäugt werden und mit neun Monaten selbstständig sind.

### Aus eins mach zwei

Erst 2007 stellten Wissenschaftler fest, dass nicht nur eine Art Nebelparder existiert, sondern sich die auf Borneo und Sumatra lebenden Tiere genetisch so stark von den „Festland-Nebelpardern" in China, Thailand und Laos unterscheiden wie etwa Tiger von Löwen. Seither wird der „Insel-Nebelparder" als eigene Art *Neofelis diardi* von *Neofelis nebulosa* abgegrenzt.

# Leopard Panthera pardus

**Sieht so aus:** Schwarze Flecken auf gelblichem bis hellbraunem Grund, die am Kopf kleiner, an Bauch und Beinen größer, auf Rücken und Flanken zu Rosetten erweitert sind, kennzeichnen sein Fell.
Mit bis zu 1,90 m Körperlänge, 95 cm Schwanzlänge und 80 cm Schulterhöhe bei einem Maximalgewicht von 70 kg ist der Leopard eine eher durchschnittlich große Großkatze, schlanker und feingliedriger als der Jaguar (siehe S. 246), massiger als der Gepard (siehe S.146). Die Männchen werden bei dieser Art übrigens bis zu 50 Prozent größer als die Weibchen.
**Wohnt dort:** Von allen Katzen hat der Leopard das größte Verbreitungsgebiet. In sieben Unterarten kommt er in Afrika südlich der Sahara sowie in fast ganz Südasien vor. Vereinzelte, in der Mehrzahl vom Aussterben bedrohte Populationen leben auch in Nordafrika, Arabien und im Fernen Osten.
**Lebt so:** Seine versteckte Lebensweise und große Anpassungsfähigkeit beim Nahrungserwerb waren für die große Verbreitung des

### Schwarz wie die Nacht

Neben den gefleckten Tieren treten bei Leoparden auch immer wieder Schwärzlinge auf, die allseits bekannten Schwarzen Panther.
Es handelt sind bei ihnen also nicht um eine eigene Tierart, vielmehr ist ein spezielles Gen für ihre Färbung verantwortlich, das bei einigen Populationen, z. B. in Indien, besonders häufig vorkommt.

Leoparden hilfreich. Bei seinen nächtlichen Einzeljagden erbeutet er Reptilien, Vögel, kleine Säugetiere, mittelgroße Antilopen und gelegentlich sogar andere kleine Raubtiere. Der Meister der Tarnung schleicht sich dabei bis auf 2 m an sein Opfer an, bevor er es anspringt und niederstreckt. Aber auch Aas verschmäht er nicht. Eine Beute, die er nicht auf einmal fressen kann, versteckt er gewöhnlich in dichtem Gestrüpp, manchmal zerrt er ein Beutetier auch auf einen Baum hinauf.

**Familienleben:** Während die Männchen die überwiegende Zeit allein sind, verbringen die Weibchen fast die Hälfte ihres Lebens gemeinsam mit den Jungen. Diese, meist zwei bis vier an der Zahl, bleiben gewöhnlich bis zur nächsten Paarungszeit bei ihrer Mutter.

**Besonderes:** Leider sind eine Reihe von Unterarten des Leoparden heute akut vom Aussterben bedroht, so der Südarabische, der Kleinasiatische, der Berber- und der Amurleopard. Letzterer ist die nördlichste Unterart der schönen Katze. Mit seinem Verbreitungsgebiet beidseits des Amurs ist er an extreme Temperaturunterschiede angepasst. Im Winter wird sein Fell sehr lang und färbt sich cremeweiß, während es im Sommer viel kurzhaariger und goldbraun gefärbt ist.

# Tiger Panthera tigris

**Sieht so aus:** Die gestreifte Großkatze ist wohl jedem Kind bekannt – und das nicht erst seit Shirkan aus Rudyard Kiplings Dschungelbuch. Ihre Fellzeichnung macht sie unverwechselbar: am Rücken und an den Seiten schwarze Streifen auf orangefarbenem Grund, während die Unterseite weiß ist. Die Tiger der Regenwälder Südostasiens und der Sunda-Inseln (Bild: Sumatratiger) tragen dunklere Fellfarben, während die größte Unterart, der Sibirische Tiger, heller ist. Mit 2 m Körpergröße (ohne Schwanz gemessen) und einem Gewicht bis zu 250 kg (Männchen) ist der Sibirische Tiger die größte Katze der Welt.

**Wohnt dort:** Die Heimat der Tiger erstreckt sich heute über Indien, Südostasien und China bis nach Südostrussland. Dort sind sie allerdings auf wenige, zersplitterte Restflächen beschränkt. Entsprechend ihrer weiten Verbreitung besiedeln Tiger extrem vielfältige Lebensräume, die von den Schilfgebieten Zentralasiens über die tropischen Regenwaldregionen Südostasiens bis zu den Mischwäldern im Osten Russlands reichen.

**Lebt so:** Wie alle Katzen sind Tiger für das lautlose Anpirschen, Anfallen der Beute aus dem Hinterhalt und ihr gezieltes Töten perfekt gerüstet. Tiger erlegen in erster Linie Beute, die größer ist als sie selbst, wobei das Opfer durch Genickbiss getötet oder durch Druck auf den Hals erstickt wird. Im Gegensatz zum Löwen jagen sie nicht im offenen Gelände und erlegen die Beute allein. Männchen und Weibchen besetzen Reviere, die sie gegen gleichgeschlechtliche Artgenossen vehement verteidigen. Um direkte Konfrontationen und damit die Gefahr von Kampfverletzungen zu vermeiden, werden die Reviere mit Harn, Analdrüsensekret, Kot und Kratzmarken als besetzt gekennzeichnet.

**Familienleben:** Nach einer oft turbulenten Paarungszeit bringt die Tigerin nach 103 Tagen Tragzeit in einer Höhle zwei bis drei Junge zur Welt. Die Kleinen kommen mit zwei Monaten erstmals aus der Höhle, werden fünf bis sechs Monate lang gesäugt und begleiten ab einem Alter von rund sechs Monaten die Mutter bei ihren Jagdzügen.

**Besonderes:** Heute sind sämtliche Unterarten dieser schönen Katze extrem gefährdet. Lediglich vom Indischen oder Königstiger scheint es noch knapp 2000 Tiere zu geben. Weil Tiger, wenn sie Gelegenheit dazu haben, auch Haustiere reißen und weil Tigerprodukte als asiatische Volksheilmittel hochbegehrt sind, werden die letzten Überlebenden trotz strenger Schutzbestimmungen und Reservaten immer noch gewildert.

## Weiße Tiger – kein Beitrag zum Artenschutz

Eisblaue Augen und ein schwarz-weißes Fell sind ihre Markenzeichen. Ihre Augenfarbe und die dunklen Fellstreifen zeigen, dass weiße Tiger keine echten Albinos sind. Alle in Gefangenschaft gehaltenen Exemplare gehen auf ein einziges, 1951 gefangenes Tigermännchen mit diesen Merkmalen zurück. Um die besondere Fellfärbung zu erhalten, betrieb man mit den Nachkommen gezielt Inzucht – was zur Folge hatte, dass unter den weißen Tigern vermehrt Tiere mit Gendefekten, deformierten Knochen und geschwächtem Immunsystem auftreten.

Ein Beitrag zum Artenschutz sind diese Tiere somit gewiss nicht. Weil weiße Tiger aber als besondere Sympathieträger für ihre hochbedrohten Artgenossen werben können, sind ihre Auftritte dennoch nicht ganz umsonst.

# Asiatischer Löwe  Panthera leo persica

**Sieht so aus:** Asiatische oder Indische Löwen sehen ihren afrikanischen Verwandten sehr ähnlich, sind aber etwas kleiner und leichter. Ihr Fell ist beige bis sandfarben. Die Mähne der Löwenmänner ist kleiner als die ihrer afrikanischen Geschlechtsgenossen, auch unterscheiden sie sich von diesen durch eine Hautfalte, die sich in der Mitte des Bauchs entlangzieht, und durch eine längere Ellbogenbehaarung.

**Wohnt dort:** Während vier Unterarten des Löwen in Afrika von der Südsahara bis Südafrika mit Ausnahme des kongolesischen Regenwaldgürtels vorkommen, sowie Kap- und Berberlöwe als weitere afrikanische Unterarten ausgestorben sind, kommt die asiatische Unterart *Panthera leo persica* heute nur noch in Gujarat, Indien, vor. Einst war der Asiatische Löwe von Palästina und Mesopotamien über ganz Kleinasien bis hin zum Ganges verbreitet.

**Lebt so:** Die Rudelgröße ist im Durchschnitt kleiner als beim afrikanischen Vertreter. Die Jagd obliegt fast immer den Weibchen. Zu den Beutetieren des Asiatischen Löwen gehören Axishirsche, Indische Gazellen, Nilgauantilopen, Sambarhirsche, Vierhornantilopen und Wildschweine. Ferner fressen sie auch Aas.

## Vom Riesenreich zum Zwergstaat

Der Asiatische Löwe war bis auf 20 Tiere fast völlig ausgerottet. Im indischen Gir-Nationalpark konnte die Population mittlerweile wieder anwachsen, jedoch kaum über ihren heutigen Bestand von rund 300 Tieren hinaus, denn die Größe ihres Schutzgebiets und die Zahl darin lebender Beutetiere lässt ihre weitere Vermehrung nicht zu. Inzwischen soll durch Ansiedlung in einem weiteren indischen Reservat eine zweite Wildpopulation etabliert werden, um das Risiko zu verringern, dass durch Waldbrände oder eine Seuche die einzige Wildpopulation vernichtet wird.

# Lippenbär  Melursus ursinus

**Sieht so aus:** Man erkennt den Lippenbären an seinem langen, schwarzen, zotteligen Fell mit einem weißen „V" auf der Brust, den stark entwickelten, hakenförmigen Krallen, den langen, beweglichen Lippen und einer langen, rinnenförmigen Zunge.

**Wohnt dort:** Die bis zu 1,90 m langen und 145 kg schweren (Männchen) Tiere kommen in den laubwerfenden Monsunwäldern und Dorndschungeln in den Trockenzonen Indiens und Sri Lankas vor.

**Lebt so:** Einzelgängerisch bzw. in Mutterfamilien lebend, gehen Lippenbären nachts auf Nahrungssuche, was unter Großbären einzigartig ist. Sie ernähren sich vor allem von Früchten, Beeren, Ameisen, Termiten, Bienen, Honig, Aas, selten auch von kleineren Wirbeltieren. Wenn Früchte verfügbar sind, machen diese bis zu 90 Prozent der Lippenbär-Nahrung aus. Außerhalb der Fruchtsaison können sich die Tiere bis zu 95 Prozent von Insekten ernähren. Mit ihren kräftigen Krallen brechen die Bären Ameisenhaufen, Bienennester und Termitenhügel auf. Dann werden die Lippen und die lange Zunge zu einer Röhre geformt, und der Bär saugt seine Beute einfach ein, ähnlich einem Staubsauger. Die Unterlippe kann er dabei über den äußeren Nasenrand zu einer Rinne formen.

Wo ihr natürlicher Lebensraum durch menschliche Nutzung stark verändert ist, ernähren sich Lippenbären auch von angebauten Früchten, von Erdnüssen, Korn, Kartoffeln und Yamswurzeln.

**Familienleben:** Das Weibchen bringt nach vier bis sieben Monaten Tragzeit in einer Erdhöhle ein bis zwei Junge zur Welt. Nachdem die Kleinen mit etwa zwei Monaten erstmals die Höhle verlassen haben, sieht man sie oft auf Mutters Rücken reiten. Diese Form der Tragweise ist unter Bären einmalig. Die Jungen bleiben bei der Bärin, bis sie zwei oder gar drei Jahre alt sind.

### Faultierbär mit Besonderheiten

Als die ersten Felle, Krallen und Schädel von Lippenbären in Europa auftauchten, glaubte man, ein bärenartiges Faultier vor sich zu haben.

Die sichelförmigen Krallen des Tiers ebenso wie das Fehlen von zwei Schneidezähnen sprachen für diese Annahme.

Als man den Irrtum erkannte, taufte man ihn kurzerhand in Faultierbär (slothbear; englisch sloth, das Faultier) um.

**Besonderes:** Die grausame Abrichtung der Lippenbären zu sogenannten „Tanzbären" hat in Indien eine 400jährige Tradition. Jungen, gefangenen Lippenbären entfernt man Krallen und Zähne, zieht ihnen einen Ring durch die Nase und führt die bedauernswerten Tiere so den Schaulustigen vor.

# Großer Panda  *Ailuropoda melanoleuca*

**Sieht so aus:** Erst 1869 für die Wissenschaft entdeckt, ist der bis 150 kg schwere, schwarz-weiße Große Panda oder Bambusbär heute zum Symbol des weltweiten Artenschutzes geworden. Als zoologische Besonderheit hat sich bei ihm ein Handgelenksknochen zu einer Art Pseudodaumen entwickelt, der ihm zum Festhalten der Nahrung dient.

**Wohnt dort:** Lebensraum dieser Großbären-Art sind die kühlfeuchten Bambuswälder in Höhen von 1500–3400 m in den zentral- und westchinesischen Provinzen Sichuan, Shaanxi und Gansu.

**Lebt so:** Der Name Bambusbär ist durchaus passend, nachdem die Tiere bis zu 14 Stunden am Tag mit dem Verzehr von Teilen dieser Pflanzen beschäftigt sind. Wo sich die Gelegenheit bietet, fressen Bambusbären aber auch Fleisch, denn Bambus enthält nur die zum Überleben notwendigen Nährstoffe und muss täglich in Mengen zwischen 12 und 38 kg verzehrt werden.

Die Einzelgänger besetzen Territorien, deren Größen sich bei den Männchen auf 30 km², bei den Weibchen auf 10 km² belaufen. Im Gegensatz zu den anderen Bären halten Pandas keine Winterruhe.

**Familienleben:** Die Paarungen finden in der Zeit von März bis Mai statt. Oft kämpfen in dieser Zeit die Männchen miteinander um paarungsbereite Weibchen. Die Tragzeit beträgt etwa fünf Monate. Nur alle zwei bis drei Jahre bringt ein Weibchen jeweils ein Junges in einer Höhle oder einem hohlen Baum zur Welt.

### Echt winzig

Nur rattengroß, blind, rosa und fast haarlos kommt das unterentwickelte Junge zur Welt. Sein Gewicht von 100–200 g entspricht nur 0,1 Prozent des Körpergewichts seiner Mutter, die dieses „Würstchen" ständig wärmen und schützen muss. Sein für seine Größe überlautes Quäken hilft dem winzigen Tier, auf sich aufmerksam zu machen.

# Kleiner Panda  Ailurus fulgens

**Sieht so aus:** Weil er wie eine Mischung aus Katze und Bär aussieht, mit rundem Kopf, langgestrecktem, bis 60 cm langem Körper und buschigem, fast körperlangem Schwanz, wird dieser kleine Bär auch Katzenbär genannt. Sein dritter Name Roter Panda spielt auf sein langes, dichtes Fell an, das auf der Oberseite rostrot bis kastanienbraun, auf der Unterseite und an den Beinen schwärzlich gefärbt ist. Im Gesicht und an den spitz zulaufenden Ohren trägt er unterschiedlich große weiße Abzeichen.

**Wohnt dort:** Die Kleinen Pandas besiedeln die Bambus- und Laubwälder in den abgelegenen Hochlagen des Himalajas und Südchinas, wo sie geschickt durchs Geäst turnen.

**Lebt so:** Abgesehen von der Fortpflanzungszeit durchstreifen die roten Kerlchen ihre Reviere allein. Tagsüber schlafen sie, meist auf Ästen lang ausgestreckt oder zusammengerollt in Astgabeln, nachts suchen sie am Boden nach Nahrung, neben Bambusblättern und -sprossen auch Wurzeln, saftige Gräser, heruntergefallene Früchten, Insekten und Maden.

**Familienleben:** Nach 112–158 Tagen Tragzeit gebären die Weibchen in einer Baumhöhle oder Felsspalte, die zuvor mit Gras ausgepolstert wurde, ein bis zwei Junge. Die Jungen sind bei der Geburt noch blind, aber bereits voll behaart, wobei ihre spätere, lebhafte Zeichnung auf dem grauen Jungenfell nur angedeutet ist.

### Fell als Vielfachschutz

Ihr Fell aus langen, groben Haaren und dichter Unterwolle hält die Kleinen Pandas in ihrem kaltfeuchten Lebensraum nicht nur warm und trocken, die bunte Färbung verschwimmt zudem vor dem Hintergrund der kastanienbraunen Stränge und Klumpen von Moosen und weißgrauen Flechten, wenn sie, sooft wie möglich, im Geäst ausgiebig Siesta halten und Körperpflege betreiben.

# Marderhund *Nyctereutes procyonoides*

### Bei uns angekommen

Wegen ihres wertvollen Pelzes wurde die ursprünglich fernöstliche Art zwischen 1928 und 1955 in der Ukraine eingebürgert.
Von dort aus hat sich der Marderhund, der manchmal auch als Waschbärhund bezeichnet wird, nach Nordeuropa bis Finnland sowie nach Mittel- und Südeuropa ausgebreitet. 2000 waren auch bereits alle neuen deutschen Bundesländer von ihm besiedelt.

**Sieht so aus:** Die fuchsgroßen Raubtiere aus der Familie der Hunde werden 50–80 cm groß und 4–6 kg (Sommer) bzw. 6–10 kg (Winter) schwer. Mit ihrer kurzbeinigen Gestalt, dem langhaarigen Fell und ihrer Gesichtsmaske erinnern sie an Waschbären.
**Wohnt dort:** Marderhunde besiedeln busch- und schilfreiche Flusstäler sowie Laub- und Mischwälder, ursprünglich in Nordostasien, heute auch in Europa. Die versteckt lebenden Tiere sind vorwiegend nachtaktiv und halten sich häufig in Gewässernähe auf.
**Lebt so:** Mehr Sammler als Jäger, nehmen die Allesfresser vorwiegend tierische Nahrung zu sich. Dazu zählen Insekten, Weichtiere, Fische, Lurche, Vögel, Kleinsäuger und Aas. Im Herbst mästen sie sich zudem mit Beeren, Holzäpfeln und verschiedenen Samen. Von Dezember bis Februar halten Marderhunde in einem selbst gegrabenen Bau Winterschlaf und zehren in dieser Zeit von ihren angefressenen Fettreserven.
In der Nähe ihrer Höhlen und Lager legen die Tiere Kotplätze als Markierungen ihrer Eigenbezirke an. Tauchen Angreifer auf, richten sich Marderhunde steifbeinig auf, krümmen den Rücken und sträuben die Rückenhaare, um größer zu wirken.
**Familienleben:** Marderhunde leben bevorzugt paarweise, gelegentlich auch im Familienverband. Nach rund zwei Monaten Tragzeit bringt das Weibchen durchschnittlich sechs bis acht Junge zur Welt, die von beiden Partnern betreut werden.

# Rothund Cuon alpinus

**Sieht so aus:** Ein oben sandfarbenes bis rotgelbes, auf der Unterseite helleres Fell, ein schwarzer, buschiger Schwanz sowie gegenüber Hyänenhunden, Wölfen oder Schakalen kürzere Beine kennzeichnen diesen Wildhund.

**Wohnt dort:** Von Westasien bis China sowie über Indien und Indochina bis Java kommen Rothunde in tropischen Dschungeln, in Berg- und Buschwäldern, in offenen Hochgebirgsfluren bis in 4000 m Höhe und in kühlen Steppengebieten vor.

**Lebt so:** Rothunde leben in Gruppen von fünf bis zwölf, selten auch mehr als 20 Tieren, bei denen das gemeinsame Jagen und Versorgen der Jungen im Mittelpunkt ihres Zusammenlebens steht. Erbeutet werden hauptsächlich Huftiere, aber auch kleinere Säuger, Vögel, Eidechsen und Insekten. Größere Beutetiere wie Axis- oder Sambarhirsche werden im Rudel gejagt.

Rothunde verfügen über ein breites Lautrepertoire mit Jaulen, Knurren, Bellen, Schreien und Pfeifen, die Welpen lassen Quiekgeräusche hören. Der Pfiff wird als Kontaktruf zum Zusammenfinden des Rudels nach erfolgloser Jagd eingesetzt. Auf Latrinenplätzen an Pfad- und Wegkreuzungen findet eine geruchliche Kommunikation statt. Auch markieren Rothunde das Gebiet, das sie zuletzt bejagt haben. Benachbarte Rudel werden von der Grenze des bis 80 km² großen Reviers vertrieben.

## Letzte Zuflucht Reservate

Von den zehn Rothundunterarten sind einige stark bedroht. Waren die Tiere früher hauptsächlich durch direkte Verfolgung und Vergiftung als Konkurrenten des Menschen gefährdet, liegt heute die Hauptgefahr in der Zerstörung ihres Lebensraums durch Abholzung und Beweidung sowie in der fortschreitenden Ausrottung der Beutetiere. Die Tigerreservate und Nationalparks in Indien bieten den scheuen Wildhunden oft letzten Schutz.

# Wolf  Canis lupus

Der kräftige, hochbeinige, schäferhundgroße Wolf ist durch zahlreiche Märchen und Mythen eines unserer bekanntesten Säugetiere. Entsprechend ihres riesigen Verbreitungsgebiets und ihres Vorkommens in unterschiedlichsten Lebensräumen wurden bis zu 32 Unterarten beschrieben, die unterschiedliche Größe erreichen und verschieden gefärbt sind.

**Sieht so aus:** Wölfe können zwischen 12 und 75 kg schwer sein und Schulterhöhen bis 50 cm erreichen, wobei die Rüden größer sind als die Weibchen. Ihr Fell ist meist grau bis lohfarben, variiert jedoch von Weiß (in der nördlichen Tundra) über Rot und Braun bis Schwarz. Der Bauch ist jedoch immer hell.

**Wohnt dort:** Ursprünglich über die gesamte nördliche Hemisphäre verbreitet, sind Wölfe heute in vielen Ländern ausgerottet. Lediglich in Sibirien, der Mongolei, auf dem Balkan, in Osteuropa und Kanada leben noch größere, zusammenhängende Populationen, darüber hinaus existieren nur noch kleine bis sehr kleine isolierte Bestände, einer davon seit den 1990er-Jahren auch wieder in (Ost-)Deutschland. Ihre enorme Anpassungsfähigkeit ermöglicht es den Wölfen, die verschiedensten Lebensräume zu besiedeln, von der arktischen Tundra bis zur heißen Wüste, vom tiefen Wald bis zum offenen Grasland.

**Lebt so:** Wölfe leben in Familien (Rudeln), die sich aus den Elterntieren sowie deren diesjährigen und älteren Jungen zusammensetzen. Die zumeist fünf bis acht Rudelmitglieder erkennen sich am Geruch. Ihre zum Teil riesigen Reviere werden mit Duftmarken markiert und gegen andere Rudel verteidigt.

Obwohl Wölfe auch Kleinsäuger, Haustiere und Aas fressen, sind wilde Huftiere ihre wichtigste Beute. Rothirsche, Elche, Rentiere und Wildschafe werden bevorzugt gejagt. Während Wölfe im Winter stets im Rudel jagen, können sie im Sommer durchaus auch als Einzeljäger erfolgreich sein, besonders, wenn sie noch unerfahrene Junge ihrer Beutetiere attackieren.

**Familienleben:** Von einem Rudel paaren sich jeweils nur die beiden ranghöchsten Tiere. Nach etwa zwei Monaten Tragzeit werden vier bis sieben Junge geboren, an deren Aufzucht sich alle Rudelmitglieder beteiligen.

## Leben im Rudel

Als äußerst soziale Tiere würgen alle Rudelmitglieder einen Teil ihrer Nahrung für die Jungen wieder aus. Wölfe verfügen zudem über eine umfangreiche Körpersprache (Gestik und Mimik), die das Leben im Rudel regelt.

Weiteres Verständigungsmittel ist ihr langgezogenes, weithin hörbares Heulen, das sie vor allem im Herbst und Winter sowie nach Sonnenuntergang ertönen lassen. Es wirkt auf die Rudelmitglieder bindungsverstärkend und für andere Rudel stimmungsübertragend.

# Wildkamel Camelus bactrianus

**Sieht so aus:** Das Markenzeichen des auch oft als Trampeltier bezeichneten Kamels sind seine zwei Höcker auf dem Rücken. Sein einheitlich sandbraunes Fell ist im Sommer kurz, im Winter länger, dichter und dunkler. Außerdem trägt es eine spärliche Mähne an Kinn, Schultern, Keulen und Höckern. Im Vergleich zum Hauskamel (siehe S. 103) ist das Wildkamel langbeiniger und schlanker. Seine Höcker sind kleiner und kippen nie seitlich über, wie das beim Hauskamel häufig der Fall ist, und sein Fell ist weniger dicht und zottig.
**Wohnt dort:** Die letzten Wildkamele, wahrscheinlich nur noch wenige hundert Tiere, leben heute in den Grassteppen der Mongolei und in China, im Süden der Wüste Gobi. Viel zahlreicher dagegen sind seine domestizierten Nachfahren, die von Zentral- bis Vorderasien verbreitet sind.

### Vorbild an Genügsamkeit

Wildkamel und Dromedar durchwandern als äußerst robuste Tiere riesige Flächen und können sich von Pflanzen wie Dornsträuchern, Trockenpflanzen und Salzbüschen ernähren, die andere Säuger verschmähen.
Ohne Belastung vermögen sie bis zu zehn Monate ohne Wasser auszukommen und können dann bis zu 136 l auf einmal trinken. Den Wasserverlust des Körpers begrenzen sie, indem sie ihre Körpertemperatur um bis zu acht Grad ansteigen lassen und dadurch weniger schwitzen, außerdem scheiden sie sehr trockenen Kot und hochkonzentrierten Urin aus.

**Lebt so:** Wildkamele sind äußerst scheue Tiere mit einer hohen Fluchtdistanz von 2–3 km zum Menschen. Wenn sie dann in dem ihnen eigenen Passgang kurzfristig Fluchtgeschwindigkeiten von 60 km/h erreichen, kann kein galoppierendes Pferd mit Reiter sie noch einholen.

Kamele leben in Familienverbänden, bestehend aus einem Hengst, mehreren Stuten und deren Nachkommen. Überzählige Hengste ziehen als Einzelgänger oder in Junggesellengruppen umher. Manchmal schließen die Tiere sich auch zu größeren Herden zusammen.

Während der Brunft im Februar vertreiben die sehr unverträglichen Wildkamelhengste die Jungtiere von ihren Müttern, um die Stuten dann als Harem um sich zu scharen. Gegen Rivalen wird die Stutengruppe in der Folge heftig verteidigt. Weniger erfolgreiche Kamelhengste brechen oft bei Hauskamelherden ein und entführen die Weibchen.

**Besonderes:** Der einhöckrige Verwandte des Wildkamels, das Dromedar (*Camelus dromedarius*, Bild oben) kennt man nur noch als Haustier, seine Wildform ist bereits ausgestorben.

Die Domestizierung beider Kamelarten erfolgte mindestens 2500 v. Chr. Als robuste Lasttiere wie als Lieferanten für Fleisch, Wolle, Fell, Milch und Brennstoff (Kameldung) waren und sind Kamele für Menschen in Trockengebieten von unschätzbarem Wert.

### Nase zu

Die Nasenlöcher der Kamele sind verschließbar, damit kein Salz eindringen kann und gleichzeitig der Flüssigkeitsverlust über die Atmung verringert wird. Die Höcker dienen als Speicher für energiereiche Fettreserven. Der dichte Pelz mit Unterwolle stellt nicht nur einen Wärmeschutz in kalten Nächten dar, sondern ist auch eine hervorragende Isolierung gegen Hitze.

# Sambar *Cervus unicolor*

### Giftresistente Pferdehirsche

Obwohl viele Regenwaldpflanzen als Fraßschutz Giftstoffe produzieren, scheint sich der Sambar an dieses giftige Futter angepasst zu haben.
Zum einen können hochspezialisierte Einzeller in seinem Verdauungstrakt Gifte abbauen, zum anderen verzehrt er stets eine Vielfalt von Futterpflanzen und vermeidet dadurch, zuviel eines einzelnen Giftstoffs auf einmal zu sich zu nehmen.

**Sieht so aus:** Mit bis zu 1,40 m Schulterhöhe und 270 kg Gewicht ist der Sambar die größte Hirschart Südostasiens. Doch der Zweitname Pferdehirsch bezieht sich nicht etwa auf die beachtliche Größe des Tiers, sondern auf seinen bis 35 cm langen, schweifartig behaarten Schwanz.
Das Fell des Sambars ist dunkelbraun, nur unter dem Kinn, auf der Innenseite der Beine, zwischen den Gesäßbacken und unter dem Schwanz hat er heller gelbbraune Partien. Die Weibchen und Jungtiere sind allgemein heller gefärbt als die Männchen, die Kälber ungefleckt.
Die Hirsche tragen ein verzweigtes Geweih mit gewöhnlich insgesamt sechs Enden, das heißt mit drei Enden an jeder Geweihstange, wobei die untersten, nach vorne weisenden Enden, die sogenannten Augsprossen, relativ lang sind.
**Wohnt dort:** Sambare sind in mehreren Unterarten von den Philippinen über ganz Indonesien, Südchina, Myanmar bis Indien und Sri Lanka verbreitet. Dort kommen sie nicht nur in Sumpfdschungeln und Bergwäldern vor, sondern auch im baumreichen Kulturland.
**Lebt so:** Die eher nachtaktiven Hirsche, die zur bevorzugten Beute von Tigern zählen, halten sich tagsüber gewöhnlich im dichten Unterholz verborgen. Sie ernähren sich von Blättern und Knospen, von Beeren und anderen Früchten. Während die Weibchen und Jungtiere kleine Rudel bilden, führen die älteren Männchen außerhalb der Paarungszeit ein einzelgängerisches Leben.

# Kleinkantschil *Tragulus javanicus*

**Sieht so aus:** Mit gerade mal 45 cm Körperlänge, einer Schulterhöhe von 20 cm und einem Gewicht um 2 kg ist das nur hasengroße Kleinkantschil der kleinste Paarhufer und Wiederkäuer der Welt. Es hat ein rötlich braunes Fell mit weißem Muster an Hals und Brust und ein nur 5 cm langes Schwänzchen.
**Wohnt dort:** Kleinkantschile sind Bewohner der tropischen Regenwälder und Mangrovendschungel Südostasiens.
**Lebt so:** Nachtaktiv durchstreifen sie ihren Lebensraum nach abgefallenen Früchten und Blättern von Büschen. Sie leben in kleinen, dauerhaften Revieren, die sie mit Drüsensekreten, Harn und Kot markieren. Treffen zwei Männchen aufeinander, bekämpfen sie sich kurz und heftig, wobei ihre scharfen Eckzähne zum Einsatz kommen.
Hirschferkel sind Wiederkäuer. Ihr viergeteilter Magen ist so gebaut, dass er Zellulose abbauen kann. Dennoch zeigen sie viele Merkmale von Nichtwiederkäuern, sodass sie als lebendes Bindeglied zwischen diesen beiden Huftiergruppen gelten können. Mit den

### Zeugen aus grauer Vorzeit

Zusammen mit zwei weiteren asiatischen Arten, dem Fleckenkantschil (*Moschiola meminna*) und dem Großkantschil (*Tragulus napu*), sowie dem Afrikanischen Hirschferkel (*Hyemoschus aquaticus*) gehört das Kleinkantschil zur Familie der Hirschferkel, die vor 35 Millionen Jahren in zahlreichen Formen über die ganze Welt verbreitet waren.

Nichtwiederkäuern haben sie unter anderem gemein, dass sie weder Hörner noch Geweih tragen und die Männchen im Besitz langer, stetig nachwachsender oberer Eckzähne sind. Auch sind bei den Hirschferkeln vier Zehen voll entwickelt.
**Familienleben:** Nach fünf Monaten Tragzeit (das ist erstaunlich lange für ein so kleines Tier) wirft das Weibchen ein Junges, um gleich danach wieder trächtig zu werden.

# Saiga  Saiga tatarica

**Sieht so aus:** Der kräftige Kopf mit dem starken, buckligen Nasenrücken und ein kurzer, beweglicher Rüssel stellen die auffälligsten Kennzeichen der Saiga dar. Auf ihren hohen, dünnen Beinen wirken Saiga-Antilopen schafähnlich. Nur die Männchen tragen Hörner, die bernsteinfarben und beinahe durchsichtig aussehen.

**Wohnt dort:** Lebensraum der Saigas sind kalte, hoch gelegene, trockene Steppen vom Nordkaukasus über Kasachstan, die Südwestmongolei bis Sinkiang (China). Hier dient ihnen ihr Rüssel während der Sommerwanderungen als Staubfilter, im Winter zur Erwärmung der Atemluft.

**Lebt so:** Saigaherden umfassen meist 30 bis 40 Tiere, können aber bei den jährlichen Wanderungen auf bis zu 200 000 Tiere anwachsen. Während der Brunft vergrößert sich bei den Böcken die Nase noch zusätzlich. Dann werden auch die Haarbüschel unter den Augen mit einem stark riechenden Sekret aus den Voraugendrüsen imprägniert.

**Familienleben:** Die Jungen, häufig Zwillinge, werden nach 145 Tagen Tragzeit geboren.

## Wenn Hörner zum Verhängnis werden

Weil Saigahörner in der traditionellen chinesischen Medizin hochgeschätzt sind, wurden und werden die Tiere stark verfolgt und ihre Hörner geschmuggelt. Einige Populationen brachen dadurch so stark zusammen, dass eine parasitische Schmeißfliegenart, die auf Saigas spezialisiert war, ausstarb. Die Hörnerjagd betrifft zwar nur die Männchen, hat aber ihre Auswirkungen: Immer weniger Böcke müssen immer größere Haremsrudel verteidigen und stoßen mit dem Decken von immer mehr Weibchen an ihre Grenzen, sodass viele Geißen ohne Nachwuchs bleiben.

# Nilgau  Boselaphus tragocamelus

**Sieht so aus:** Die mittelgroße, etwa 2 m lange, pferdeähnliche Antilope erreicht eine Schulterhöhe bis zu 1,50 m und ein Gewicht von 240 kg (Männchen, im Bild linkes Tier) bzw. 120 kg (Weibchen, im Bild rechtes Tier). Die 15–30 cm langen Hörner der Männchen weisen eine leichte Krümmung nach vorne auf. Das raue Fell der Männchen ist stahlgrau, das der Kühe und Jungtiere gelbbraun. Die Männchen tragen auf Fesseln, Wangen und Ohren weiße Zeichnungen sowie ein Büschel steifer, schwarzer Haare an der Kehle.
**Wohnt dort:** Heimat der von Gräsern und Kräutern, Blättern, Knospen und Früchten lebenden Tiere sind lichte Wälder, Busch- und Grassteppen mit eingestreuten Baumgruppen in den Ebenen und im Hügelland Ostpakistans, Indiens und Nepals.
**Lebt so:** Die standorttreuen Nilgaus leben in Trupps bis zu 40 Tieren, Altbullen auch als Einzelgänger. Ihre natürlichen Feinde sind praktisch nur große Raubtiere wie Leoparden und Tiger, Wölfe und Rothunde.

### Nicht vom Nil, sondern blau!

Der Name Nilgau hat nichts mit dem afrikanischen Fluss Nil zu tun. „Nil" bedeutet im Indischen blau, eine Anspielung auf die Färbung der Männchen. Das Wort „gau" stellt wohl eine Verballhornung des englischen cow (Kuh) dar. Das ist zumindest eine Erklärung, die Sinn macht. Schließlich werden Nilgaus in Indien traditionell als Verwandte der heiligen Kühe betrachtet. Vor allem die hornlosen, gelbbraunen Weibchen sind Kühen tatsächlich nicht unähnlich.

# Schraubenziege *Capra falconeri*

### Imponierende Silhouette

Obwohl das Aggressions- und Brunftverhalten der Schraubenziege grundsätzlich dem anderer Ziegenarten gleicht, wissen die Böcke dabei den Vorteil ihrer langen Behaarung besonders zu nutzen: Häufiger als die anderen Arten versuchen die Schraubenziegen ihren Gegnern zu imponieren, indem sie ihre eindrucksvolle Breitseite zur Schau stellen.

**Sieht so aus:** Die großen, spiralig gewundenen Hörner der Böcke gaben der Schraubenziege ihren Namen. Auch ihr einheimischer Name Markhor, „Schlangenhorn", spielt auf dieses kennzeichnende Merkmal an. Hörner sowie Kinnbart sind bei den Geißen viel kleiner als bei den Böcken.

Die Männchen tragen zudem eine lange Nackenmähne, die im Norden des Verbreitungsgebiets noch länger ausfällt als im Süden, außerdem lange Beinhaare („Hosen") sowie eine kontrastreiche Fellzeichnung. Mit einer Körperlänge bis zu 1,70 m und bis zu 110 kg Gewicht sind die Männchen deutlich größer und schwerer als die Weibchen, die höchstens 40 kg wiegen.

**Wohnt dort:** Das Verbreitungsgebiet der prächtigen Ziegen reicht von Afghanistan über Nordpakistan, Nordindien, Kaschmir, Süd-Usbekistan bis Tadschikistan. Dort besiedeln sie locker bewaldete Hänge mit steilen Felspartien sowie unbewaldete Felsschluchten bis in über 4000 m Höhe.

**Lebt so:** Diese größte Ziegenart lebt außerhalb der Brunftzeit getrennt in Bock- sowie in Geißen-Jungtier-Verbänden. Erst in der Brunftzeit schließen sie sich zu gemischtgeschlechtlichen Gruppen zusammen. Schraubenziegen ernähren sich von den unterschiedlichsten Pflanzen. Wie von den Hausziegen bekannt, weiden sie oft auf ihren Hinterbeinen stehend das Blattwerk von Büschen und Bäumen ab. Um an die Blätter von Eichenbäumen zu gelangen, werden Schraubenziegen auch zu Baumbesteigern. Sie können sogar auf nur fingerdicken Ästen balancieren und schubsen sich dabei untereinander nicht selten aus dem Weg.

**Besonderes:** Durch intensive Bejagung wurden einige Unterarten der Schraubenziege stark dezimiert.

# Nilgiri-Tahr  *Hemitragus hylocrius*

**Sieht so aus:** Diese Ziegenart hat mit bis zu 1,50 m Körperlänge, 1,10 m Schulterhöhe und einem Gewicht von 100 kg etwa die gleiche Größe wie der Himalaja-Tahr (siehe Kasten), aber in beiden Geschlechtern ein kürzeres Fell. In ihrem Lebensraum mit einem relativ milden und sehr feuchten Klima würde eine langhaarige Decke sich rasch mit Wasser vollsaugen. Die voll erwachsenen Böcke sind durch ihre auffällige Gesichtszeichnung und den hellen, silbrigen Sattel im sonst schokoladenbraunen Fell von den Geißen und Jungböcken gut zu unterscheiden.

**Wohnt dort:** Heimat dieses Tahrs ist, wie sein Name sagt, das südindische Nilgiri-Bergland, wo er sich auf den grasbedeckten, von Bäumen bestandenen Hängen aufhält.

**Lebt so:** Nilgiri-Tahre ernähren sich von Gräsern und Kräutern. Sie leben in getrennten Gruppen von Geißen und Jungtieren, zwischen denen sich die Altböcke bewegen. Die Brunft findet während der Monsunzeit im Juli und August statt, sodass die Jungen im Januar/Februar zu einer klaren, kalten Jahreszeit geboren werden.

Wer sich von den Böcken fortpflanzt, wird in Rangordnungskämpfen ausgetragen. Die Verlierer müssen in der Regel die Gruppe verlassen, können aber wieder zurückkommen und werden dann geduldet, solange sie sich unterlegen zeigen.

### Im Himalaja trägt man(n) lang

Die erwachsenen Böcke des verwandten Himalaja-Tahrs (*Hemitragus jemlahicus*) zeichnen sich durch ihre beeindruckende Kragenmähne aus, die vom Hals über die Schultern reicht. Ihr Lebensraum sind die steilen Berghänge über der Baumgrenze.

Die Kragenmähne wirkt nicht nur imponierend bei Rangordnungsstreitigkeiten, sondern bietet auch einen guten Kälteschutz. In Neuseeland ausgesetzte Himalaja-Tahre sind in der dortigen Bergwelt längst heimisch geworden.

ASIEN

# Serau Capricornis spec.

**Sieht so aus:** Bei dem gut ziegengroßen Serau sehen beide Geschlechter gleich aus: dunkles Fell, lange Ohren mit Haarquaste, üppige Nackenmähne und große Voraugendrüsen. Mit ihren kurzen, aber dolchähnlich gekrümmten Hörnern können Seraus sogar Raubtiere vertreiben.

**Wohnt dort:** Die Tiere kommen in feuchten Bergwäldern Ostasiens vor, der Südliche Serau (*Capricornis sumatraensis*) auf der Malayischen Halbinsel und auf Sumatra, der häufigere Japanische Serau (*Capricornis crispus*) hingegen in Japan, in einer Zwergform auch in Taiwan.

**Lebt so:** In Japan ist der Serau an niedrige Temperaturen und Schnee angepasst. Als Nahrung dienen ihm vor allem Pflanzen mit fleischigen Blättern und Schösslinge, im japanischen Winter die Blätter immergrüner Pflanzen und Eicheln.

Die Tiere sind standorttreu, leben einzeln, paarweise oder in Familiengruppen. Seraus legen im Revier feste Pfade an und benützen bestimmte Ruhe- und Kotplätze. Beide Geschlechter markieren mit dem Sekret ihrer Voraugendrüsen Gegenstände ihres Reviers. Gegner werden oft unerschrocken gejagt und sowohl mit Hornstößen als auch mit Laufschlägen traktiert.

## Hier Nationaldenkmal, dort gefährdet

Während in Japan der Serau als Nationaldenkmal geschützt wird und sich wieder stark vermehren konnte, ist der Südliche Serau durch Jagd (Fleisch, vermutete Heilkraft) sowie Waldrodungen in seinen Beständen stark gefährdet.

# Takin *Budorcas taxicolor*

**Sieht so aus:** Mit deutschem Namen heißt der Takin auch Rindergämse. Die Zoologen stellen ihn zusammen mit dem Moschusochsen in die Gattungsgruppe der sogenannten Schafochsen. Das Tier ist offenbar, die Namen zeigen es schon, nicht leicht einzuordnen: nicht Schaf, nicht Rind, nicht Gämse, aber von allem etwas.

Takins sind stattliche, gämsenähnliche Tiere, die in Anpassung an ihren extremen Lebensraum ein dichtes, zotteliges Fell tragen, einen schweren, gedrungenen Körper und starke Beine besitzen. Ihre Hörner sind länger als die der Gämsen, jedoch kürzer als die der Ziegen. Sie eignen sich besonders gut für Frontalangriffe.

Die Körpergröße der Takins variiert je nach Region, Männchen können 1,30 m Körperhöhe und 350 kg erreichen. Am ganzen Körper sondern sie ein stark riechendes, öliges Sekret ab.

**Wohnt dort:** Lebensraum der Takins sind die steil zerklüfteten alpinen Bambuswälder Westchinas, Bhutans und Myanmars.

**Lebt so:** Die standorttreuen Tiere leben gesellig in kleinen Trupps, nur alte Männchen sind oft Einzelgänger. Zum Laubäsen stellen sich Takins nicht selten auf die Hinterbeine und kommen so noch an Blätter bis in 3 m Höhe heran. Mit ihrem Urin „parfümieren" die Tiere ihr eigenes Fell, wobei die Männchen sich den Urin auf Brust, Kinn, Kehle und Vorderbeine spritzen, Weibchen kneifen den Schwanz beim Harnen ein und tränken ihn so mit Urin.

### Das goldene Vlies lebt!

Je nach Unterart ist das Takinfell von braunrot über weiß- bis goldgelb gefärbt. Wenn ein einzelgängerischer Rindergämsen-Bulle in goldgelbem Fell phantomhaft aus dem Bambusdschungel tritt, wird die Legende vom sagenhaften Goldenen Vlies der griechischen Mythologie lebendig.

# Yak  Bos mutus

**Sieht so aus:** Ein massiger Körper, ein herabhängender Kopf, hohe, bucklige Schultern und ein gerader Rücken, dazu kurze, kräftige Gliedmaßen und ein zotteliges, rauhaariges, schwarzbraunes Fell mit dichter Unterwolle – das sind die Kennzeichen des Wildyaks. Die Bullen und Kühe zeigen starke Größen- und Gewichtsunterschiede. Während Yakbullen eine Schulterhöhe von 2 m erreichen, werden Kühe nur gut 1,50 m hoch. Mit bis zu 820 kg Gewicht bringen die Bullen mehr als doppelt soviel Gewicht auf die Waage wie die bis 300 kg „leichten" Kühe. Auch die Hörner der Bullen sind mit bis zu 90 cm Länge fast doppelt so lang wie die der Weibchen und um ein Vielfaches dicker.

**Wohnt dort:** Sein dichtes Haarkleid ermöglicht dem Wildrind ein Leben in der Hochgebirgstundra und den Eiswüsten des tibetischen Hochlands bis in 6000 m Höhe.

**Lebt so:** Außerhalb der Brunftzeit bilden die Bullen „Männerclubs", die sich von den Kuhherden mit Kälbern und Jungtieren getrennt halten. Die genügsamen Tiere weiden das spärliche Grün des Hochlands ab, das teilweise nur aus Moosen und Flechten besteht.

**Besonderes:** Sowohl durch Kreuzungen mit Hausyaks als auch durch Krankheiten, die von Hausrindern verbreitet werden, und nicht zuletzt durch Bejagung sind die Wildyaks als Bewohner der entlegenen Hochebenen Tibets heute in ihrem Bestand gefährdet.

### Kleiner und bunter

Bedeutend kleiner, bei Bullengewichten zwischen 350–580 kg, und mit nur geringen Geschlechtsunterschieden, dafür aber in der Fellfärbung sehr viel bunter sind die domestizierten Hausyaks (Bild). Auch ihre Hörner sind kleiner als bei ihren wilden Verwandten oder fehlen sogar ganz.

# Gaur Bos frontalis

**Sieht so aus:** Das massige Wildrind bringt es auf stattliche 3 m Körperlänge und 2 m Schulterhöhe. Die erwachsenen Bullen haben ein glänzend schwarzes Fell, nur die Beine sind weiß und zwischen den Hörnern sitzt ein grauer Wulst. Die Hörner am riesigen Kopf sind seitlich nach oben gebogen. Aufgrund verlängerter Wirbelfortsätze erhebt sich auf dem Rücken ein auffälliger Buckel. Unter dem Kinn tragen Gaurbullen einen kleinen Hautlappen, zwischen den Vorderbeinen eine große Wamme. Während die Bullen bis zu 1225 kg schwer werden, erreichen die Weibchen, die wie die Jungbullen dunkelbraun gefärbt sind mit weißen Beinen, „nur" etwa 700 kg Gewicht.

**Wohnt dort:** Gaure kommen noch mit größeren Beständen in Indien, mit kleineren in Nepal, Bhutan, Bangladesh, Myanmar, China, Thailand, Indochina und Westmalaysia vor. Lebensraum der eindrucksvollen Rinder sind tropische Wälder mit Lichtungen und Waldsavannen.

**Lebt so:** Wenn die Altbullen dieser größten Wildrind-Art nicht mit einer Herde mit Kühen, Kälbern und Jungtieren vergesellschaftet sind, leben sie auch als Einzelgänger oder in Männergruppen.

### Echte Konkurrenten

Auch wenn sie in ihren Abmessungen unter denen der Gaur-Bullen bleiben, machen die Bullen der wilden Wasserbüffel Asiens (*Bubalus arnee*) mit Gewichten um 1200 kg als Schwerstgewichtler den Gaur-Männern echte Konkurrenz.

ASIEN

# Banteng Bos javanicus

**Sieht so aus:** Der Banteng, der als eines der schönsten Wildrinder gilt, ist kleiner und zierlicher als der verwandte Gaur (siehe S. 113). Die Bullen sind bis zu 900 kg schwer, 2,25 cm lang und 1,60 m hoch. Das Fell der erwachsenen Bullen weist eine dunkel kastanienbraune Tönung auf, bei Rassen aus Java und Borneo ist es schwarz. Jungbullen und Kühe sind rötlich braun gefärbt. Alle haben einen weißen Streifen um die Schnauze, weiße Beine und einen scharf abgegrenzten weißen Spiegel. Die Bullen besitzen einen kahlen Fleck zwischen den Hörnern, einen Rückenhöcker sowie eine Wamme.

**Wohnt dort:** Bantengs kommen in isolierten Beständen in Myanmar, Thailand und Indochina sowie auf Borneo, Java und Bali vor, wo sie in Bambusdschungeln, in dichten Wäldern mit einzelnen Lichtungen oder auch in lichtem Hochwald umherstreifen.

**Lebt so:** Die meiste Zeit leben sie in Mutterherden und getrennten Männerherden. Sie grasen wie unsere Kühe auf der Weide, zupfen aber ebenso Blätter und Triebe von den Sträuchern und Bäumen.

**Familienleben:** Zur Fortpflanzungszeit lösen sich die Bullenverbände auf. Dann vergesellschaften sich die erwachsenen Bullen mit den Mutterherden. Nach 285–300 Tagen Tragzeit werfen die Kühe ihr meist einzelnes Kalb, das sie neun Monate lang säugen.

### Gayal, Kouprey und Balirind

Während der Gayal die kleinere und plumpere Haustierform des Gaurs und das Balirind die domestizierte Form des Bantengs repräsentiert, ist der Kouprey (*Bos savauli*) wohl ein echtes Wildtier. Erst 1937 von der Wissenschaft beschrieben, leben heute die allerletzten Exemplare dieser Art in Kambodscha.
Die sehr dunklen, weißbeinigen Bullen zeichnen sich durch lange, vom Hals herabhängende Hautlappen und ausgefranste Hornspitzen aus.

# Tieflandanoa Bubalus depressicornis

**Sieht so aus:** Wie die Miniaturausgabe eines Wasserbüffels sieht der Tieflandanoa aus. Bei einer Körperlänge von ca. 1,80 m und einer Schulterhöhe von nur 85 cm bringt er dennoch bis zu 300 kg auf die Waage. Er hat eine schwarze Haut mit kurzen, dunkelbraunen bis schwarzen Haaren, dabei aber (meist) weißliche Beine. Die Hörner, die beim Männchen bis 30 cm, beim Weibchen bis 25 cm lang werden, sind abgeflacht oder im Querschnitt annähernd dreieckig und stehen weit auseinander.

**Wohnt dort:** Während der Tieflandanoa in den dichten, sumpfigen Wäldern des nördlichen Sulawesi auf Celebes lebt, kommt der noch kleinere, erst 1905 erstmals beschriebene Berganoa (Bubalus quarlesi) in den Bergwäldern von Sulawesi bis in über 2000 m Höhe vor. Beide Arten sind auf naturbelassene, vom Menschen ungestörte Wälder angewiesen.

**Lebt so:** Anders als die anderen Rinderarten bilden Anoas keine Herden, sondern streifen einzeln oder paarweise durch den Wald. Sie nehmen dabei eine vielfältige Pflanzennahrung zu sich. Normalerweise flüchten sie in Sprüngen. Bei Unterschreitung ihrer kritischen Distanz unterbleibt jedoch die Flucht. Es können dann heftige Angriffe erfolgen, bei denen die spitzen Hörner wie Dolche eingesetzt werden.

**Besonderes:** Anoas sind sowohl durch den Verlust ihres Lebensraums wie auch durch Wilderei stark gefährdet.

## Lebenslang im „Baby-Look"

Anoa-Kälber tragen ein wolliges, braunes Fell. Bei den Tieflandanoas verliert sich dieser „Baby-Look" mit dem Heranwachsen, bei den Berganoas hingegen bleibt das Fell ihr Leben lang braunschwarz und wollig.

# Tamarau   Bubalus mindorensis

**Sieht so aus:** Mit einer Körperlänge von 2,20 m, einer Schulterhöhe von 1 m und einem Gewicht von rund 275 kg (Männchen) bzw. weniger als 260 kg (Weibchen) ist der dunkelbraune bis grau-schwarz gefärbte Tamarau ein recht kleiner Vertreter der Wildbüffel. Die Hörner, die beide Geschlechter tragen, sind mit 35–50 cm zwar nicht besonders lang, dafür aber ziemlich dick.
**Wohnt dort:** Tamaraus leben ausschließlich auf der Philippinen-Insel Mindoro, wo sie einzeln, paarweise oder in kleinen Trupps die Wälder durchstreifen.
**Familienleben:** Nach einer Tragzeit von 276–315 Tagen bringt die Tamarau-Kuh ein einzelnes Jungtier zur Welt, das zunächst rötlich braun gefärbt ist und erst mit drei bis vier Jahren die Fellfärbung der Erwachsenen erreicht. In diesem Alter trennen sich die Kälber dann auch von den Müttern.
**Besonderes:** Das größte Landsäugetier der Philippinen steht zwar schon seit 1936 unter vollständigem Schutz und gilt als nationales Symbol. Dennoch überlebten die Wilderei, Waldzerstörung und Ansteckung mit Rinderkrankheiten nur etwa 300 Tiere, die heute in drei Populationen über Mindoro verstreut vorkommen. Diese „Mindorobüffel" werden als nachtaktiv und aggressiv beschrieben. Tatsächlich waren die Tiere früher wohl sehr viel vertrauter und weideten auch tagsüber in offenem Gelände. Erst infolge starker Bejagung wurden sie nachtaktiv, um so ihren Verfolgern zu entgehen.

### Verwandtschaft geklärt

Der Tamarau wurde sowohl schon als kleine Unterart des Wasserbüffels als auch als naher Verwandter des Anoas (siehe S. 115) angesehen.
Heute steht nach DNA-Analysen wohl fest, dass es sich beim Tamarau um eine eigenständige Art handelt, die aber viel näher mit dem Wasserbüffel als mit den Anoas verwandt ist.

# Asiatischer Wildesel  Equus hemionus

**Sieht so aus:** Er ist der pferdeähnlichste Esel und mit einer Körperlänge von 2,10 m und bis 290 kg Gewicht auch etwas größer als sein afrikanischer Verwandter (siehe S. 154). Sein gelb- bis rötlichbraunes Fell ist im Winter heller, der Bauch stets hell. Vom Asiatischen Wildesel werden bis zu acht Unterarten beschrieben: Gobi-Dschiggetai, Nordmongolischer Dschiggetai, Kulan (Bild oben), Onager, Khur, Syrischer Halbesel (ausgestorben) sowie West- und Ostkiang (Bild unten). Allen gemeinsam ist ein Aalstrich auf dem Rücken.

**Wohnt dort:** Vom Iran bis in die Mongolei sind Wüsten, Halbwüsten und Hochgebirge die Lebensräume dieser genügsamen Tiere.
**Lebt so:** Kommunikation und Streitigkeiten unter den Wildeseln gestalten sich ähnlich wie bei unseren Pferden. Dazu zählen ein Begrüßungsritual mit Beriechen und Kopfauflegen ebenso wie Kämpfe und Spiele mit Entblößen der Zähne, Kampfkreiseln, Bisse in die Vorderbeine, Auf-die-Knie-Gehen als Verteidigungsmethode sowie Zuschlagen mit den Hinterhufen. Wildesel-Hengste besetzen Paarungsterritorien, die sie gegen Geschlechtsgenossen verteidigen.

### Mehrklassengesellschaft

Die Eselhengste, die ein Territorium ihr Eigen nennen, repräsentieren die höchste Klasse in der Eselgesellschaft. Sie haben auf neutralem Boden und an ihren Reviergrenzen untereinander die gleiche Ranghöhe. Danach folgen die Stuten und nichtterritorialen Hengste, gefolgt von den Fohlen nach ihrer Größe.

# Przewalski-Pferd  Equus przewalskii

**Sieht so aus:** Gedrungene Gestalt, relativ kurze Beine, helles „Mehlmaul", Stehmähne und dunkler Aalstrich auf dem Rücken des graubraunen Fells sind charakteristische Merkmale dieser Wildpferde (Bild oben), die im Winterfell einen markanten Kinn- und Backenbart ausbilden. Ihr Schweif ist oben bürstenartig kurz behaart.

**Wohnt dort:** Einst über die flacheren Gebiete Eurasiens von Europa bis zur Mongolei verbreitet, leben heute die letzten Wildpferde in den mongolischen Steppen und Halbwüsten nahe des Altai.

**Lebt so:** Die scheuen Tiere bilden dauerhafte Familienverbände aus bis zu 20 Tieren und ernähren sich von harten Gräsern, die jedes Hauspferd verschmähen würde. Die Herden wechseln zwischen Wüste und Weideland hin und her und steigen dabei bis in Höhen von 2500 m auf. Bei Gefahr und auf der Flucht bleibt der Leithengst stets hinter seiner Familiengruppe aus Stuten und Fohlen, hält sich also zwischen ihnen und dem Angreifer.

**Familienleben:** Die Fohlen werden nach 340 Tagen Tragzeit im April/Mai geboren und können vom ersten Tag an der Herde folgen.

### Hängemähne nur bei Hauspferden?

Oft wird die Hängemähne der Hauspferde als Domestikationsmerkmal im Unterschied zu allen heute noch lebenden wilden Einhufern (auch Halb-, Wildesel und Zebras) angesehen.
Wahrscheinlich waren aber auch die beiden heute ausgestorbenen Wildpferd-Unterarten, der Wald- und der Steppentarpan, als Anpassung an ihre niederschlagsreichen Lebensräume mit einer Hängemähne ausgestattet.

**Besonderes:** Unser Hauspferd ist vermutlich aus allen drei Wildpferd-Unterarten hervorgegangen, die noch bis 8000 v. Chr. Tundren, Steppen und Wälder Europas und Asiens bewohnten.
Die wichtigste Stammform des Hauspferds war wohl der mausgraue Steppentarpan. Er wurde im 19. Jahrhundert ausgerottet, ebenso wie ein Jahrhundert früher der verwandte Waldtarpan. Den Steppentarpan aber hat man wieder „rückgezüchtet", das heißt, man hat aus verschiedenen, primitiven Hauspferde-Rassen ein Pferd gezüchtet, das wie der Tarpan aussieht, sodass wir heute in einigen Zoos und Wildparks ein lebendes Bild dieser Wildpferdart vor Augen haben (Bild oben).
Dass mit den Przewalski-Pferden heute auch wieder echte Wildpferde durch die Steppen der Mongolei galoppieren, ist deren Erhaltungszucht in Zoologischen Gärten und mehreren Wiedereinbürgerungsprojekten zu verdanken.

# Hirscheber — Babyrousa babyrousa

**Sieht so aus:** Die 85–110 cm langen, bis 80 cm hohen und bis knapp 100 kg schwer werdenden Hirscheber, auch Babirusa genannt, zählen zu den rätselhaftesten asiatischen Säugetieren. Charakteristisches Merkmal sind die bizarren Eckzähne der Männchen. Diejenigen des Oberkiefers durchbrechen die Rüsseldecke und biegen sich dann bogenförmig nach hinten. Auch die Eckzähne des Unterkiefers ragen dolchartig nach hinten gekrümmt aus der rüsselförmig verlängerten Schnauze. Ein gewölbter Rücken, eine mehr oder weniger nackt wirkende, graue Haut sowie lange, dünne Beine sind weitere Erkennungszeichen.

**Wohnt dort:** Lebensraum der Babirusas sind die Tropenwälder der indonesischen Inseln Sulawesi, Togian und Buru sowie des philippinischen Archipels Sulu.

**Lebt so:** Die exotischen Schweine können ausgezeichnet schwimmen und suhlen sich gerne. Sie ernähren sich hauptsächlich von Früchten, aber auch von Blättern, Gräsern und Kleintieren.

**Familienleben:** Mit nur einem einzigen Zitzenpaar ausgestattet, bringen die Weibchen nach 125–150 Tagen Tragzeit ein bis zwei, sehr selten drei ungestreifte Junge zur Welt.

## Vorbild für Dämonen

Weil sie so unheimlich aussehen, dienten die hörnerartigen Zähne der Hirscheber als Vorbild für die balinesischen Dämonenmasken. Tatsächlich jedoch sind die oberen, durch die Schnauze der Männchen wachsenden Eckzähne recht spröde und brechen leicht ab. Sie dienen ihrem Träger nicht als Angriffswaffen, sondern als Status- und Rangsymbol, vergleichbar einem Hirschgeweih.

# Zwergwildschwein  Sus salvanius

**Sieht so aus:** Während Wildschwein-Eber über 200 kg schwer werden können, erreichen Zwergwildschweine bei einer Kopfrumpflänge von 65 cm und einer Schulterhöhe von 25 cm gerade einmal ein Körpergewicht von 8,5 kg.

**Wohnt dort:** Die kleinste Schweineart der Welt galt bis zu ihrer Wiederentdeckung in den 1970er-Jahren schon als ausgestorben. Trotz Schutzbemühungen wurden alle der damals gefundenen Populationen bis auf eine ausgerottet. Heute ist das Zwergwildschwein nur noch mit wenig über hundert Exemplaren im Manas Tiger Reserve im indischen Assam zu finden.

**Lebt so:** Zwergwildschweine leben sehr versteckt in Gruppen von vier bis sechs Tieren. Dank ihrer Kleinheit können die Tierchen die sonst fast undurchdringlichen Elefantengrasdschungel mühelos durchschlüpfen. Die einzelgängerischen Eber schließen sich nur zur Paarungszeit von Ende Dezember bis Anfang März den Weibchengruppen an.

**Familienleben:** Die zwei bis sechs winzigen Jungen eines jeden Wurfs bringen bei der Geburt gerade mal 250 g auf die Waage.

## Gefährdung und Schutz

Jagd, Abbrennen und Schneiden der Grasdschungel sowie die intensive Landwirtschaft am Fuße des Himalajas gefährden die wilden „Minischweine" sehr.
Ihr Überleben hängt auch von der weltweit einzigen Zwergschwein-Population in Menschenobhut ab, die im Rahmen eines Schutzprogramms mit internationaler Unterstützung aufgebaut wurde. Um die Gefahr von Verlusten durch Krankheiten zu verringern, hat man die heute über 70 Schweinchen, die auf ursprünglich nur sechs Exemplare zurückgehen, auf mehrere Orte verteilt.

# Ind. Panzernashorn — Rhinoceros unicornis

**Sieht so aus:** Der urzeitlich aussehende Koloss ist nach dem afrikanischen Breitmaulnashorn (siehe S. 151) die zweitgrößte und -schwerste der fünf Nashornarten. Die größten Männchen erreichen bei einer Kopfrumpflänge von 3,55 m und einer Schulterhöhe von 1,85 m ein Gewicht von 2,2 t. Auf dem Vorderkopf sitzt ein Horn aus Keratin, einer Substanz, aus der auch unsere Haare und Fingernägel bestehen. Die unbehaarte Haut des Panzernashorns bildet eine Art Panzerplatten mit warzenartigen Hautbildungen in der Schulter-, Oberarm- und Oberschenkelregion. Im Unterschied zum ähnlichen Javanashorn (*Rhinoceros sondaicus*) ist die Nackenplatte bei ihm nicht nach hinten abgegrenzt. Die Oberlippe ist spitz und so beweglich, dass sie regelrecht als Greiforgan dient, im Unterkiefer sitzen zwei hauerartige Schneidezähne.

**Wohnt dort:** Heimat dieser urtümlichen Tiere ist das Grasland der großen Überschwemmungsebenen in Indien (Assam), Nepal und Bhutan.

**Lebt so:** Panzernashörner ernähren sich von Gräsern und Zweigen von Sträuchern, aber auch von Wasserpflanzen, wobei sie die Pflanzen beim Abrupfen mit ihrer beweglichen Oberlippe bündeln. Wie das Javanashorn kennzeichnet das einzelgängerische Panzernashorn sein Streifgebiet mit einer Absonderung aus einer Drüse hinter und oberhalb der Fußballen sowie mit Harn. Während sich die Streifgebiete der Kühe, die mit ihren Jungtieren unterwegs sind, meist überlappen, besetzen die geschlechtsreifen Bullen jeweils ein eigenes Revier und tragen um dieses heftige Rivalenkämpfe aus.

Dabei setzen sie im Gegensatz zu den afrikanischen Nashörnern nicht ihr Horn, sondern

## Zwei- und Einhörner aus altem Geschlecht

Während die beiden afrikanischen Nashornarten sowie das südostasiatische Sumatranashorn (Bild unten) je zwei hintereinanderliegende Hörner tragen, sind das Indische Panzernashorn und das in letzten, winzigen Beständen auf Java und in Vietnam lebende Javanashorn echte Einhörner.

Entwicklungsgeschichtlich entstammen die Nashörner einem uralten Geschlecht, das vor 40 Millionen Jahren, im Tertiär, seine Blütezeit hatte und zahlreiche Formen ausgebildet hatte. Die fünf „Überlebenden" sind Vertreter dreier verschiedener Abstammungslinien innerhalb der Nashorn-Familie.

ihre unteren Eckzähne als Waffen ein. Panzernashörner sind durchaus gefährliche und unerschrockene Gegner. Wenn sie sich gestört fühlen, greifen sie sogar Elefanten an.
**Besonderes:** Das zweigehörnte Sumatranashorn (*Dicerorhinus sumatrensis*, Bild oben) ist mit einer Körperlänge unter 3 m und einer Schulterhöhe von maximal 1,30 m die kleinste Nashornart. Mit seiner Behaarung, die vor allem bei Jungtieren noch stark ausgeprägt ist, erinnert es an das eiszeitliche Wollnashorn. Nur noch um die 250 Exemplare dieses Waldnashorns kommen gegenwärtig auf Sumatra, der malaiischen Halbinsel, Borneo und im nördlichen Myanmar vor. Um die 20 Tiere leben in menschlicher Obhut in Indonesien, Malaysia und den USA.

# Asiatischer Elefant  *Elephas maximus*

**Sieht so aus:** Asiatische Elefanten haben kleinere Ohren als Afrikanische Elefanten, außerdem unterscheiden sie sich von diesen durch einen Buckelrücken, zwei Stirnhöcker und nur einen Greiffinger an der Rüsselspitze. Ihre leicht faltige, dunkelgraue bis braune und nur sehr spärlich behaarte Haut bekommt mit zunehmendem Alter manchmal fleischfarbene Partien an Stirn, Ohren und Kehle. Asiatische Elefanten erreichen Körperlängen von 5,50–6,40 m, Schulterhöhen von 2,50–3 m und Gewichte bis zu 2,7 t (Kühe) bzw. 5,4 t (Bullen). Nur die Bullen tragen sichtbare Stoßzähne, die von den zweiten oberen Schneidezähnen gebildet werden.

**Wohnt dort:** Immergrüne, trockene Laubwälder, Dornbuschwälder, Sumpf- und Grasland sind Lebensraum der Asiatischen Elefanten. Mit vier Unterarten kommen diese mächtigen Rüsseltiere heute in zersplitterten Populationen auf dem Indischen Subkontinent und Sri Lanka, in Indochina, Teilen Malaysias, Thailand und auf einigen südostasiatischen Inseln vor. Erst 2003 entdeckten Forscher, dass es sich bei den kleinwüchsigen Elefanten im Nordosten Borneos um eine eigene Unterart, *Elephas maximus borneensis*, handelt. Es sind Nachkommen der auf Java im 16. Jahrhundert ausgestorbenen Java-Elefanten. Einige von diesen waren einst als Gastgeschenk eines Sultans nach Borneo gekommen, wo sie sich gut vermehrten.

**Lebt so:** Die hochsozialen Tiere leben meist in kleinen Herden, die jeweils von erfahrenen Leitkühen angeführt werden. Weibliche Jungtiere, die in der Gruppe geboren werden, bleiben zeitlebens in diesem Verband. Dagegen müssen die Männchen mit Eintritt der Geschlechtsreife die Herde verlassen.

**Familienleben:** Kommt ein Elefantenkalb zur Welt, unterstützen andere, erfahrene Kühe die Gebärende bei der Geburt. Die Neugeborenen werden nicht nur von der Mutter betreut, sondern auch von sogenannten Tanten ebenso wie von heranwachsenden Geschwistertieren umsorgt und bewacht. Das in der Regel einzige Kalb kommt nach einer Tragzeit von 21–22 Monaten mit einem Geburtsgewicht um 100 kg zur Welt.

### Tusker und Maknas

Im Alter von etwa sechs bis zwölf Monaten werden die Milch-Stoßzähne bei den Elefanten-Jungen durch ein Paar dauerhafte Stoßzähne ersetzt, welche lebenslang wachsen können. Stoßzahnlose Asiatische Bullen, deren zweite obere Schneidezähne stiftförmig sind oder ganz fehlen, werden als Maknas, Stoßzahnträger als Tusker bezeichnet.

# Plumplori  *Nycticebus coucang*

**Sieht so aus:** Mit ihrem runden Kopf, den kleinen, fast im Fell verborgenen Ohren, den kurzen, stämmigen Armen und Beinen, dem kurzen Schwänzchen sowie dem dichten, wolligen Fell ähneln Plumploris eher Spielzeugbären als Affen. Tatsächlich aber gehören sie zu den Halbaffen, einer Unterordnung der Primaten.

Am Kopf tragen die bis zu 30 cm großen und bis 1,2 kg schweren Tiere meist als Zeichnung einen vom Rücken kommenden dunklen, aschgrauen Streifen, der sich auf der Stirn aufteilt und um die eng beieinanderliegenden, großen Augen dunkle Ringe bildet. Dadurch entsteht ein starker Kontrast zum sonst hellen Gesicht.

**Wohnt dort:** Der Plumplori (Foto oben) ist weiter verbreitet als seine beiden asiatischen Verwandten, der Kleine Plumplori (*Nycticebus pygmaeus*) und der Schlanklori (*Loris tardigradus*, Foto rechts) mit seinen längeren, sehr dunklen Armen und Beinen. Die Loris leben in den tropischen Regenwäldern von Ostindien bis Vietnam, auf der malaiischen Halbinsel, in Westindonesien und auf den Philippinen.

**Lebt so:** Die großen Augen und eine lichtreflektierende Schicht im Augenhintergrund, das Tapetum lucidum, weisen den Plumplori und seine Verwandtschaft als nachtaktive Tiere aus. Weil sie den Lebensraum mit höheren Primaten teilen, die ausschließlich am Tage aktiv sind, können Plumploris so der großen und übermächtigen Konkurrenz bei der Nahrungssuche ausweichen. Loris sind ausgesprochene Schleicher im Geäst ihrer Bäume, wenn sie auf der Suche nach Früchten und kleinen Beutetieren (Insekten, Reptilien, Vögel, Säuger) bedächtig kletternd durch die Baumkronen turnen. Der Zugriff erfolgt dann allerdings sehr schnell. Eigentlich sind Loris Einzelgänger, doch ihre Reviere überlappen sich, sodass es immer wieder zu Begegnungen kommen kann. Dabei werden dann Signale ausgetauscht, oder man putzt sich wechselseitig.

**Familienleben:** Plumploris bekommen, nach einer Tragzeit von sechs Monaten, gewöhnlich nur ein Junges, das von der Mutter weitere sechs Monate lang liebevoll betreut wird.

**Besonderes:** Neben dem Schnabeltier, den Schlitzrüsslern und einigen Spitzmäusen

### Behäbige Clowns

Wegen ihrer zeitlupenhaften Bewegungen hielt man Loris zunächst für Faultiere. Ihr Name leitet sich möglicherweise von holländisch „loeres", schwerfällig, oder vom flämischen „lorrias", faul, träge ab.

Mit „loeris" bezeichneten die alten holländischen Seefahrer aber auch einen Clown.

### Zahnkamm und Zahnbürste

Alle Loris besitzen an den Zehen Nägel – außer am zweiten Zeh, der mit einer Putzkralle ausgestattet ist.
Als zweites Reinigungsrequisit haben sie einen Zahnkamm zur Verfügung. Die unteren Schneidezähne sowie die schneidezahnartigen Eckzähne sind vorstehend und kammartig ausgebildet.
Dieser dient nicht nur der Fellpflege, sondern wird auch beim Abschaben von Rinde eingesetzt, um so an die Baumsäfte zu gelangen.
Zum Reinigen des Zahnkamms wiederum dienen verhärtete Hornspitzen an der Unterseite der Zunge als „Zahnbürste".

gehören Plumploris zu den wenigen giftigen Säugetieren der Welt. Drüsen auf der Innenseite ihrer Ellbogen produzieren eine toxische Substanz. Mit Fingern und dem Zahnkamm (siehe Kasten) auf den Nachwuchs übertragen, wird dieser für Beutegreifer zu einer ungenießbaren Angelegenheit. Auch können sich die Plumploris mit dem durch die Putzaktionen giftig gewordenen Speichel selbst gegen Fressfeinde verteidigen.

# Koboldmaki Tarsius spec.

### Weltmeister im Springen

Die kleinen Kerlchen können Sprünge machen, die 40-mal höher als ihre Körpergröße sind. Ein Koboldmaki von 12 cm Größe erreicht im Hochsprung somit unglaubliche 4,80 m!
Um gleiches zu leisten, müssten unsere Hochspringer von 2 m Körpergröße 80 m hoch springen.
Solche Rekordsprünge gelingen Koboldmakis nur, weil ihre hinteren Gliedmaßen, mit denen sie sich abstoßen, doppelt so lang wie ihr Körper sind.

**Sieht so aus:** Das Tier könnte einer Fantasie-Verfilmung entsprungen sein. Eine zusammengekauerte, kleine Gestalt klammert sich mit langen, dünnen Fingern und Füßen an ein senkrechtes Ästchen und presst dabei noch den überkörperlangen Schwanz an diese Sitzstange. Ihren übergroßen Kopf mit den häutigen, beweglichen Ohren und einem riesigen Augenpaar dreht sie um fast 180 Grad. Plötzlich katapultiert sich das Wesen los, um mit einem Riesensatz an einem benachbarten Ast zu landen.
Koboldmakis sind in vieler Hinsicht ungewöhnliche Säugetiere. So besitzen sie z. B. unter allen Säugetieren die im Verhältnis zur Körpergröße größten Augen. Beim Sunda-Koboldmaki etwa, der 12–14 cm Körpergröße erreicht, hat ein Auge 1,6 cm Durchmesser und ist mit 3 g schwerer als das Gehirn des Tieres.
**Wohnt dort:** Die in fünf Arten auf verschiedenen südostasiatischen Inseln vorkommenden Mitglieder der Primatensippe sind dort vor allem in Wäldern mit dichtem Unterwuchs anzutreffen.
**Lebt so:** Die nachtaktiven Tierchen leben einzelgängerisch oder in kleinen Familiengruppen. Sie ernähren sich ausschließlich von tierischer Kost, vor allem Insekten.
**Familienleben:** Die Weibchen bringen die im Verhältnis zum eigenen Körpergewicht größten Jungen aller Säugetiere zur Welt. Nach einer Tragzeit von 190 Tagen bekommt ein Sunda-Koboldmaki-Weibchen ein Junges, dessen Geburtsgewicht ein Viertel des Körpergewichts der Mutter von rund 120 g beträgt.

# Bartaffe *Macaca silenus*

**Sieht so aus:** Der Bartaffe oder Wanderu mit seinem schwarzen Fell und Gesicht, das von einem siberweißen Mähnenkranz umrahmt wird, ist sicher die schönste, leider auch eine der seltensten Makakenarten. Bartaffen werden bis 60 cm groß, ihre Schwänze können bis zu 38 cm lang sein und die Männchen können bis 5,7 kg wiegen, während die Weibchen bis 3,2 kg schwer werden.
**Wohnt dort:** Die Feuchtwälder Südindiens sind der Lebensraum dieser Baum- und Bodenbewohner.
**Lebt so:** Wanderus leben in Einmann- und Mehrmännchengruppen von vier bis 35 Tieren und ernähren sich von allen möglichen Pflanzenteilen sowie von Wirbellosen. Im Gegensatz zu anderen Makaken setzen Bartaffen ihre Lautstärke ein, wenn es um den Gruppenzusammenhalt und die Abgrenzung gegenüber anderen Gruppen geht. Dann lässt der Anführer, gar nicht makakentypisch, einen sehr lauten Ruf erschallen.

### Bekannte Verwandte

Der zu den Makaken gehörende Bartaffe reiht sich verwandtschaftlich in eine Affengruppe ein, die zusammen mit den Meerkatzen und Pavianen dem Klischee „Affe" schlechthin entsprechen: laute, agile Tiere, die alles nachahmen, was sie sehen. Während Rhesusaffen (*Macaca mulatta*) die Versuchstiere Nummer eins waren, werden Schwanzaffen (*Macaca nemestrina*) bis heute in ihrer Heimat als Helfer bei der Kokosernte eingesetzt.

# Haubenlangur *Trachypithecus spec.*

### Auffällige Färbungsunterschiede

Während die Fellmuster vieler Säugetierjungen der Tarnung dienen, soll die auffällige Andersfärbung im Babyalter bei einigen Primaten den erwachsenen wie jugendlichen Gruppenmitgliedern signalisieren:
„Vorsicht, ich bin noch klein und unerfahren!" Am auffälligsten sind die Färbungsunterschiede bei den asiatischen Haubenlanguren. Während Erwachsene und ältere Jungtiere ein dunkelbraunes bis silbrig schwarzes Fell haben, tragen ihre Jungen bis zu drei Monate lang ein leuchtend orangefarbenes Fellkleid.

**Lebt so:** Die Einmanngruppen bestehen aus fünf bis über 20 Tieren, sind streng territorial und verteidigen ihr Wohngebiet gegen benachbarte Gruppen. Vorwiegend baumlebend, ernähren sich Haubenlanguren vor allem von Blättern.

**Sieht so aus:** Die Fellfarbe dieser 40–80 cm großen, langschwänzigen Affen ist sehr abwechslungsreich und reicht von Schwarz über Braungrau und Dunkelbraun bis Orangegelb in allen Schattierungen (Bilder: Java Lutung *T. auratus*).

**Wohnt dort:** Mit insgesamt 17 Arten sind die Haubenlanguren auf dem südostasiatischen Festland und den Inseln verbreitet: In den Mangroven- und Küstenwäldern Malaysias, den Gebirgswäldern Javas und Sumatras bis 1700 m und in den immergrünen Wäldern Thailands.

# Hanumanlangur Semnopithecus spec.

**Sieht so aus:** Diese bis 78 cm großen Schlankaffen haben einen überkörperlangen Schwanz und können bis knapp 24 kg schwer werden. Die oberen Partien ihres Fells sind grau oder hell graubraun gefärbt, oft mit gelber Tönung. Der Kopf, die unteren Partien und die Schwanzspitze sind weiß oder gelblich weiß, das Gesicht immer, die Hände und Füße oft, die Unterarme gelegentlich schwarz oder braun. In Sri Lanka und Südostindien (Bild: Südlicher Hanumanlagur S. priam thersites) tragen die Tiere gewöhnlich einen Haarschopf auf dem Kopf.

**Wohnt dort:** Das Verbreitungsgebiet der bis zu sieben Arten umfasst die südliche Himalajaregion, von der afghanischen Grenze über Tibet bis Bhutan, sowie Teile Indiens, Bangladesh und Sri Lanka. Hanumanlanguren sind in Bergregionen ebenso zu Hause wie in Halbwüsten, Regenwäldern und sogar in Städten.

**Lebt so:** Wie alle Schlankaffen ernähren sie sich hauptsächlich vegetarisch. Ihre Sozialstruktur ist sehr flexibel. Die Gruppen können zwischen acht und 125 Tieren umfassen. Neben Gruppen mit einem erwachsenen Männchen, mehreren Weibchen und dem Nachwuchs gibt es Gruppen, in denen zwei bis drei erwachsene Männchen unterschiedlichen Alters mit den Weibchen zusammen sind, aber auch Mehrmännergruppen mit unterschiedlich hochrangigen Männchen sowie reine Männergruppen. Kleine Kinder werden oft zwischen den Gruppenmitgliedern herumgereicht. Selbst Kindstötungen sind nicht selten, wenn ein neues Männchen einen Harem übernimmt.

## Große Verehrung

In vielen Teilen Indiens werden diese Languren verehrt und gefüttert.
Der Affengott Hanuman soll nach hinduistischem Glauben nach Sri Lanka gezogen sein, um die dorthin entführte Sita, die Frau des Gottes Rama, zu befreien. Als Hanuman zur Befreiung von Sita die Stadt Lonka anzündete, verbrannte er sich dabei Gesicht, Hände und Füße. So legen heute noch die schwarzen Körperteile der Hanumanlanguren Zeugnis ab von dieser Heldentat.

# Nasenaffe Nasalis larvatus

### Eine Gurke als Statussymbol

Was auf uns Menschen eher hässlich wirkt und einen Besuch beim Schönheitschirurgen nahelegt, gilt bei den Nasenaffen als äußerst attraktiv:
Je größer die „Gurke" im Gesicht, desto mehr Chancen hat der Affenmann bei den Weibchen.

**Sieht so aus:** Während das Gesicht der etwa 60 cm großen und rund 10 kg leichten Weibchen eine Stupsnase ziert, tragen die deutlich größeren und gut doppelt so schweren erwachsenen männlichen Nasenaffen eine richtige „Gurke" im Gesicht, die ihnen lang und knollig bis über den Mund hängt. Bei jüngeren Affenmännchen ist die Nase noch spitz und nach oben gerichtet. Erst im höheren Alter bekommt sie ihre „männliche" Form. Das Fell der Tiere ist überwiegend hellorange, mit Grau durchsetzt.
Während die Erwachsenen rosige Gesichter haben, trägt das Gesicht der neugeborenen Nasenäffchen eine blaue Färbung.

Der Schwanz der auffälligen Affen ist etwa körperlang.
**Wohnt dort:** Heimat dieser größten Schlankaffenart Asiens ist Borneo. Überwiegend leben die Tiere baumbewohnend entlang der Flussläufe in den Tieflandregenwäldern und Ufermangrovenwäldern.
**Lebt so:** Die Hauptnahrung der Nasenaffen sind die Blätter der Bäume. Dank der Kammerung ihres Magens sowie symbiontischer Bakterien, die darin leben, können sie wie alle Schlankaffen Blätter besser verdauen als andere Primaten.
Nasenaffen ziehen in Trupps von zehn bis 30 Tieren durch die Baumkronen. Sie bilden sowohl Harems als auch Vielmännergruppen. Bemerkenswert für Affen, sind Nasenaffen ausgezeichnete Schwimmer und Taucher. Flüsse stellen für sie keine Barriere dar. Wenn sie sich bedroht fühlen, springen Nasenaffen nicht selten ins Wasser. Manchmal durchquert eine ganze Gruppe schwimmend einen Fluss.

# Schopfgibbon  Hylobates concolor

**Sieht so aus:** Wie alle Gibbons ist auch der Schopfgibbon ein schlanker, schwanzloser Affe mit überlangen Armen. Männchen und Weibchen dieser kleinen Menschenaffen sind mit 45–65 cm Körpergröße gleich groß und mit bis zu 5,7 kg Gewicht auch gleich schwer. Dafür unterscheiden sie sich deutlich in der Fellfärbung. Während die Männchen schwarz gefärbt sind mit mehr oder minder weißlichen, gelblichen bzw. rötlichen Wangen, haben die Weibchen ein hell ockergelbes oder goldfarbenes Fell, manchmal mit schwarzen Haarbüscheln.
**Wohnt dort:** Die immergrünen Regenwälder von Tonkin, West- und Zentral-Yunnan, Nordvietnam zwischen Schwarzem und Rotem Fluss und Nordwestlaos sind die Heimat aller vier Schopfgibbon-Unterarten.
**Lebt so:** Als Baumbewohner ernähren sich Schopfgibbons von reifen Früchten, jungen Blättern und wirbellosen Tieren. Wie alle Gibbons leben sie in Familiengruppen, bestehend aus dem erwachsenen Paar und bis zu vier heranwachsenden Jungen. Alle zwei Jahre wird ein Junges nach sieben bis acht Monaten Tragzeit geboren.

## Hängend-schwebende Säuger

Einzigartig und charakteristisch für alle elf Gibbonarten ist ihre hängend-schwebende Lebensweise mit hangelnder Fortbewegung und der aufrechten Körperhaltung. Zudem stoßen sie als ausgezeichnete Sänger sehr komplexe Rufe aus, die, hauptsächlich im Duett vorgetragen, dazu dienen, Paarbindungen zu entwickeln und zu festigen sowie Nachbarn vom Territorium der monogamen Familiengruppe fernzuhalten. Wenn die Jungen ihre Rolle lernen, wird das Sänger-Duett zum Chorgesang.

# Orang-Utan *Pongo pygmaeus, Pongo abelii*

Die auf Sumatra lebende Art (*Pongo abelii*) ist nicht nur kleiner, sondern auch heller gefärbt, langhaariger und langgesichtiger als die Borneo-Art (*Pongo pygmaeus*).

**Wohnt dort:** Früher in Südostasien weit verbreitet, kommen Orang-Utans heute nur noch in letzten Beständen auf Nordsumatra und in einigen isolierten Populationen in Teilen von Borneo vor.

**Lebt so:** Die „Waldmenschen" (so die Übersetzung des malaiischen Ausdrucks „orang utan") leben als tagaktive Baumbewohner in den Tieflandwäldern. Eine große Zeit des Tages verbringen sie mit Nahrungssuche. Hauptsächlich Früchte, aber auch junge Schösslinge, Baumrinde, Insekten, holzige Lianen und gelegentlich Vogeleier und kleine Wirbeltiere stehen auf ihrem Speiseplan. Ihre

**Sieht so aus:** Orang-Utans erreichen eine Stehhöhe von knapp 1,40 m (Männchen) bzw. 1,15 m bei den Weibchen, wobei sie es auf ein Gewicht von 60–90 kg (Männchen) bzw. 40–50 kg (Weibchen) bringen. Ihre bis 2 m langen Arme dienen dem Hangeln im Geäst, die Beine sind dagegen relativ kurz. Die großen Menschenaffen tragen ein langhaariges, rötliches Fell, dessen Tönung von Hellorange bei Jungtieren über Kastanien- bis Schokoladenbraun bei manchen erwachsenen Tieren reicht. Ihre Gesichter sind nackt und schwarz, bei Jungtieren um Schnauze und Augen rosa. Die erwachsenen Männchen sind mit ausgeprägten Backenwülsten und einem Kehlsack ausgestattet.

## Alles mit Bedacht

Im Vergleich zu den anderen Menschenaffen wirkt alles bei den Orangs sehr bedächtig, ihre Bewegungen ebenso wie ihre Entwicklung. Vor etwa 14 Millionen Jahren haben sich ihre Vorfahren von den anderen Menschenaffen getrennt, aus denen die afrikanischen Menschenaffen und Menschen hervorgingen. Orang-Utans sind die einzigen wirklich baumlebenden großen Menschenaffen und zudem die sich am langsamsten fortpflanzenden Säugetiere.

Die Weibchen werden erst mit zehn Jahren geschlechtsreif und bleiben bis etwa zu ihrem 30. Lebensjahr fruchtbar. Nur alle drei bis sechs Jahre gebären sie, nach einer Schwangerschaft von acht bis neun Monaten, ein Junges, das liebevoll behütet, erst mit drei Jahren entwöhnt und erst im Alter von sieben bis zehn Jahren vollständig unabhängig wird.

kräftigen Zähne und Kiefer eignen sich gut zum Öffnen von Nüssen und Zermahlen von Schalen.
Orang-Utans streifen einzelgängerisch umher. Wo sich Streifgebiete überlappen, kennt man sich und baut soziale Beziehungen auf. Werkzeuggebrauch lernen sie voneinander. Die voll erwachsenen Männchen verkünden ihre Anwesenheit durch langgezogene, sehr laute Rufe. Empfängnisbereite Weibchen suchen meist das dominante, lokale Männchen zur Paarung auf.

**Besonderes:** Neben Jagd und Handel ist die Lebensraumzerstörung die größte Gefahr für die letzten freilebenden Orang-Utans. Bereits auf selektiven Holzeinschlag reagieren die roten Menschenaffen empfindlich, bei intensiver Abholzung verschwinden sie völlig aus der Region.
Seit dem Jahr 1900 sind ihre Bestände um nicht weniger als 92 Prozent zurückgegangen. Nur strengster Schutz ihrer letzten Lebensräume kann die Arten noch retten.

# Afrika

# Erdferkel Orycteropus afer

**Sieht so aus:** Mit seinem Aussehen könnte das Erdferkel durchaus der Fantasie eines Comic-Zeichners entsprungen sein. Ein plumper, bis 1,30 m langer, am Rücken stark gewölbter Körper, ein kräftiger, muskulöser, bis 70 cm langer Schwanz, der an den eines Kängurus erinnert, stämmige, kurze Gliedmaßen mit mächtigen Grabklauen an den Vorderfüßen und ein langgezogener Kopf mit einer schweineähnlichen Schnauze sowie tütenförmige Ohren charakterisieren das graue bis rosafarbene, spärlich behaarte Tier.

**Wohnt dort:** Es lebt in den Savannen und Buschwäldern Afrikas, die Wüste meidet es ebenso wie den dichten Regenwald.

**Lebt so:** Als einziger lebender Vertreter der Ordnung der Röhrchenzähner gehört das Erdferkel zu einer Gruppe altertümlicher Huftiere. Ähnlichkeiten mit Ameisenbären und Schuppentieren beruhen ausschließlich auf ähnlichen Lebens- und Ernährungsweisen. Erdferkel sind ganz auf die Erbeutung von Termiten und Ameisen eingestellt. Stößt ein Erdferkel beim nächtlichen Stöbern auf seine Speisetiere, wird mit den Grabklauen rasch eine Furche oder ein Loch in den Insektenbau gegraben, um dann die Schnauze mit der 30 cm langen, wurmförmigen Zunge zum Einsatz zu bringen. Daran bleiben, wie an einem Fliegenfänger, pro Nacht über 50 000 Insekten kleben und werden in den Schlund hineingezogen.

### Weltrekordhalter im Graben

Mit seinen löffelförmigen Krallen an den kräftigen Vorderbeinen gräbt ein Erdferkel schneller als jeder Mensch mit einer Schaufel. Wenn es seinen Feinden nicht schnell genug entfliehen kann, gräbt es sich blitzschnell und tief ein. Die Einzelgänger bauen zahlreiche Höhlen, die vielen anderen Tierarten als Wohnung dienen. Vor allem Warzenschweine sind Nutznießer der Erdferkelbaue. Und für viele Tiere sind sie Rettungsbunker vor Buschfeuern und Feinden.

# Nordafrik. Stachelschwein *Hystrix cristata*

**Sieht so aus:** Das gut hasengroße Nordafrikanische Stachelschwein wird bis zu 70 cm lang und 15 kg schwer. Durch seine Mähne und die schwarz-weiß gebänderten, bis 30 cm langen Stacheln auf dem Rücken, den Flanken und dem kurzen Schwanz wirkt es noch größer.

**Wohnt dort:** Die Gattung *Hystrix* mit fünf Arten kommt außer in Afrika auch in Indien, Südostasien, auf Sumatra, Java und den benachbarten Inseln sowie in Südeuropa vor. Die heute in Italien und auf Sizilien lebenden Tiere gehen wohl auf Stachelschweine aus Nordafrika zurück, die von den alten Römern ausgesetzt wurden.

**Lebt so:** Stachelschweine bevorzugen relativ trockene, stark gegliederte Lebensräume, in denen sie in natürlichen Höhlen oder selbst gegrabenen Bauen Unterschlupf finden. Dort leben sie einzeln oder mit Artgenossen zusammen. Sie ernähren sich von Knollen, Früchten, Wurzeln und Beeren. Als Laute sind Fauchen, Knurren, Schnarren, beim Umgang mit den Jungen ein leises Grunzen zu hören.

**Familienleben:** Die Jungen kommen nach sieben bis acht Wochen Tragzeit in einem ausgepolsterten Wurfnest zur Welt, wobei das Weibchen zwei- bis dreimal im Jahr ein bis vier (meist zwei) Junge bekommt. Als Nestflüchter haben die Kleinen bereits bei der Geburt die Augen offen, ihre noch weichen Stacheln härten in wenigen Tagen. Schon kurz nach ihrer Geburt drohen sie Feinden mit ihrer besten Verteidigungsstrategie, dem Stachelsträuben.

### Drohen und Stechen

Aufrichten von Mähne und Stacheln sowie ein bedrohliches Rasseln mit Rasselbechern, becherförmig umgebildeten Schwanzstacheln, sind wirksame Drohsignale. Wer sich dennoch nicht abschrecken lässt, bekommt die harten, nadelspitzen Spieße zu spüren. Und das kann selbst Löwen in die Flucht schlagen.

# Erdmännchen Suricata suricatta

**Sieht so aus:** Knapp 30 cm groß und bis 900 g schwer werden die zu den Mangusten zählenden Erdmännchen. Ihr Fell ist dunkelbraun bis grau mit braunen Bändern auf dem hinteren Rücken und den Flanken sowie einer schwarzen Schwanzspitze. Am grau-weißen Kopf stechen die schwarzen Augenringe sowie die breiten schwarzen Ohren hervor.
**Wohnt dort:** Erdmännchen bevölkern die Trockengebiete und Savannen des südlichen Afrikas, von Angola, Namibia und Südafrika bis Südbotswana.
**Lebt so:** Die tagaktiven und bodenlebenden Schleichkatzen durchstreifen in Gruppen bis zu 30 Tieren ihren steinigen Lebensraum auf der Suche nach Käfer- und Schmetterlingslarven. Gelegentlich erwischen sie auch kleine Wirbeltiere (Reptilien, Amphibien oder Vögel). Eine Gruppe setzt sich aus zwei bis drei Familien mit je einem Elternpaar und den Jungen zusammen. In älteren Büchern wurden Erdmännchen auch oft Scharrtiere genannt, weil sie in selbst gegrabenen oder von Erdhörnchen angelegten Bauen hausen. Darin verbringen die Familien die kühlen Nächte eng aneinandergekuschelt.
**Familienleben:** Erdmännchenbabys werden in Würfen von zwei bis fünf Geschwistern geboren – und das bis zu dreimal im Jahr. Bei der Aufzucht der Kleinen helfen dann alle Gruppenmitglieder zusammen.

### Der Name passt

Wenn Erdmännchen unterwegs sind, übernimmt meist ein Tier die Sicherung von einem erhöhten Punkt aus. Auf den Hinterbeinen aufgerichtet, die vorderen Extremitäten angelegt, beobachtet es die Umgebung, um bei herannahender Gefahr, etwa in Form eines Greifvogels, mit einem Warnruf die Gruppe zur vollen Deckung zu veranlassen. Am frühen Morgen sitzt oft die ganze Gruppe auf den Keulen nebeneinander, wie kleine Menschlein aufgerichtet, um sich die Morgensonne auf den Bauch scheinen zu lassen.

# Abessinischer Fuchs Canis simensis

**Sieht so aus:** Abessinische Füchse tragen ein rötlich gelbbraunes Fell mit heller, rötlicher Unterwolle. Kinn, Kehle, die Innenseite der Ohren und die Körperunterseite sind weiß. Die Körperlänge beträgt 85–100 cm, der Schwanz ist kürzer als bei unserem Rotfuchs, nur 30–40 cm lang.
**Wohnt dort:** Einige voneinander isolierte Gras- und Heidelandschaften in über 3000 m Höhe in den Bergen Zentraläthiopiens sind die letzten Rückzugsgebiete dieses seltenen Fuchses, der sehr eng mit Wölfen und Kojoten verwandt ist.
**Lebt so:** Obwohl sie hauptsächlich einzelgängerisch jagen, leben die Tiere in Rudeln bis zu 13 erwachsenen Tieren, darunter drei bis acht miteinander verwandte geschlechtsreife Rüden, ansonsten erwachsene Weibchen mit Einjährigen und Welpen. Der Gruppenzusammenhalt dient vor allem zur Verteidigung des Reviers. Abessinische Füchse sind hervorragend an die Jagd auf Nagetiere angepasst. Sehr häufig fangen sie die bis zu 1 kg schweren, nur im äthiopischen Hochland vorkommenden Afrikanischen Maulwurfsratten sowie verschiedene Grasratten-Arten. Hasen, Klippschliefer, Riedböcke und Bergnyala-Kälber werden auch im Rudel verfolgt.

### Ungewöhnliches Paarungssystem hilft Inzucht vermeiden

Nur das Alpha-Weibchen des Rudels wirft regelmäßig einmal im Jahr nach zwei Monaten Tragzeit zwei bis sechs Junge, die von allen Rudelmitgliedern bewacht und mit Futter versorgt werden. Dagegen paaren sich die rangniederen Weibchen seltener. Sie unterstützen aber häufig das Alpha-Weibchen beim Säugen.

Stirbt ein paarungsberechtigtes Weibchen, wird seine Stelle meist von einer Tochter übernommen. Dennoch kommt es dabei nicht unbedingt zu Inzucht, da die geschlechtsreifen Weibchen während der zwei- bis vierwöchigen, hektischen Paarungszeit häufig „fremdgehen", d. h., sich mit Rüden aus Nachbarrudeln paaren.

# Hyänenhund Lycaon pictus

**Sieht so aus:** Die 75–120 cm langen und 20–30 kg schweren Tiere tragen ein kurzes, dunkles Fell mit unterschiedlichsten Mustern aus unregelmäßigen, gelben und weißen Flecken. Nur ihre Mundpartie ist immer dunkel, die Spitze des gut 30–40 cm langen Schwanzes dagegen immer weiß gefärbt.
**Wohnt dort:** Heute leben in dem einstmals riesigen afrikanischen Verbreitungsgebiet nur noch weniger als 5500 dieser individuell gefärbten Tiere.
**Lebt so:** Unter allen 35 weltweit vorkommenden, hundeartigen Raubtieren sind Hyänenhunde die konsequentesten Fleischfresser. Hyänenhundrudel stellen in koordinierten Hetzjagden Tieren von Kaninchen- bis Zebragröße nach.
**Besonderes:** Von Menschen verfolgt, von Autos überfahren, anfällig für Epidemien, insbesondere Tollwut, mit dem Löwen als Nahrungskonkurrenten in einem schrumpfenden Lebensraum, so wurden die Hetzjäger längst selbst zu Gejagten. Heute findet man in vielen afrikanischen Nationalparks Handzettel und Aushänge mit ihrem Konterfei und der Überschrift „Most wanted".

## Hetzjäger mit hoher Sozialkompetenz

Obwohl ihre Jagdweise und der Tötungsvorgang der Beutetiere uns äußerst brutal vorkommt:
Afrikanische Wildhunde sind hochsensible und untereinander hochsoziale Tiere, die ihr Wissen über Jagdtraditionen und alle anderen Ressourcen in ihren Revieren über Generationen weitergeben, durchaus vergleichbar mit dem, wie wir unser kulturelles Erbe an nachfolgende Generationen weitervermitteln.

Damit wollen Parkverwaltungen und Artenschützer Hinweise zu aktuellen Aufenthaltsorten dieser rastlosen Jäger sammeln, um die letzten Wildhundrudel in ihren riesigen Revieren von mehreren Hundert km² besser schützen zu können.

# Fleckenhyäne Crocuta crocuta

**Sieht so aus:** Obwohl ihr äußeres Erscheinungsbild Hunden ähnelt, stehen Hyänen verwandtschaftlich den Katzen näher. Der abfallende Rücken, das kurze, sandfarbene, braune oder graue, dunkel gefleckte Fell, runde, behaarte Ohrmuscheln sowie Nacken- und Schultermähne kennzeichnen die Fleckenhyäne, die auch oft als Tüpfel- oder Tigerhyäne bezeichnet wird. Die Männchen können bis zu 55 kg wiegen, die Weibchen sogar noch 10 kg schwerer werden. Anhand der äußeren Geschlechtsteile sind die Weibchen von den Männchen nicht zu unterscheiden, da ihre Klitoris ähnlich geformt und ebenso beweglich ist wie deren Penis.

**Wohnt dort:** Von den vier Hyänenarten sind drei auf Afrika beschränkt. Dagegen kommt die Streifenhyäne (*Hyaena hyaena*) von Afrika über Arabien und Kleinasien bis Indien vor. Von den drei reinen „Afrikanern", Braune Hyäne oder Schabrackenhyäne (*Hyaena brunnea*), Erdwolf und Fleckenhyäne hat letztere das größte Verbreitungsgebiet. Südlich der Sahara kann man sie mit Ausnahme der Regenwälder im Kongo und im äußersten Sudan fast überall antreffen.

**Lebt so:** Fleckenhyänen leben einzelgängerisch in Mutterfamilien, in Familiengruppen oder in großen, gemischten Gruppen mit 80–100 Tieren. Diese Clans markieren ihr Territorium mit Harn und Kot an festen Markierungsstellen. Die Tiere sind nicht nur Nahrungssammler und Aasfresser, sondern auch ausgezeichnete Jäger.

### Lachende Tiere

Fleckenhyänen bilden nicht nur die größten sozialen Gruppen aller Hyänenarten, sie verfügen auch über ein besonders vielfältiges, der Verständigung dienendes Lautrepertoire.
Ihr berühmtes „Lachen" äußern sie bei Erregung, etwa nach einem Jagderfolg. Ihr verräterisches Gelächter lockt nicht selten eine Löwengruppe an, die dann die erfolgreichen Jäger vertreibt, um deren Beute genüsslich zu verzehren.

# Erdwolf  Proteles cristatus

**Sieht so aus:** Auch wenn er mit seinem langhaarigen, gelblich weißen bis rötlich braunen Fell und dem Streifenmuster wie die Kleinausgabe einer Streifenhyäne aussieht, hat der Erdwolf seit vielen Millionen Jahren eine sehr eigenständige Entwicklung innerhalb seiner Hyänenverwandtschaft hinter sich. Im Gegensatz zu seiner Verwandtschaft sind seine Kiefer nur schwach entwickelt, die Backenzähne gleichen kleinen Zapfen.

**Wohnt dort:** Erdwölfe kann man in zwei Unterarten im südlichen und im östlichen Afrika antreffen, wo sie in trockenem, offenem Buschland und in Savannen leben.

**Lebt so:** Die nachtaktiven Hyänenverwandten haben sich in puncto Nahrung stark spezialisiert: Sie verzehren fast ausschließlich Termiten, die sie mit ihrer langen Zunge auflecken. Wenn Erntetermiten nachts in dichten Kolonnen unterwegs sind, kann ein einziger Erdwolf bis zu 200 000 von ihnen in einer Nacht auflecken.

Den Tag verbringen die Tiere in ihrem Bau. Als solcher dienen ihnen oft Erdferkelbaue, manchmal auch alte Termitenhügel.

## Auch sonst ein wenig aus der Art geschlagen

Nicht nur bezüglich ihrer Ernährung, auch in ihrem Sozialsystem unterscheiden sich Erdwölfe von den anderen Hyänen.

Sie leben nämlich monogam in Dauerehe und teilen sich ein 1–4 km² großes Territorium mit den Jungen des letzten Wurfs.

Eindringende Artgenossen werden daraus vertrieben. Während der Paarungszeit unternehmen dominante Männchen aber auch Streifzüge in Nachbarterritorien, um sich dort mit den Weibchen zu paaren.

# Gepard Acinonyx jubatus

### Fliegen statt laufen

Ihre nicht einziehbaren Krallen, eine anatomische Besonderheit unter den Katzen, kommen den Geparden beim Sprint entgegen.
Die Krallen wirken wie die Metallstifte unter den Rennschuhen von Läufern. Dank der langen Beine und der sehr biegsamen Wirbelsäule folgen die Schritte im Sprint so schnell aufeinander, dass beim Erreichen der Höchstgeschwindigkeit alle vier Beine über mehr als 50 Prozent der Strecke ohne Bodenkontakt bleiben.
Somit fliegen Geparde ihrer Beute eher nach, als dass sie laufen.

**Sieht so aus:** Ihr hochbeiniger, schlanker Körperbau, der tiefliegende Brustkorb und der kleine Kopf mit den typischen, schwarzen Tränenstreifen unterscheiden diese lohfarbenen, schwarz gefleckten Großkatzen deutlich von allen anderen Katzenverwandten. Geparde werden bis 1,35 m lang und wiegen zwischen 40 und 65 kg.
**Wohnt dort:** In drei Unterarten besiedeln sie die Savannen und Trockenwälder des schwarzen Kontinents. Der teilweise gestreifte Königsgepard aus Südafrika (kleines Bild rechts) ist übrigens keine eigene Unterart, sondern eine Mustermutante.
**Lebt so:** Als schnellstes Landtier der Erde erreicht der Gepard im kurzen Sprint über 95 km/h. In nur drei Sekunden kann er dabei von 0 auf 90 km/h beschleunigen. Die Hauptbeute der schnellen Raubkatze sind bis 40 kg schwere Huftiere, an die sie sich zunächst heranpirscht, um sie sodann im Sprint zu erlegen. Ein solcher Sprint dauert immer nur zwischen 20 und 60 Sekunden und endet spätestens nach 500 m.
**Familienleben:** Gepardenweibchen bringen im Abstand von 18 Monaten jeweils ein bis sechs Junge zur Welt. Diese bleiben bis zu eineinhalb Jahre bei der Mutter. Danach halten die Geschwister oft noch ein weiteres halbes Jahr zusammen. Schließlich verlassen die weiblichen Tiere die Gruppe, die Brüder bilden hingegen einen lebenslangen Verband.

# Serval Felis (Leptailurus) serval

**Sieht so aus:** Servale sind schlanke, hochbeinige Katzen von 70–100 cm Körperlänge, mit einem 30–40 cm langen Schwanz, der nicht einmal bis zur Ferse reicht, und einem gelbroten bis graugelben Fell mit schwarzen Flecken und Tupfen. Ihre sehr großen Ohren am spitzen Kopf lassen erahnen, dass Servale hauptsächlich ihre feinen Lauscher zur Jagd benutzen.

**Wohnt dort:** In Afrika weit verbreitet, bevorzugen Servale feuchtes und sogar mooriges Gras- und Buschland. Wesentlicher noch als die Feuchtigkeit scheint für die Tiere das Vorhandensein einer guten Deckung in Form von höherem Gras und Buschwerk zu sein. Kurzwüchsige Bereiche werden jedenfalls sehr eilig überquert.

**Lebt so:** Außerhalb der Paarungszeit streifen Servale einzeln in Revieren von bis zu 10 km² umher. Kleinsäuger bis Hasengröße, gelegentlich auch kleine Antilopen, Bodenvögel, Eidechsen und Schlangen werden so genau mit dem feinen Gehör geortet, dass fast jeder zweite Sprung auf die ahnungslosen Opfer ein Jagderfolg ist.

**Familienleben:** Die Weibchen werfen nach gut zehn Wochen Tragzeit ein bis drei, selten bis zu fünf Junge, die nach dem Selbstständigwerden zunächst noch eine Weile im Revier der Mutter bleiben, später aber von ihr daraus vertrieben werden.

## Schwarz geboren

Ebenso wie es schwarze Leoparden, die sogenannten Schwarzen Panther, und Jaguare mit schwarzem Fell gibt, kommen auch beim Serval immer wieder Schwärzlinge vor.

# Afrikanischer Löwe  Panthera leo

**Sieht so aus:** Seit Jahrtausenden wurde der Löwe vom Menschen wegen seiner Kraft und Wildheit bewundert und als Sinnbild von Macht und Stärke zum König der Tiere gekürt. Erwachsene Löwenmännchen sind zwischen 30–50 Prozent schwerer und größer als Löwinnen. Während sie Körperlängen von 1,70–2,50 m und eine Schulterhöhe von 1,20 m erreichen, werden Weibchen bei einer Schulterhöhe von 1,10 m 1,60–1,90 m lang. Löwenmänner bringen stattliche 150–240 kg auf die Waage. Beeindruckend ist die sich bei Löwenmännchen entwickelnde blonde, rötlich braune oder schwarze Mähne (Bild oben), die je nach Unterart als Backen- und Halsmähne oder zusätzlich noch als Schulter- und Bauchmähne ausgeprägt ist. Die Weibchen (Bild rechts) sind zwar mähnenlos, haben aber oft am Unterhals und an der Brust mähnenartig verlängerte Haare. Das Löwenfell ist insgesamt hell- bis dunkelbeige mit helleren Partien am Bauch und den Beininnenseiten. Die Ohren sind auf der Rückseite schwarz, die Schwanzquaste ist dunkel bis schwarz. Löwenjunge tragen ein leopardenähnliches Rosettenmuster, das mit zunehmendem Alter verblasst.

**Wohnt dort:** Ursprünglich hatte der Löwe ein riesiges Verbreitungsgebiet, das auch Europa und Nordamerika umfasste. Heute kommen Löwen in fünf Unterarten von der Südsahara bis Südafrika mit Ausnahme des kongolesischen Regenwaldgürtels und in einer Restpopulation in Gujarat, Indien (siehe S. 94), vor. Sie sind in unterschiedlichsten Lebensräumen, von Savannen über Buschland bis in Sandwüsten zu finden.

**Lebt so:** Als geselligste aller Großkatzen spielt sich beim Löwen Vieles im Rudel ab. Ein Löwenrudel besteht meist aus drei bis

### Kindsmord in der Savanne

Übernimmt ein neuer Männerverband ein Löwenrudel, was relativ regelmäßig alle paar Jahre geschieht, tötet er meist alle Jungen, zu denen ja keine Blutsverwandtschaft besteht, um sich wenige Tage später mit den jetzt wieder empfängnisbereiten Weibchen zu paaren.
Doch der Kindsmord wird nicht selten von den Löwinnen vereitelt, die ihren Nachwuchs vehement verteidigen.

zehn Weibchen plus deren Junge und einer „Bruderschaft" von zwei bis drei Männchen. Während die Weibchen eines Rudels immer miteinander verwandt sind, kann es sich bei den Männchen um Brüder oder Cousins, aber auch um reine Kooperationspartner handeln, die das Rudel übernommen haben. Einzelne Männchen haben kaum eine Chance, in ein Rudel aufgenommen zu werden.

Löwen jagen bevorzugt größere Huftiere wie Gazellen, Zebras, Antilopen, Giraffen und Wildschweine. Sie wagen sich sogar an jüngere Elefanten, Nashörner und Kaffernbüffel heran, verschmähen aber auch kleine Beutetiere wie Nager, Hasen, Vögel und Reptilien nicht. Je nach Situation und Beutetier jagen nur einzelne Löwen, oder das gesamte Team arbeitet zusammen und versucht, eine Herde einzukreisen und Fluchtwege abzuschneiden. Weil die meisten Beutetiere schneller sind als die Löwen, müssen sich diese zunächst anschleichen, soll der Angriff erfolgreich sein.

Im Durchschnitt brauchen Löwen 5–10 kg Fleisch pro Tag. Diese Fleischrationen werden allerdings nicht an jedem einzelnen Tag verzehrt. Vielmehr verschlingen die Raubkatzen alle drei bis vier Tage riesige Portionen. So hat man schon beobachtet, wie ein Löwenmann 43 kg Fleisch auf einmal hinunterschlang.

Das Brüllen der Löwenmänner übrigens dient der Kennzeichnung des Reviers und lässt potenzielle Eindringlinge wissen, dass es besetzt ist. Den Löwinnen, denen die „Stimme ihres Herrn" vertraut ist, gibt das Gebrüll Sicherheit.

# Spitzmaulnashorn Diceros bicornis

**Sieht so aus:** Die kleinere der beiden afrikanischen Nashornarten erreicht eine Körperlänge von 3,20 m bei einer Standhöhe von 1,55 m und wird 1,5 t schwer. Das vordere der beiden Hörner auf dem Kopf ist meist größer als das hintere, die unbehaarte Haut der Tiere ist je nach Bodenart grau bis braungrau. Vom Breitmaulnashorn unterscheidet es sich vor allem durch seine als Greiforgan ausgebildete Oberlippe, die die Unterlippe überragt.
**Wohnt dort:** Das Spitzmaulnashorn war in Afrika einst vom Kap bis Kenia verbreitet. Es kann in Bergregenwäldern ebenso wie in trockenem Buschland leben.
**Lebt so:** Mit ihrer beweglichen Oberlippe pflücken Spitzmaulnashörner sehr geschickt holzige Stängel, größere Blätter und krautige Futterpflanzen, während Gras für ihre Ernährung kaum eine Rolle spielt.
**Besonderes:** Bis in die 1990er-Jahre wurden die Tiere wegen ihrer auf dem Schwarzmarkt hochbegehrten Hörner so stark gewildert, dass ihre Zahl in wenigen Jahren von 100 000 auf unter 3000 fiel. Heute leben Spitzmaulnashörner nur noch in wenigen Reservaten, dazu häufig noch hinter Zäunen.

## Seltener Nachwuchs

Die Kühe der Spitzmaulnashörner bekommen nur alle drei Jahre nach 16-monatiger Tragzeit ein Junges. Für die Erhaltung der wenigen, isolierten Bestände ist jede erfolgreiche Nachzucht wichtig.

# Breitmaulnashorn Ceratotherium simum

**Sieht so aus:** Es ist die größte der fünf Nashornarten. Die Bullen erreichen 4 m Körperlänge, bis 1,90 m Schulterhöhe und bis zu 2,3 t Gewicht. Die Kühe werden bis 3,65 m groß, können eine Schulterhöhe von 1,80 m erreichen und bis 1,7 t schwer werden. Ihre nahezu haarlose Haut ist grau, je nach Bodenfarbe kann sie aber auch braun aussehen. Der lange Schädel mit breiten Lippen trägt zwei Hörner, wobei das vordere deutlich größer ist als das hintere. Der oft gebrauchte Name „Weißes Nashorn" kommt von einer Verwechslung. Aus dem burischen Wort „wijde" für weit, breit, das die Lippen des Tiers beschrieb, machten die Engländer „white" und die Deutschen schließlich „weiß".

**Wohnt dort:** Breitmaulnashörner kommen in trockeneren Savannen im südlichen und nordöstlichen Afrika vor.

**Lebt so:** Mit den breiten Lippen klemmen erwachsene Tiere das Gras auf 20 cm Breite ein, um es bahnweise abzurupfen. Während die ausgewachsenen Bullen mit Ausnahme der Fortpflanzungszeit Einzelgänger sind, leben die Kühe gesellig in Gruppen. Die territorialen Bullen zeigen bei Begegnungen im Grenzgebiet Imponierverhalten, indem sie einander gegenüberstehen, mit dem Vorderhorn auf Pflanzen schlagen, steifbeinig vor- und rückwärtsschreiten und stoßweise Harn abgeben. Auch kommt es zu Hornstößen gegen die Kopfseite des Rivalen.

**Besonderes:** Während die Bestände der südlichen Unterart des Breitmaulnashorns relativ gesichert leben, sind die letzten Exemplare der nördlichen Population in der Demokratischen Republik Kongo vom Aussterben bedroht.

### Pinkeln nach hinten

Als anatomische Besonderheit hängen die Hoden der Nashornbullen wie bei den Elefanten nicht in einem Hodensack, sondern sind ebenso wie der Penis eingezogen, wobei der Penis nach rückwärts weist.
Somit urinieren die Bullen ebenso wie die Weibchen nach hinten.

# Zebras  Equus spec.

**Sieht so aus:** Wenngleich alle Zebras schwarz-weiß gestreift sind, ist Zebra doch nicht gleich Zebra. Die gestreiften Pferde kommen in drei Arten und mehreren Unterarten vor. Am weitesten verbreitet und weitaus am häufigsten ist das in drei Unterarten auftretende Steppenzebra (*Equus quagga*, Bild oben, die Tiere ohne weißen Bauch). Am Körper trägt es senkrecht angeordnete schwarze und weiße Streifen, auf der Kruppe waagrechte. Hellere Zwischenstreifen sind möglich. Steppenzebras sind relativ kurzbeinig und wirken rundlich.
Das Bergzebra (*Equus zebra*, kleines Bild rechts) hat schmälere, dichter beieinanderliegende Streifen als das Steppenzebra, ist schlanker, mit schmäleren Hufen, einer Kehlwamme und einem weißen Bauch.
Das Grevy-Zebra (*Equus grevyi*, Bild oben, die Tiere mit weißem Bauch, und Bild S. 153) ist wesentlich größer als die beiden anderen Arten. Sein langer, schmaler Kopf und die breiten, runden Ohren verleihen ihm ein maultierartiges Aussehen. Seine schmalen schwarzen und weißen Streifen verlaufen am Körper senkrecht, über der Kruppe in Bogenform. Der Bauch ist weiß. Die Mähne steht steif ab.

**Wohnt dort:** Alle drei Zebraarten kommen ausschließlich in Afrika vor. Während das Steppenzebra, der Namen sagt es schon, die trockenen Steppen bevölkert, und zwar hauptsächlich im östlichen Afrika, lebt das Bergzebra im bergigen Grasland Südwestafri-

### Unterschiedlichste Theorien

Über die Streifen der Zebras gibt es die unterschiedlichsten Theorien. Doch scheinen sie weder der Tarnung vor Fressfeinden noch dem Schutz vor stechenden Insekten, sondern eher dem Zusammenhalt der Gruppe und der Temperaturregelung zu dienen.

kas und ist ein guter Kletterer. Das Grevy-Zebra ist in den trockenen Steppen und im Buschland von Äthiopien, Somalia und Nordkenia anzutreffen.

**Lebt so:** Steppen- und Bergzebras leben in dauerhaften Familienverbänden, deren Aktionsräume 80 bis mehrere 1000 km² (Steppenzebra) bzw. immer mehrere 1000 km² (Bergzebra) groß sind. Die Grevy-Hengste hingegen besetzen Paarungsterritorien von etwa 20 km². Ansonsten bildet diese Zebraart nur lose, sich immer wieder verändernde Zusammenschlüsse. Unter den natürlichen Feinden der Zebras stehen Löwen und Hyänen an erster Stelle.

**Besonderes:** Während das Steppenzebra insgesamt häufig ist, sind einzelne Unterarten selten und bedroht. Beim bereits ausgestorbenen Quagga *Equus quagga quagga* waren von allen Zebraarten die Streifen am weitesten zurückgebildet. Nur Kopf und Hals waren gestreift, auf der Brust fanden sich noch Andeutungen einer Streifung. Ansonsten waren Quaggas am Körper braun, an den Beinen cremefarben. Obwohl die Quaggas bis Mitte des 19. Jahrhunderts noch in großen Herden im östlichen Kapland vorkamen, wurden sie innerhalb weniger Jahrzehnte von den weißen Siedlern ausgerottet. Sie dienten ihnen als Fleisch- und Felllieferanten. Ihre Häute wurden zu Getreidesäcken verarbeitet. Das letzte Quagga starb 1883 im Zoo von Amsterdam. Die wenigen existierenden Quagga-Präparate gehören heute zu den Kostbarkeiten in Naturkundemuseen.

Alle anderen Zebraarten bedürfen eines besonderen Schutzes in Nationalparks sowie durch Erhaltungszuchten in Zoos: Vom Bergzebra sind beide Unterarten äußerst gefährdet, vom Hartmann-Bergzebra leben noch rund 8300 Tiere, vom Kap-Bergzebra nur noch 500. Besonders dramatisch ist der Rückgang des Grevy-Zebras auf aktuell bloß noch 750 Tiere.

# Afrikanischer Wildesel Equus asinus

**Sieht so aus:** Sie sind von typischer Eselsgestalt, haben ein kurzes, glattes, vorwiegend graues Fell, das an der Körperunterseite heller ist und einen schmalen, dunklen Aalstrich auf dem Rücken aufweist. Die Tiere haben eine Körperlänge von 2 m, eine Schulterhöhe von 1,25–1,45 m, tragen 40 cm lange Schwänze und werden bis zu 275 kg schwer.

### Hoch bedroht

Während der Nubische Wildesel wahrscheinlich ausgerottet ist, kommen in der Danakilwüste Äthiopiens die letzten Somali-Wildesel vor.
Ihnen droht allerdings größte Gefahr, wenn Wilderer sie mit dem Auto verfolgen oder Touristen Hetzjagden auf sie veranstalten.
Es wäre eine kulturelle Schande, wenn diese letzten wilden Vorfahren unserer Hausesel für immer verschwinden würden.

**Wohnt dort:** Afrikanische Wildesel kommen in zwei Unterarten in den Felswüsten des Sudans, von Äthiopien und Somalia vor. Die eine Unterart, der Nubische Wildesel, ist durch ein dunkles Schulterkreuz, der zweite, der Somali-Wildesel (Bild), durch seine Beinstreifung gekennzeichnet.

**Lebt so:** Die erwachsenen Hengste leben allein in Paarungsterritorien von etwa 20 km² Größe, deren Grenzen sie mit großen Kothaufen markieren. Innerhalb ihres Territoriums haben sie exklusiven Zugang zu den ihr Revier durchstreifenden Weibchen. Die Stuten bringen nach einem Jahr Tragzeit ein Fohlen zur Welt, das der Mutter auf ihren Streifzügen zu Wasserstellen und Nahrungsquellen schon ab dem ersten Lebenstag folgen kann.

# Mähnenschaf Ammotragus lervia

**Sieht so aus:** Wegen ihrer ziegenähnlichen Gestalt werden die Tiere manchmal auch Mähnenziegen genannt. Doch Mähnenschaf passt besser, stehen sie doch den Schafen verwandtschaftlich deutlich näher. Auch der Zweitname Mähnenspringer ist passender, fasst er doch bereits zwei der wichtigsten Artenmerkmale zusammen. Zum einen sind die Tiere hervorragende Springer (sie können aus dem Stand über 2 m hoch springen), zum anderen ziert sie, vor allem im männlichen Geschlecht, eine vom Nacken über die Brust bis zum Ellbogen der Vorderbeine reichende Mähne. Beide Geschlechter tragen Hörner. Die Männchen erreichen 1,65 m Körperlänge, werden bis 1 m hoch und 140 kg schwer, die Weibchen bleiben etwas kleiner und sind nur halb so schwer.

**Wohnt dort:** Die in vier Unterarten vorkommenden Mähnenschafe leben in den felsigen, schwer zugänglichen Wüstengebieten Nordafrikas. In den USA zu Jagdzwecken mehrfach ausgesetzt, sind sie heute aber längst auch in Texas und New Mexico sowie in den Bergen Westkaliforniens heimisch geworden.

**Lebt so:** Mähnenschafe leben einzeln oder in kleinen Trupps und ernähren sich von dem spärlichen Pflanzenwuchs in ihrem kargen Lebensraum. Während ihnen ihre natürlichen Feinde Leopard und Karakal wenig ausmachen, sind sie heute durch die Jagd mit weitreichenden Feuerwaffen in verschiedenen Verbreitungsgebieten gefährdet. Hauptpaarungszeit ist in Nordafrika von September bis November, wobei ältere Böcke ganzjährig zeugungsfähig sind.

### Hörnerhakeln unter Männern

Mit ihren Hörnern versuchen Mähnenspringerböcke den Gegner bei Rivalerkämpfen zu Boden zu drücken, oder sie verhaken sich damit, richten sich aber beim Kampf wie die Wildziegen auf die Hinterbeine auf.

# Nubischer Steinbock  Capra ibex nubiana

**Sieht so aus:** Obwohl deutlich kleiner und leichter als der Alpensteinbock (siehe S. 72), werden die Hörner beim Nubischen Steinbock wesentlich größer und können eine Länge von 1,20 m erreichen. Die Grundfarbe des Fells ist ein lichtes Braun, die Böcke tragen einen schwarzen Aalstrich auf dem Rücken und schwarze Streifen auf der Vorderseite der weißen Beine.

### Sehr wasserabhängig

Nubische Steinböcke sind stärker als viele andere Wüstentiere von der regelmäßigen Verfügbarkeit von Trinkwasser abhängig. Wenn immer möglich, besuchen sie zweimal am Tag ihre Tränken. Deshalb sind sie auf Gebiete mit Vorkommen von Quellen und Felstümpeln angewiesen. Dort werden sie nicht nur zur Beute des sehr seltenen Wüstenleoparden (*Panthera pardus nimr*), sondern leider auch zur leichten Zielscheibe für Jäger.

**Wohnt dort:** Der Nubische Steinbock hat sich als einzige Steinbockunterart an das Leben in heißen Wüstengegenden angepasst und besiedelt das trockene Bergland um das Rote Meer. Wenn Geißen und Kitze sich nicht bewegen, verschmelzen sie durch ihre helle Grundfarbe fast völlig mit den Farben der Wüstengegend. Auffällig sind da nur die Böcke mit ihren dunklen Hörnern und der dunklen Fellzeichnung, die sich mit dem Haarwechsel vor der Brunftzeit entwickelt. Im Frühjahr verschwindet diese Buntfärbung. Das kurze, glatte und glänzende Sommerfell kann einen großen Teil der Sonneneinstrahlung reflektieren. Dadurch können die Tiere auch an sehr heißen Tagen aktiv sein.

**Lebt so:** Der stärkste natürliche Feind dieser Steinböcke ist der Leopard, Kitze können aber auch von Adlern oder Bartgeiern erbeutet werden. Die Tiere leben in getrennten Bocks- und Geißenrudeln mit Kitzen und Jungböcken bis zu deren Geschlechtsreife mit drei Jahren. Nur zur Brunftzeit im Oktober bilden sich gemischte Rudel.

# Weiße Oryx  Oryx leucoryx

**Sieht so aus:** Im Körperbau der Ostafrikanischen und der Südafrikanischen Oryxantilope sehr ähnlich, erreicht die Weiße oder Arabische Oryx aber mit 65–75 kg nur ein Gewicht, das gerade mal ein Drittel des Verwandten aus der Kalahari ausmacht. Von ihrem weißen Fell zeichnen sich eine schwarze Gesichtsmaske sowie schwarze Abzeichen an Vorder- und Hinterläufen kontrastreich ab.
**Wohnt dort:** Der Lebensraum der Ost- und Südafrikanischen Oryx ist geradezu paradiesisch im Vergleich zu den extrem kargen Lebensbedingungen in der zentralarabischen Wüste, wo die Weiße Oryx lebt. Sie kommt dort mit extremsten täglichen Temperaturunterschieden, mit Sandstürmen und oft jahrelangem Ausbleiben von Regenfällen zurecht. Das helle Fell reflektiert die Sonnenstrahlen. Das dickere Winterfell wird morgens aufgestellt, fängt die Sonne ein und kann die Wärme nachts speichern.
**Lebt so:** Die Weißen Oryx ziehen in Rudeln von fünf bis 30 Tieren umher und legen dabei in einer Nacht oft 25–30 km zurück.

**Besonderes:** Solange die Weiße Oryx von den Beduinen vom Kamel aus und mit primitiven Waffen gejagt wurde, waren ihre Bestände nie ernsthaft gefährdet. Das änderte sich ab 1945, als die Bejagung mit automatischen Gewehren und aus Jeeps aufkam. Bereits 1972 war die Art in freier Natur ausgerottet.

### Wiedergeburt

Dank privater Herden in Arabien und einer Zuchtgruppe in einem amerikanischen Zoo überlebte die Art.
Ab 1982 konnten zoonachgezüchtete Tiere im Zentraloman wieder ausgewildert werden, deren Bestand sich in der Folge auf 400 Tiere vermehrte.
Ab Mitte der 1990er-Jahre richteten motorisierte Wilderer die Weiße Oryx beinahe erneut zugrunde. Erst etwa ab 1999 konnte der Wilderei Einhalt geboten werden, sodass die schönen Tiere heute wieder durch ihr Wüstenreich ziehen.

# Rappenantilope *Hippotragus niger*

**Sieht so aus:** Das Fell dieser zu den Pferdeböcken zählenden, großen Antilope ist bei erwachsenen Weibchen und Jungbullen je nach Unterart auf der Oberseite tief rotbraun bis schwarzbraun gefärbt. Ihrem Namen entsprechend oberseits richtig schwarz sind nur die erwachsenen Böcke.

Das Gesicht ist weiß mit schwarzer Maske, beim Kalb hellbraun und die Maske nur angedeutet. Beide Geschlechter tragen nach oben-hinten halbkreisförmig geschwungene Hörner mit kräftigen Wülsten, die bei den größeren Männchen bis 1,65 m, bei den Weibchen bis 1 m lang werden können. Auf dem Nacken und Widerrist tragen Rappenantilopen eine stehende Mähne. Die schwarze Körperoberseite der bis 260 kg schweren Altbullen kontrastiert stark zum weißen Bauch und Spiegel.

**Wohnt dort:** Rappenantilopen kommen in Zentralafrika von Kenia bis Südafrika und von Angola bis Mosambik vor. Sie leben in Baum- und Buschsavannen, meiden jedoch das offene Grasland.

**Lebt so:** Man kann Rappenantilopen in Haremsgruppen oder in kleineren Herden antreffen.

Die Setzzeiten der Kälber, die nach neun Monaten Tragzeit einfarbig graubraun zur Welt kommen, fallen aufgrund des großen Verbreitungsgebiets der Art in sehr verschiedene Monate.

### Bedrohter Riese

Die Riesen-Rappenantilope (*Hippotragus niger variani*) ist die seltenste Unterart. Ihre letzten Bestände in Angola sind heute akut vom Aussterben bedroht.

# Giraffengazelle Litocranius walleri

**Sieht so aus:** Sehr lange Beine und ein sehr langer Hals, der bei Männchen wesentlich dicker als bei Weibchen ist, sind die wichtigsten Kennzeichen dieser großen Gazellen, die auch Gerenuks genannt werden. Nur die Männchen tragen 25–45 cm lange, S-förmig nach oben-hinten geschwungene Hörner. Der etwa 30 cm lange Schwanz ist mit einer Endquaste ausgestattet.

**Wohnt dort:** Lebensraum der Gerenuks sind die Buschsteppen und lichten Wälder Afrikas, von den Ebenen bis ins Hügelland.

**Lebt so:** Im Gegensatz zu anderen Gazellen bilden Gerenuks nur kleine Rudel. Die Reviere der Altböcke sind mit 130–340 ha im Verhältnis zu den Territorien anderer Gazellen aber riesig. Oft halten sich die Weibchengruppen ganzjährig in einem Bock-Territorium auf, das jahrelang bestehen kann.

**Familienleben:** Nach sieben Monaten Tragzeit gebären die Geißen jeweils ein Junges, das zu seinem Schutz vor Fressfeinden „abliegt", das heißt, wie bei uns die Rehkitze in der Deckung von hohem Gras oder Gebüsch liegen bleibt und regungslos auf die Mutter wartet, die in der Zwischenzeit auf Nahrungssuche geht.

### Fast einzigartig

Auf ihren Hinterbeinen stehend können Giraffengazellen das Laub von hohen Büschen abweiden, an das andere Antilopen nicht gelangen.
Einzig noch die Dibatag, auch Stelzen- oder Lamagazelle genannt (*Ammodorcas clarkei*) beherrscht die gleiche Technik der Nahrungsaufnahme.

# Streifengnu Connochaetes taurinus

## Naturschauspiel ohne Gleichen

Wenn das Westliche Weißbartgnu (*Connochaetes taurinus mearnsi*, Bild S. 161) vor der nahenden Regenzeit die Kurzgrassavanne im Südosten der Serengeti verlässt, um in einer 1,5 Millionen Tiere umfassenden Wanderung nach Norden in das Masai-Mara-Reservat bis nach Kenia zu ziehen, ist dieser Exodus ein unvergleichliches Naturschauspiel. Weder Löwen und Hyänen noch hungrige Krokodile bei den gefährlichen Flussdurchquerungen können den Treck aufhalten.

**Sieht so aus:** So wie die Rappenantilopen (siehe S. 158) eine gewisse Pferdeähnlichkeit aufweisen, erinnern die Kuhantilopen, zu denen die Gnus gehören, im Aussehen etwas an Rinder. Gnus zeichnen sich durch einen massigen Kopf, kräftige Schultern, eine Mähne an Nacken, Schultern und Kehle sowie einen fast bis zum Boden reichenden Schwanz aus. Beide Geschlechter tragen bei den Gnus Hörner.
Ein schiefer- bis dunkelgraues Fell, an Hals und Schulterregion mit schwacher Streifung, ein schwarzer Schwanz und seitlich nach unten gebogene Hörner sind Kennzeichen der Streifengnus, die bis 2 m lang werden können, eine Schulterhöhe von 1,40 m erreichen

### Warum ziehen sie?

Es ist einerseits der Bedarf an Mineralstoffen, vor allem Phosphor, andererseits der Wassermangel, der die Gnus veranlasst, ihre Weidegründe zweimal im Jahr zu wechseln. Sie müssen die Kurzgrassavannen verlassen, wenn der Regen in der Trockenzeit ausbleibt, was dort zu Nahrungs- und Wasserknappheit und zur Versalzung der Wasserstellen führt.

Auf ihren Trockenzeitweiden finden sie zwar Hochgras und nach Gewittergüssen Frischgras.
Weil ihnen dieses Futter aber nicht genügend Mineralstoffe bietet, tritt nach einiger Zeit ein Phosphormangel auf, der sie wieder in die Kurzgrassteppen im Süden mit ihrem nach der Regenzeit jungen, mineralstoffreichen Gras zurücktreibt.

und 160 kg (Weibchen) bzw. 260 kg (Männchen) schwer werden.
**Wohnt dort:** Während die zweite Gnu-Art, das Weißschwanzgnu (*Connochaetes gnou*), ausschließlich auf das südliche Afrika beschränkt ist, kommt das Streifengnu in fünf Unterarten von Nordafrika bis Kenia südlich des Äquators vor.

**Lebt so:** Als vorzugsweise Kurzgrasfresser bevölkern die Streifengnus in getrennten Männchen- und Weibchenherden von 30–500 Tieren sowie in gemischten Verbänden von Hunderten und Tausenden die afrikanischen Gras- und Buschsteppen.

# Impala  Aepyceros melampus

**Sieht so aus:** Sie sind in ihrer anmutigen Form, mit dem geraden Rücken, den schlanken Gliedern und den nur bei Männchen vorhandenen leierförmigen Hörnern *die* typischen Antilopen.

Ein großer, schwarzer Haarbusch an den Fesseln gab den sonst mahagonifarbenen, an den Flanken gelbbraunen und an der Bauchunterseite weißen Schwarzfersenantilopen ihren zweiten Namen.

**Wohnt dort:** Impalas kommen in sechs Unterarten von Südafrika bis Kenia, von Namibia bis Mosambik vor. Als Lebensraum bevorzugen die geselligen Tiere offene Parklandschaften, Trocken- und Galeriewälder sowie die Nähe zu Wasser.

**Lebt so:** Die Männchen leben in Trupps von bis zu 30 Tieren, die Weibchen in oft größeren Herden. Erwachsene Impalaböcke besetzen von Zeit zu Zeit ein Territorium, das sie gegen Geschlechtsgenossen verteidigen und in dem sie einen Harem von Weibchen um sich scharen.

Während sich der Erfolg eines Weibchens daran misst, ob es während der Zeit des Jungeführens ausreichend Nahrungsressourcen findet, sind die Männchen am erfolgreichsten, die sich mit möglichst vielen Weibchen paaren.

### Große Sprünge

Vor allem, wenn sie auf der Flucht sind, legen Impalas ein enormes Springvermögen an den Tag.
Sätze von 2,50 m Höhe sind für sie kein Problem.

# Bongo Tragelaphus eurycerus

**Sieht so aus:** Mit ihrem kastanienroten Fell, das bei ausgewachsenen Bullen fast schwarz ist, der dunklen Schnauze, dem weißen, V-förmigen Balken zwischen den Augen, den weißen Wangenflecken, ihrem Haarkamm auf dem Nacken und der weißen Streifenzeichnung am Körper gehören Bongos zu den besonders attraktiven Drehhörner-Arten, die allesamt groß bzw. mittelgroß sind und schlanker gebaut als ihre Rinderantilopen-Verwandten.
Die stattlichen Tiere werden 2,20–2,35 m lang. Beide Geschlechter tragen schwarze, glatte, ein- bis anderthalbmal spiralförmig gewundene Hörner. Die viel größeren Männchen werden bis 400 kg, die Weibchen bis 250 kg schwer.

**Wohnt dort:** Bis in die 1960er-Jahre waren Bongos selten in Freiheit zu sehen und noch seltener in zoologischen Gärten. Die dichten Tieflandwälder von Ost-, Zentral- und Westafrika, der Südsudan sowie die Gebirgs- und Hochlandwälder von Kenia und Kongo sind ihre Heimat.

**Lebt so:** Paarweise oder in kleinen Trupps durchstreifen Bongos ihren Lebensraum, ernähren sich von Laub, Gräsern, Kräutern und Früchten und suchen gerne Salzlecken auf.

### Zunge im Einsatz

Beim Äsen von Blättern, ihrer Hauptnahrung, setzen Bongos geschickt die Zunge als Greiforgan ein.
Auch beim Werben um die Kuh kommt beim Bullen dieses Organ zum Einsatz. Während er das Weibchen in hochgereckter, überstreckter Haltung treibt, leckt er mit der Zunge ins „Leere" und gibt dabei schmatzende Laute von sich.

# Buntbock  Damaliscus pygargus

### Einstmals fast ausgerottet
Beide Buntbock-Unterarten waren schon der Ausrottung nahe, konnten aber durch Gefangenschaftsnachzuchten und Wiederaussetzen in Wildschutzgebieten gerettet werden.
Der Buntbock (*Damaliscus pygargus pygargus*) ist bis heute gefährdet.

**Sieht so aus:** Ein tiefviolettes bis kastanienbraunes Fell, das an Hals und Kruppe dunkler ist und zu den weißen Partien wie Gesichtsfleck, Rumpf, Bauch und Unterbeinen deutlich kontrastiert, macht den Namen Buntbock durchaus verständlich. Die farbkräftigen Tiere gehören zu den Leierantilopen, die einen besonders langen Kopf ohne Stirnwulst besitzen und deren Rücken weniger stark als der von Kuhantilopen abfällt. Männliche und weibliche Buntböcke tragen einfache und recht kleine Hörner.
**Wohnt dort:** Buntböcke kommen in zwei Unterarten, dem eigentlichen Buntbock und dem Blessbock (*Damaliscus pygargus phillipsi*), im südlichen Afrika vor, wo man sie vor allem im offenen Grasland antrifft.
**Lebt so:** Wie bei allen geselligen Hornträgern leben die Tiere in Weibchen-, Junggesellen- und gemischten Rudeln. Altbullen werden territorial und bleiben ganzjährig in ihrem Territorium. Bei Grenzstreitigkeiten werfen sich die Revierbesitzer plötzlich auf die Knie und schlagen die Hörner zusammen. Beide Geschlechter können mit ihren Voraugendrüsen Markierungen an vorzugsweise langen, harten Stängeln anbringen. Wie die Gnus vollführen auch bei den Buntböcken die Rivalen beim Aufeinandertreffen kapriolenartige Sprünge.
**Familienleben:** Beim Werben um Weibchen streckt der Bulle Hals und Haupt tief nach vorn und hebt den Schwanz über die Waagrechte an. Die nach einer Tragzeit von siebeneinhalb Monaten geborenen Buntbockkälber sind zunächst ockergelb gefärbt und haben einen braunschwarzen Nasenrücken. Erst wenn sich ihr Fell mit sechs Monaten umzufärben beginnt, machen sie ihrem Namen alle Ehre.

# Ducker Cephalophus spec., Sylvicapra spec.

**Sieht so aus:** Die kleinen bis mittelgroßen Antilopen kommen in 17–19 Arten und in zwei Gattungen vor. Mit ihren kürzeren Vorderbeinen und dem gerundeten Rücken sind sie allesamt gut an ein Leben im dichten Unterholz angepasst. Die Weibchen werden durchweg etwas größer als die Männchen. Bei den meisten Arten tragen beide Geschlechter kurze, konisch geformte Hörner. Der dunkelbraune bis schwärzliche Gelbrückenducker (*Cephalophus sylvicultor*) ist mit bis zu 85 cm Standhöhe der Riese unter den Duckern. Bei Erregung stellt er seinen gelblichen Keilfleck auf dem hinteren Rücken auf.

Der Zebraducker (*Cephalophus zebra*, Bild) zeichnet sich durch schwarze Streifen auf dem rötlich braunen Fell aus, das den gesamten Körper des Rotduckers (*Cephalophus natalensis*) ziert. Der sehr seltene Jentinkducker (*Cephalophus jentinki*) ist schabrackentapirähnlich gefärbt, indem Kopf und Hals schwarz, die restlichen Körperteile weiß bzw. schwarz-weiß gesprenkelt sind. Der Savannen und Buschland bewohnende Kronenducker (*Sylvicapra grimmia*) hat längere und spitzere Ohren als die Vertreter der Gattung *Cephalophus* (Wald- oder Schopfducker).

**Wohnt dort:** Das Verbreitungsgebiet der Ducker liegt in Afrika südlich der Sahara. In dem weiten Gebiet kommen sie fast überall dort vor, wo sie sich bei Gefahr in dichten Wäldern oder in Dickichten „abducken" können.

**Lebt so:** Von den meisten Arten ist wegen ihrer versteckten Lebensweise nur wenig bekannt. Ducker durchstreifen allein oder paarweise ihr Revier, das sie mit Sekret aus den Voraugendrüsen markieren. Treffen sie auf gleichgeschlechtliche Artgenossen, werden diese aggressiv vertrieben.

### Nicht nur Pflanzenfresser

Neben Pflanzenteilen verschiedenster Art verzehren viele Ducker auch Termiten, Ameisen, Schnecken, Eier und machen gelegentlich sogar Jagd auf Vögel.

# Kaffernbüffel  Syncerus caffer

**Sieht so aus:** Das Fell der größeren und schwereren eigentlichen Kaffernbüffel (*Syncerus caffer caffer*) ist bräunlich bis schwarz, das der kleineren Unterart, der Rotbüffel (*Syncerus caffer nanus*), rötlich braun gefärbt. Außerdem zeichnet sich der eigentliche Kaffernbüffel durch einen schweren Körper, einen kräftigen Nacken und mächtige Hörner aus. Die Hörner sind abwärts nach außen gerichtet, um sich dann nach oben zu biegen, sodass ihre Spitzen zueinanderweisen, die Hornansätze verschmelzen zu einem massiven Stirnhelm. Bei alten Bullen kann die Hornspannweite über 1 m betragen.

**Wohnt dort:** Kaffernbüffel kommen in Ost-, Zentral- und Südafrika vor, die Rotbüffel mit den nach hinten-aufwärts gerichteten Hörnern in Zentral- und Westafrika. Während erstere Savannen und trockenes Waldland bewohnen, bevorzugen letztere sumpfige Urwälder.

**Lebt so:** Die Tiere leben in getrennten Kuhherden mit Jungtieren und in reinen Bullenherden. Diese „Männerclubs" umfassen selten mehr als 20 Tiere, hingegen gibt es Mutterherden mit bis zu 2000 Tieren. Trotz ihrer Urkraft kommen bei den Bullen auch bei Auseinandersetzungen um brünftige Kühe tödliche Verletzungen äußerst selten vor, denn die Rivalenkämpfe finden stark ritualisiert statt.

> ### Ständige Begleiter
>
> Kuhreiher und Madenhacker sind ständige Begleiter der Büffel. Die Kuhreiher fangen die Insekten, die von den großen Tieren aufgescheucht werden. Sie betätigen sich aber auch auf deren Rücken als Hautpfleger.
>
> Die kleinen Madenhacker hingegen sind voll auf die Hautpflege der Huftiere spezialisiert. Sie untersuchen die unterschiedlichsten Körperpartien der Büffel auf Hautparasiten, die sie abzupfen, selbst Nase und Ohren der wehrhaften Kolosse werden gründlich inspiziert.

# Okapi Okapia johnstoni

**Sieht so aus:** Seit seiner späten Entdeckung 1901 gehört die Waldgiraffe zu den geheimnisvollsten Tieren Afrikas.
Wesentlich kurzhalsiger als ihre Steppenverwandten, haben Okapis ein samtiges, dunkles, kastanienbraunes bis fast schwarzes Fell.
Auffällig sind die schwarz-weißen Querstreifen an den Gesäßbacken, Oberarmen und Keulen. Sehr große Ohren, dunkle Augen und eine fast 50 cm lange, überaus bewegliche Greifzunge sind weitere Merkmale.
Bei Okapis tragen nur die Männchen zwei hautbedeckte Hörner (Bild unten).
**Wohnt dort:** Die geheimnisvollen Waldgiraffen leben im dichten Regenwald des nördlichen und nordöstlichen Kongobeckens.
**Lebt so:** Okapis sind sehr scheu und wachsam. Auf festen Wechseln durchstreifen sie als Einzelgänger, in der Fortpflanzungszeit auch paarweise, ihre Wohngebiete, die bevorzugt Lichtungen und Wasserläufe einschließen.

**Familienleben:** Nach 14–15 Monaten Tragzeit wird ein Kalb geboren, das sich durch einen kleinen Kopf, einen dicken Hals und lange, dicke Beine sowie eine auffällige Mähne auszeichnet.

### Verstecken und Finden

In den ersten Lebenswochen versteckt sich das Kalb im Dickicht. Mutter und Kind halten durch Rufe Kontakt miteinander.
Die zebraähnlichen Zeichen am Hinterende der Mutter dienen dem Kalb wohl als Erkennungsmerkmale sowie als Aufforderung zu folgen.

# Giraffe  Giraffa camelopardalis

**Sieht so aus:** Mit einer Körperhöhe bis zu 5,80 m sind Giraffen die größten, besser gesagt die höchsten Landtiere. Ihre Größe, der bei ausgewachsenen Tieren über 2 m lange Hals, ihre langen Gliedmaßen und ihr geflecktes Fell machen Giraffen unverwechselbar. Beide Geschlechter tragen auf dem Kopf zwei bis fünf Hörner, kurze, hautbedeckte Knochenzapfen.

**Wohnt dort:** In neun Unterarten kommen Giraffen im Buschland und in Savannen fast überall in Afrika südlich der Sahara vor. Nach der Fellfärbung und -fleckung und dem Verbreitungsgebiet werden unterschieden: die Nubische Giraffe (*Giraffa camelopardalis camelopardalis*) aus dem östlichen Sudan und dem westlichen Äthiopien, die Netzgiraffe (*G. c. reticulata*) aus dem nördlichen Kenia, südlichen Somalia und Südäthiopien, die Uganda-Giraffe (*G. c. rothschildi*, Fotos oben und unten), ursprünglich aus Norduganda, Südostsudan und Westkenia, heute nur

### „Fingerabdruck" auf dem Fell

Das Fellmuster jeder Giraffe ist so einzigartig wie der Fingerabdruck eines Menschen.
Forscher nützen dies aus, um einzelne Individuen zu unterscheiden.

noch in einer letzten Zufluchtsstätte bei den Murchisonfällen in Uganda und im kenianischen Lake-Nakuru-Nationalpark. In dieses kleine, nur 200 km² umfassende, eingezäunte Reservat wurden 17 Tiere umgesiedelt, die mittlerweile auf einen Bestand von 30–40 Tieren angewachsen sind. Die Thornicroft-Giraffe (*G. c. thornicrofti*) kommt in Sambia vor, die Massai-Giraffe (*G. c. tippelskirchi*, Foto rechts) im südlichen Kenia und Tansania, die Kapgiraffe (*G. c. giraffa*) in Südsimbabwe, Südwestmosambik und dem nordöstlichen Südafrika, die Kordofan-Giraffe (*G. c. antiquorum*) im südwestlichen und zentralen Sudan, dem Norden der Zentralafrikanischen Republik, in Nordkamerun und dem nördlichen Tschad.

Die Westafrikanische oder Nigerianische Giraffe (*G. c. peralta*) lebt heute nur noch in einzelnen, isolierten Vorkommen.

Die Angola-Giraffe (*G. c. angolensis*) schließlich lebte ursprünglich in Nordnamibia, Nordbotswana, Westsimbabwe, Südsambia und Südangola. Im namengebenden Kernland inzwischen ausgestorben, kommt sie heute in den anderen Ländern hauptsächlich nur noch in Nationalparken vor.

**Lebt so:** Dank ihres langen Halses können sich Giraffen von Blättern und Zweigen ernähren, die sich für alle anderen der pflanzenfressenden Savannenbewohner außerhalb jeder Reichweite befinden. Die Tiere leben gesellig in kleinen Gruppen, manchmal auch in großen Herden.

Erwachsene Bullen legen auf der Suche nach paarungsbereiten Weibchen große Strecken zurück. Zur Festlegung einer Rangordnung werden Halskämpfe durch Ringen und Kopfschlagen ausgetragen. Nur der dominante Bulle paart sich mit der Kuh, die nach gut 15 Monaten Tragzeit ein Junges bekommt, das bei der Geburt im Stehen aus 2 m Höhe auf die Erde fällt.

**Besonderes:** Obwohl ihr Hals so überlang ist, haben Giraffen ebenso viele Halswirbel wie alle anderen Säugetiere, nämlich sieben. Diese sind jedoch stark verlängert und durch Sehnen und Muskeln, ähnlich Kran-Kabeln, mit einem Ansatzpunkt am Rückenhöcker verbunden.

Der Rekordhals stellt sowohl für die Atmung als auch für das Herz-Kreislaufsystem der Giraffe eine besondere Herausforderung dar. Durch die große hin- und herzubewegende Luftmenge in der über 1,50 m langen Luftröhre müssen Giraffen häufiger atmen. Um das Blut zum Hirn zu pumpen, ist ein besonders hoher Druck notwendig. Spezielle Venenklappen im Hals verhindern den Blutstau im Gehirn, wenn der Hals zum Trinken zum Boden gebeugt wird.

# Flusspferd Hippopotamus amphibius

**Sieht so aus:** Das weitaus bekanntere von zwei eng verwandten Flusspferd-Arten, die jeweils eine eigene Gattung bilden, ist das eigentliche, große Flusspferd *Hippopotamus amphibius*. Mit ihren bis zu 3,45 m Körperlänge und 1,40 m Rückenhöhe sind die mächtigen Tiere ja auch kaum zu übersehen. Damit die amphibisch lebenden Paarhufer im Wasser sehen, hören und atmen können, liegen ihre Augen, Ohren und Nüstern hoch am Kopf. Beeindruckend ist ihr riesiges Maul, das sie, weil ihr Unterkiefer weit hinten am Schädel ansetzt, bis zu einem Winkel von 150 Grad öffnen können. (Zum Vergleich: Wir Menschen können unseren Mund gerade mal bis zu einem 45-Grad-Winkel aufreißen.) Weibliche Flusspferde werden bis 1,4 t schwer, Bullen können Spitzengewichte von 3,2 t erreichen. Die Tiere werden etwa 45, in Gefangenschaft sogar fast 50 Jahre alt und pflanzen sich bis ins höhere Alter fort.

**Wohnt dort:** Von West-, Zentral- und Ostafrika bis Südafrika kommen die grauen Kolosse vor. Nachts sind sie in den Graslandschaften unterwegs, während sie sich tagsüber in und an den Flüssen, Schlammlöchern und Seen aufhalten. Heute noch in vielen afrikanischen Flüssen zu Hause, sind sie im Unterlauf des Nils, des Flusses, der ihnen ihren populären Namen Nilpferd gab und den

## Kein Blut, sondern „Sonnencreme"

Die bis zu 3,5 cm dicke Haut der Flusspferde besteht aus einer weniger als 1 mm dünnen Oberhaut mit vielen Nervenendigungen und der darunterliegenden Unterhaut, einer dicken Kollagenschicht mit miteinander verflochtenen Fasern und tief darinliegenden, netzartig verwobenen Blutgefäßen, jedoch keinen Talgdrüsen. Weil Flusspferde auch nicht schwitzen können, benötigen sie zur Kühlung ihres Körpers stets eine feuchte Umgebung. Die Mär vom blutschwitzenden Flusspferd rührt wohl daher, dass Drüsen unter der Haut einen Schleim absondern, der wohl als eine Art „Sonnencreme" dient und an der Luft rötlich braun wird. Vermutlich besitzt dieses Sekret auch antibakterielle Eigenschaften, da tiefe Kampfwunden bei Männchen erstaunlich rasch und sauber abheilen.

sie einst bis zu seiner Mündung besiedelten, schon lange ausgerottet.

**Lebt so:** Ihr riesiges Maul setzen Flusspferdbullen nicht nur zum Fressen, sondern auch zum ritualisierten Drohen gegenüber Rivalen ein. Mit den rasiermesserscharfen, bis 50 cm langen unteren Eckzähnen fügen sie sich bei blutigen Kämpfen aber auch manchmal schwere Wunden zu, die zum Tod des Kontrahenten führen können.

Während des Kotens wedeln Flusspferde heftig mit dem kurzen Schwanz und bespritzen sich so wechselseitig oder ihre Umgebung mit Kot. Ursprünglich dient dieses Verhalten wohl der Orientierung an Land, denn es werden damit Büsche entlang der Pfade zu den nächtlichen Weidegründen markiert. Das Bespritzen eines Artgenossen könnte aber auch zur Festlegung der Hierarchie eingesetzt werden.

Obwohl Flusspferde in größeren Gruppen in und am Waser zu finden sind, haben diese Ansammlungen keine echte soziale Funktion. Zwischen den Weibchen bestehen offenbar keine Bindungen. Nur etwa zehn Prozent aller Bullen etablieren ein Revier im Wasser, in dem andere Bullen jedoch toleriert werden, solange diese sich unterwürfig gegenüber dem Revierinhaber verhalten.

Eindrucksvoll sind die Lautäußerungen von Flusspferden: Ein hohes Quieken geht langsam in ein dunkles, weithin hörbares Grollen über. Ihre Rufe sind nur tagsüber zu hören. Sie dienen sowohl der Kommunikation an Land wie unter Wasser. Manchmal stimmt eine ganze Gruppe in den Chorgesang ein, benachbarte Herden antworten, und das Konzert setzt sich dann wie eine Welle entlang eines Flussufers fort.

Trotz ihrer scheinbaren Unförmigkeit sind Flusspferde recht bescheidene Esser, die täglich nur ein bis eineinhalb Prozent ihres Körpergewichts als Nahrung zu sich nehmen. Vergleichbar große Säuger, etwa Breitmaulnashörner, fressen leicht das Doppelte. Beim Weidegang funktioniert das breite Flusspferdmaul wie ein Rasenmäher.

Die Nahrung, vorzugsweise Kurzgras, wird nicht mit den Zähnen abgebissen, sondern mit den verhornten Lippen ausgerissen. Gelegentlich fressen Flusspferde auch Fleisch, meist gefundenes Aas, manchmal aber auch ein von ihnen getötetes Tier. Sie sollen auf diese Weise auch schon zu Kannibalen geworden sein.

Normalerweise reichen die nächtlichen Landgänge der Flusspferde bis zu 4 km vom Wohngewässer. Wenn sich während der Re-

genzeit in der Savanne Schlammlöcher bilden, bleiben einige Tiere, meist Männchen, dort auch tagsüber zurück. Das erspart ihnen einigen Energieaufwand, außerdem können sie so ihre Weidefläche bis auf 10 km vom eigentlichen Wohngewässer ausdehnen.
Der tägliche Aufenthalt im warmen Wasser hilft den Kolossen zum einen, Energie zu sparen, zum andern ist er teilweise aber auch durch die besondere Struktur der Flusspferdhaut erforderlich (siehe Kasten S. 171).

**Familienleben:** In ihrem Revier beanspruchen die Bullen das alleinige Paarungsrecht mit allen Weibchen.
Die Paarung der Flusspferde erfolgt im Wasser, ebenso wie nach achtmonatiger Tragzeit die Geburt. Auch die Jungen werden von ihren Müttern im Wasser gesäugt, und zwar rund ein Jahr lang.
Wenn die Mütter nachts zum Grasen an Land gehen, lassen sie die noch kleinen Jungen am Wasser zurück. Erst später begleitet der Nachwuchs die Mütter landeinwärts.

# Zwergflusspferd — Hexaprotodon liberiensis

**Sieht so aus:** Mit 1,50–1,75 m Körperlänge, einer Schulterhöhe von 75–100 cm und einem Gewicht von 180–275 kg sind die oben schiefergrauen bis grünschwarzen Tiere deutlich kleiner und leichter als ihre großen Verwandten.

**Wohnt dort:** Das Zwergflusspferd besiedelt die Tieflandregenwälder und Sümpfe vor allem Liberias und der Elfenbeinküste, kommt aber auch in Sierra Leone und Guinea vor.

## Nicht verwandt und trotzdem ähnlich

Obwohl das Zwergflusspferd nicht näher verwandt ist mit den Tapiren Mittel- und Südamerikas und Südostasiens, zeigt es dennoch bezüglich Körper- und Verhaltensmerkmalen eine Reihe von Ähnlichkeiten. Solche als konvergent bezeichneten Merkmale entwickeln sich bei nicht verwandten Arten durch gleiche oder ähnliche Lebensbedingungen.

**Lebt so:** Zwergflusspferde ernähren sich abwechslungsreicher als ihre große Vettern. Ihr Speiseplan reicht von abgefallenen Früchten über Farne und krautige Pflanzen bis zu Gräsern. Sie sind noch einzelgängerischer als die großen Nilpferde.

**Besonderes:** Die Beobachtung der nachtaktiven Zwergflusspferde im dichten Regenwald gestaltet sich ebenso schwer wie die Bestimmung ihrer Populationsgröße. Schätzungen schwanken von einigen wenigen bis zu mehreren tausend Tieren, die Waldrodung und Wilderei in ihrem Lebensraum überlebt haben. Von der Internationalen Naturschutzorganisation (IUCN) werden sie mit dem Status „Gefährdet" geführt. Eine Unterart, das im Niger-Delta lebende *Hexaprotodon liberiensis heslopi*, ist sogar akut vom Aussterben bedroht.

Die Zoohaltung von Zwergflusspferden ist durchaus erfolgreich. So kann sich ihr Zoobestand heute durch Zuchtkooperation alleine tragen und stellt für die seltene Art eine wichtige Gen-Reserve dar.

# Pinselohrschwein  Potamochoerus larvatus

**Sieht so aus:** Für ein Schwein ist das Pinselohr- oder Buschschwein mit seiner schwärzlich-weißen Gesichtsmaske, der weißlichen Hals- und Rückenmähne und seinem langen, rotbraunen bis dunkelgrauen Fell ungewöhnlich bunt. Lange Haarbüschel an den großen, zugespitzten Ohren gaben ihm seinen deutschen Namen.

**Wohnt dort:** Die Pinselohrschweine kommen in Ost- und im südlichen Afrika vor. In Gruppen von meist zwei bis zwölf Tieren besiedeln sie Wälder, Feucht-, Strauch- und Grassavannen.

**Lebt so:** Wie bei allen Schweinen ist ihr Geruchs- und Gehörsinn besonders gut ausgebildet. Aas, z. B. von Raubkatzen gerissene Beute, können sie kilometerweit riechen. Als Gruppe vermögen sie dann sogar einen Leoparden von seiner Beute zu vertreiben. Besonders gerne gehen sie wühlend auf Nahrungssuche. Unterirdische Pflanzenteile wie Knollen und Triebe kommen im Speiseplan mengenmäßig noch vor dem Verzehr von Blättern, Früchten, Insektenlarven, kleinen Wirbeltieren und Pilzen.

### Furchterregende Maske

Von den 13 Unterarten des Buschschweins sind die west- und zentralafrikanischen Buschschweine mit ihren rot- und schwarzbraunen Körperpartien am buntesten.

Sowohl die Ohrpinsel als auch die schwärzlich-weiße Gesichtsmaske dienen bei Auseinandersetzungen unter Artgenossen zum Imponieren.

# Warzenschwein Phacochoerus africanus

**Sieht so aus:** Warzenschweine erreichen Körperlängen von 1,35 m und wiegen zwischen 50–100 kg. In der Gestalt sind sie hochbeiniger als die meisten anderen Schweine. An ihrem riesigen Kopf, der ein Sechstel der Rumpflänge ausmacht, tragen sie drei Warzenpaare, die beim Eber besonders groß ausfallen: Unteraugen-, Voraugen- und Unterkieferwarzen. Ihre graue, oft faltige Haut ist bis auf die schwarze, braune oder rötliche Rücken- und Halsmähne fast nackt. Den Unterkiefer ziert ein weißlicher Borstensaum. Warzenschweine haben von allen Schweinen die längsten Eckzähne. Die oberen können beim Eber bis zu 60 cm lang werden, doch die kleineren unteren Hauer sind schärfer und werden als Waffe eingesetzt. Die Gesichtswarzen wiederum bieten im Kampf Schutz vor Verletzungen durch die Hauer des Rivalen.
**Wohnt dort:** Die bizarr anmutenden Schweine sind in Afrika südlich der Sahara weit verbreitet und bevölkern die trockenen Baum- und Grassavannen.
**Lebt so:** Warzenschweine durchstreifen in Gruppen von sechs bis 18 Tieren ihr Gebiet. Die Weibchen gebären nach 170–175 Tagen, der längsten Tragzeit aller Schweine, meist ein bis vier dicht behaarte, aber ungestreifte, graurosa Frischlinge. Zum Werfen und über Nacht suchen Warzenschweine vor allem verlassene Erdferkelbaue auf.

## „Kniend" fressen und Schwanz als Signalfahne

Zum Abweiden von Kurzgras lassen sich Warzenschweine auf ihre Handgelenke nieder und rutschen darauf herum. Zum besseren Schutz tragen die Handgelenke Schwielen. Dank ihres riesigen Kopfs mit den weit nach oben und hinten angesetzten Augen bewahren sie selbst in dieser Position den Überblick.
Nähert sich ein Feind, fliehen sie in eiligem, bis zu 55 km/h schnellem Trab. Dabei strecken sie ihren langen Schwanz steil empor, an dessen Ende eine Quaste flaggengleich als Warnsignal weht.

# Afrikan. Elefant *Loxodonta africana*

**Sieht so aus:** Mit bis zu 4 m Schulterhöhe und 7 t Gewicht mancher Bullen ist der Afrikanische Elefant das größte Landtier der Erde. Riesige Ohren, ein Sattelrücken und eine fliehende Stirn, zwei Greiffinger an der Rüsselspitze, eine gröbere Hautstruktur als beim Asiatischen Elefanten (siehe S. 124) sowie vier Zehen an den Vorder- und drei Zehen an den Hinterfüßen sind Merkmale des Afrikanischen Elefanten.

Die Grundfarbe seiner Haut ist eigentlich mittelgrau, in Verbreitungsgebieten mit roter Erde jedoch erscheint die Haut durch Einstäuben mit diesem Sand meist rot.

**Wohnt dort:** Die Art kommt südlich der Sahara, in Ost- und Zentralafrika vor und lebt in Wäldern, Savannen, Steppen und Halbwüsten.

Eine zweite Art, der Waldelefant (*Loxodonta cyclotis*), lebt im dichten Tieflandregenwald von Zentral- und Westafrika. Er hat gerade Stoßzähne, rundere Ohren sowie fünf Zehen an den vorderen, vier Zehen an den hinteren Gliedmaßen.

**Lebt so:** Die soziale Grundeinheit des Afrikanischen Elefanten ist die Mutterfamilie. Geschlechtsreife Bullen bilden eigene Gruppen oder leben im höheren Alter als Einzelgänger. Oft schließen sich mehrere Familien in lockeren Herden zusammen. Ältere Bullen kommen in regelmäßigen Abständen in einen Zustand erhöhter Aggressivität, der von einem verstärkten Ausfluss aus den Schläfen-

### Dicke Haut und zarte Seele

Elefanten haben eine bis zu 4 cm dicke, aber sehr empfindliche Haut, die regelmäßig Bäder, Massagen und Staubduschen zur Pflege und als Schutz vor Parasiten benötigt.

Noch empfindlicher ist ihre „Seele". Elefanten pflegen umfangreiche Sozialkontakte, haben eine hohe Intelligenz und ein ausgesprochen gutes Erinnerungsvermögen und scheinen sogar erkennen zu können, was Artgenossen fühlen.

drüsen begleitet ist und als Musth bezeichnet wird. Ist eine Kuh brünftig, signalisiert sie den Bullen ihre Paarungsbereitschaft durch niederfrequente, weit reichende Rufe. Musth-Bullen sind bei Kämpfen mit Rivalen um brünftige Kühe durch ihre gesteigerte Aggressivität im Vorteil.

Nach rund 22 Monaten Tragzeit wird das Kalb in der Herde geboren, und die Mutter wie das Kleine werden dabei von „Hebammen", anderen Elefantenkühen, unterstützt.

## Kein Elefantenfriedhof

Auch wenn es keine Elefantenfriedhöfe gibt, interessieren sich Elefanten für die Knochen toter Artgenossen, die sie immer wieder aufsuchen, betasten, beriechen und herumtragen, so, als ob sie sich der lebenden Tiere erinnerten.

# Schliefer — Dendrohyrax, Heterohyrax und Procavia

**Sieht so aus:** Auf den ersten Blick sehen sie wie Nagetiere aus, etwa wie große Meerschweinchen oder auch wie Murmeltiere. Dabei sind die in elf Arten und drei Gattungen in Afrika und im Nahen Osten vorkommenden Baum-, Busch- (Bild oben) und Klippschliefer (Bild rechts) am engsten mit Elefanten verwandt.

Die kleinen, robust gebauten Tiere haben einen kurzen, äußerlich kaum sichtbaren Stummelschwanz. Männchen und Weibchen sind etwa gleich groß (bis zu 60 cm lang).

Die größten Arten wiegen um 5 kg. Arten aus kargen, heißen Landschaften haben ein kurzes Fell, Baumschliefer und Arten der

## Sozial, selbst über die eigene Art hinaus

Wo Busch- und Klippschliefer zusammenleben, halten die Arten engen Kontakt, hinterlassen ihren Kot und Urin an denselben Stellen, bekommen zeitgleich ihre Jungen, die von den Mitgliedern der Gruppen begrüßt und beschnuppert werden.

Die Jungen spielen sogar in einem gemeinsamen „Kindergarten" zusammen.

Auch gleichen sich die Lautäußerungen der beiden Arten bei Gefahr, Furcht, Wachsamkeit und Kontaktaufnahme. Dennoch gibt es keine Mischpaare.

Das Paarungsverhalten und die männlichen Geschlechtsorgane von Busch- und Klippschliefern unterscheiden sich, ebenso die Revierrufe der Männchen.

Bergregionen einen dichten, weichen Pelz. Über den ganzen Körper verteilte, berührungsempfindliche, lange Haare helfen vermutlich bei der Orientierung in dunklen Spalten.

Eine Rückendrüse ist von einem Kranz heller Haare umschlossen, die bei Erregung gesträubt werden. Die Fußsohlen bestehen aus elastischen, drüsenreichen Hautkissen.

**Wohnt dort:** Die vier Arten Klippschliefer besiedeln in Südwest- und Nordostafrika, vom Sinai bis Libanon sowie im Südosten der arabischen Halbinsel Felsen und Bergregionen.

Das Verbreitungsgebiet der drei Buschschliefer-Arten reicht von Südwest- über Südost- bis Nordostafrika. Dort leben sie auf Felsen, Vorsprüngen und in hohlen Bäumen. Die drei Arten der Baumschliefer hingegen sind in den Gebirgsregionen Ostafrikas, den Steppenregionen Südost- und Ostafrikas, den immergrünen Wäldern West- und Zentralafrikas sowie auf Sansibar und Pemba anzutreffen.

**Lebt so:** Während Baumschliefer hauptsächlich nachtaktiv sind, leben die Vertreter der Klipp- und Buschschliefer tagaktiv in Gruppen aus mehreren Weibchen, deren Jungen und einem territorialen Männchen.

Schliefer verzehren hauptsächlich Laub. Oft sind es die Männchen, die Wache halten, während die Gruppe Futter sucht oder sich sonnt.

**Familienleben:** Der Paarungsakt ist bei Schliefern kurz und heftig. Die meist zwei bis drei Jungen kommen nach 230 Tagen Tragzeit mit Fell und schon sehr mobil zur Welt.

# Magot  Macaca sylvanus

### Kindsentführung als regelmäßiges „Delikt"

Berberaffen-Männchen „entführen" regelmäßig kleine Junge. Ein Baby als Beschwichtigungsgebärde vor sich haltend und dabei heftig mit dem Mund schmatzend, können sie anderen Männchen ohne aggressive Auseinandersetzung nahekommen.

Diese Verhaltensweise wird als „infant buffering" bezeichnet. Dem Kleinen passiert dabei nichts. Nach seinem unfreiwilligen Einsatz kann es etwas gestresst und hungrig, ansonsten aber unversehrt, zur Mutter zurücklaufen.

**Sieht so aus:** Die schwanzlosen Magots oder Berberaffen zeichnen sich durch ihren kräftigen, gedrungenen Körper und ihr dickes, durchgängig gelbockerfarbenes Fell aus.

**Wohnt dort:** Magots sind die einzigen in Afrika lebenden Vertreter der ansonsten in Asien weit verbreiteten Affen der Gattung *Macaca*. Lebensraum dieser vorwiegend bodenlebenden Primaten sind die Zedern- und Eichenwälder des mittleren Atlas (Marokko und Algerien). In Europa wurden sie wahrscheinlich von Menschen auf dem Felsen von Gibraltar eingebürgert.

**Lebt so:** Die Tiere leben in Mehrmännchengruppen, die Reviere von 1,2–1,7 km² Größe beanspruchen. Dort suchen sie täglich gemeinsam ihre Nahrungsplätze, Wasserstellen und Schlafplätze auf. Als Allesfresser sammeln und verzehren sie Blätter, Knospen, Kräuter, Sprossen, Bast, Wurzeln, Insekten und kleine Wirbeltiere.

Der strenge Winter mit Schneefall im Atlasgebirge macht den Berberaffen wenig aus. Ein dichtes Winterfell schützt sie vor der Kälte. Und mit dem Verzehr von schwer verdaulichen Nadeln, Baumrinde, Blättern und Knospen kommen sie in den winterlichen Bergwäldern über die Runden.

# Dschelada  Theropithecus gelada

### Abbild des Geschlechts

Nachdem die Geschlechtsgegend der meist sitzenden und kauernden Dschelada-Weibchen kaum für die Männchen sichtbar ist, tragen diese quasi das Abbild ihrer Genitalien auf der Brust.
So können ihre zyklischen Veränderungen von den Männchen besser als am Genitalbereich selbst registriert werden.

**Sieht so aus:** Wie bei allen Pavianen sind auch bei den Dscheladas die Männchen (Bild unten) fast doppelt so schwer wie die Weibchen (Bild oben). Sie unterscheiden sich außerdem von den Weibchen durch eine lange Schultermähne. Eine von weißen Haaren gesäumte, nackte, rote Hautstelle auf der Brust trug ihnen den zweiten Namen Blutbrustpavian ein. Auch die Weibchen tragen dieses Abzeichen, das bei ihnen noch schnurartig von kleinen Bläschen gesäumt ist, die während des fruchtbaren Zyklus anschwellen. Die Schnauze der Dscheladas ist deutlich kürzer als die der anderen Pavianarten.
**Wohnt dort:** Die heute nur noch in Nordwestäthiopien lebende Art ist die einzige Überlebende einer fossilen Gruppe, die ursprünglich über ganz Afrika verbreitet war.
**Lebt so:** In ihren Lautäußerungen und in der optischen Kommunikation unterscheiden sich Dscheladas stark von den übrigen Pavianen. Die Oberlippe kann blitzschnell umgestülpt und das Gebiss entblößt werden (Bild unten). Doch was so bedrohlich erscheint, ist eine beruhigende und anlockende Grußgebärde. Ihr Lautrepertoire umfasst 30 verschiedene Laute, die meisten davon werden bei Sozialkontakten eingesetzt. Ähnliche Lebensumstände (Bodenbewohner karger Landschaften) wie bei den Mantelpavianen (siehe S. 182) führten auch bei den Dscheladas zu ähnlichem Gemeinschaftsleben. Auch sie bilden Einmann-Haremsgruppen, die sich zu großen, bis zu 600 Tiere umfassenden Horden zusammenschließen, um gemeinsam nachts an steilen Felshängen zum Schutz vor Raubtieren (Leoparden) zu schlafen.

# Mantelpavian Papio hamadryas

**Sieht so aus:** Wegen ihres silbrig graubraunen Fells, das bei den ausgewachsenen Männchen an den Schultern langhaarig wie ein Mantel ausgebildet ist, wird diese Art auch als Silber- oder Graupavian bezeichnet. Das Gesicht und die nackte Haut um den After herum sind rosa. Die Weibchen bilden zyklisch auffällige Brunftschwielen an ihrem Hinterteil aus.

**Wohnt dort:** Mantelpaviane kommen in fünf Unterarten von Westafrika bis Äthiopien und Somalia, Saudi-Arabien und Südjemen sowie südlich bis Südafrika und Angola vor. Savannenwälder, Waldränder und vor allem felsige Wüsten und Halbwüsten mit wenig Grasbewuchs und Dornengestrüpp sind ihr Lebensraum.

**Lebt so:** Die typischen Bodenbewohner sind Allesfresser, die sich von Gras, Früchten, Samen, Zwiebeln, Knollen, Insekten, Hasen und jungen Huftieren ernähren, zum Leidwesen der Bauern gerne auch von Nutzpflanzen.

## Paschas und Haremsbesitzer

Mantelpaviane leben in Gruppen von rund 60 Tieren. Innerhalb dieser Gruppen hat jeder „Pascha" seinen Harem mit bis zu zehn Weibchen, über die er strenge Kontrolle ausübt. Wer sich aus seinem Bereich entfernt, wird durch einen Biss zur Ordnung gerufen. Auch nicht paarungsbereite Weibchen demonstrieren ihrem Pascha Unterwürfigkeit, indem sie ihm ihr Hinterteil präsentieren und dieser aufreitet. Das „Drohkopulieren" gehört ebenso wie die soziale Fellpflege zu den Ritualen, die dem Zusammenhalt des Harems und der ganzen Gruppe dienen, was den Pavianen hilft, unter schwierigen Umweltbedingungen zu überleben.

# Gelber und Grüner Pavian
Papio hamadryas cynocephalus, P. h. anubis

**Sieht so aus:** Steppenpavian und Anubispavian, wie der Gelbe und der Grüne Pavian auch oft genannt werden, wurden früher für eigene Arten gehalten, heute sieht man sie als Unterarten des Mantelpavians. Ihre anderen deutschen Namen beziehen sich auf die gelbliche bzw. olivgrüne Färbung ihres Fells.
**Wohnt dort:** Während der Gelbe Pavian die Steppen Ost- und Zentralafrikas bevölkert, trifft man den Grünen Pavian (Bild) im Hochland von Ostafrika an.
**Lebt so:** Auf ihren Nahrungsstreifzügen nach Früchten, Samen, Blättern, Wurzeln, Insekten und kleinen Wirbeltieren legen die Tiere am Tag bis zu 20 km zurück.
Brünftige Steppenpavian-Weibchen führen eine „Gattenbeziehung", in der sie jeweils ein Männchen auf Zeit an sich binden. Nebenbuhler bilden dann oft Koalitionen, die gemeinsam den „Gatten auf Zeit" vertreiben, um seine Stelle einzunehmen.

### Mehr und weniger Folgsamkeit

Den Steppen- und Anubispavian-Weibchen wird von ihren Männchen weniger Folgsamkeit abverlangt als den Mantelpavian-Weibchen, wobei die Weibchen ihre Rolle in Anpassung an das jeweilige Sozialgefüge lernen können.
Weibliche Anubispaviane, die in einem Experiment in einer Mantelpaviangruppe freigelassen wurden, lernten schnell, ihrem Haremsherrn Gehorsam zu leisten, wenn sich bei Fluchtversuchen die Bestrafungen zunehmend verschlimmerten.
Umgekehrt lernten Mantelpavianweibchen in einer Steppenpaviangruppe ebenso schnell, dass dort kein Mann von ihnen solch strenge Folgsamkeit verlangte. Schon bald zogen sie, ohne ständig Unterwürfigkeit zu demonstrieren, ihre Kreise weiter.

# Mandrill, Drill  Mandrillus sphinx, M. leucophaeus

### Drills in Gefahr

Die in den Regenwäldern Nigerias, Kameruns und der Insel Bioko vorkommenden Drills sind heute durch die fortschreitende Zerstückelung ihres Lebensraums und die Bejagung als „Buschfleisch" höchst gefährdet. Die einzelnen Populationen leben in voneinander getrennten Gebieten und können sich längst nicht mehr genetisch austauschen. Mit einem Zuchtzentrum vor Ort und von Rangern überwachten Reservaten versucht man, den Drill zu retten.

**Sieht so aus:** Wir haben es hier mit großen, bodenbewohnenden, stummelschwänzigen Pavianen zu tun. Bei beiden Arten sind die Weibchen wesentlich kleiner als die Männchen, sie erreichen nur 13 kg statt 36 kg (Mandrill) bzw. 12,5 kg statt 20 kg (Drill), die die Männchen auf die Waage bringen. Mandrills (Bild oben) sind olivbraun gefärbt mit hellem Bauch und blauem bis violettem, nacktem Gesäß, das bei Weibchen und Jungen matter gefärbt ist. Bei den Männchen fällt besonders das rot-blaue Gesicht mit dem weißlichen Bart auf, sie gehören damit zu den buntesten Säugern überhaupt. Drills (Bild rechts) hingegen sind dunkelbraun mit nacktem, ebenfalls blauem bis violettem Gesäß. Ihr Gesicht ist schwarz mit weißem Haarkranz. Die lange Schnauze besitzt seitlich ausgeprägte Wülste.

**Wohnt dort:** Die beiden Affenarten kommen nur in den Regenwäldern des westlichen Zentralafrikas vor, der größere und buntere Mandrill eher im Süden, der etwas kleinere Drill mehr im Norden.

**Lebt so:** Beide Arten bilden Einmanngruppen mit bis zu 20 Tieren, die sich öfters zu großen Gruppen vereinen.

Der grimmige Gesichtsausdruck der Männchen trügt: Mandrills und Drills haben ein recht sanftmütiges Wesen. Auf ihrem Speiseplan stehen Gras, Wurzeln, Knollen, Samen, Früchte und Insekten.

# Diana-Meerkatze Cercopithecus diana

**Sieht so aus:** Meerkatzen sind langschwänzige Affen, deren Fell in beiden Geschlechtern leuchtend gefärbt ist, wobei die Zeichnungen bei den Männchen deutlicher hervortreten. Die Männchen sind auch immer größer als die Weibchen. Als Regel gilt, dass dieser Unterschied umso ausgeprägter ist, je größer die Art.
Zu den attraktivsten Arten zählt die auffallend bunt gefärbte Diana-Meerkatze. Die Grundfarbe ihres Fells ist schwarz. Der Spitzbart, die Kehle und die Vorderseite der Arme sind weiß, der hintere Rücken und die hinteren Oberbeine rotbraun bis orange.
**Wohnt dort:** Diana-Meerkatzen sind in den Urwäldern Westafrikas, von Sierra Leone bis Südwestghana heimisch.
**Lebt so:** Die Früchte, Blätter und Insekten verzehrenden Tiere bekommt man in der Natur kaum je zu Gesicht, erstens, weil sie mit ihren Einmanngruppen die oberen Etagen der Urwaldbäume bewohnen, und zweitens, weil sie durch Jagd und Urwaldvernichtung immer seltener werden.

### Seltene Bärte

Als besonders hübsche Unterart der Diana-Meerkatze kommt die Roloway-Meerkatze *Cercopithecus diana roloway* nur im Westen Ghanas vor. Um die letzten Tiere mit den weißen, langen Kinnbärten zu erhalten, überwachen Wildhüter ihr Reservat.
Außerdem wird die einheimische Bevölkerung über die Bedeutung der Art für einen sanften Tourismus aufgeklärt. Nicht zuletzt werden beschlagnahmte Tiere in einem Zuchtzentrum für eine spätere Wiederauswilderung untergebracht.

# Gorilla *Gorilla gorilla, Gorilla beringei*

**Sieht so aus:** Die beiden Gorilla-Arten Westlicher Gorilla (*Gorilla gorilla*) und Östlicher Gorilla (*Gorilla beringei*) mit ihren zwei bzw. drei Unterarten sind die größten lebenden Primaten und zusammen mit den beiden Schimpansen-Arten (siehe S. 188) die engsten Verwandten des Menschen. Mit ihren über 200 kg Gewicht werden Gorillamänner mehr als doppelt so schwer wie ihre Weibchen. Die Haut der Gorillas ist von Geburt an glänzend schwarz. Voll erwachsene Gorillamänner werden als „Silberrücken" bezeichnet (Bild oben). Sie weisen zu dem sonst schwarzen bis graubraunen Fell einen breiten, tiefreichenden Sattel aus silbrig weißen Haaren am Rücken auf. Während der Westliche Flachlandgorilla (Bild rechts) eine auffällig rötlich gefärbte Stirn hat, tragen Berggorillas, eine Unterart des Östlichen Gorillas, besonders lange Haare.

**Wohnt dort:** Die großen Menschenaffen sind in den Regen- und Nebelwäldern Äquatorialafrikas zu Hause.

**Lebt so:** Gorillas sind tagaktiv und halten sich zu 90 Prozent am Boden auf. Unter Führung von einem oder zwei Silberrückenmännern bewohnt jede Gruppe ein Streifgebiet von 5–30 km². Nachts bauen sich Gorillas Schlafnester aus zusammengebogenen Zweigen und Blättern, die sie vor Bodenkälte schützen. Die riesigen Tiere ernähren sich hauptsächlich von Blättern, Wurzeln, Sprossen, Rinde, Mark und Knollen. Ihr Zusammenleben verläuft fast immer friedlich.

**Familienleben:** Die Jungen werden als Einzelkinder nach knapp neun Monaten Tragzeit geboren und von der Mutter als Traglinge ständig herumgetragen und liebevoll gepflegt. Die Stillzeit dauert zweieinhalb bis drei Jahre und somit länger als beim Menschen. In den ersten drei Lebensjahren liegt die Jungensterblichkeit bei 40 Prozent. Nachdem ein Weibchen nur alle vier Jahre ein Junges bekommt, bedeutet dies, dass es durchschnittlich nur alle sechs bis acht Jahre ein Junges durchbringt.

## Gefahr droht von außen

Die Demonstration von Kampfkraft macht Gorillamänner für die Weibchen attraktiv. Kämpfe zwischen Anführern einer Gruppe und alleinstehenden Männchen beschränken sich oft nicht nur auf das übliche Demonstrieren von Stärke durch Brusttrommeln, Gebell, Gebrüll und Ausreißen von Pflanzen. Sie enden nicht selten tödlich, und zwar gewöhnlich für das alleinstehende Männchen.

Die eigentliche Bedrohung dieser im Grunde sanften Riesen liegt aber in der Vernichtung ihres Lebensraums durch die vordringende Zivilisation und nach wie vor in der illegalen Jagd.

# Schimpanse, Bonobo Pan troglodytes, P. paniscus

Noch vor sechs Millionen Jahren hatten Schimpansen, Bonobos und Menschen einen gemeinsamen Vorfahren. Weil uns die beiden Schimpansenarten stammesgeschichtlich so nahe stehen und ihr Verhalten dem unsrigen verblüffend ähnelt, werden sie intensiv erforscht. Auf diese Weise will man unsere eigene Entwicklungsgeschichte und die biologischen Wurzeln unseres eigenen Verhaltens verstehen lernen.

**Sieht so aus:** Beide Schimpansen-Arten sind mit ihrem Körperbau gut ans Baumleben angepasst. Ihre Arme sind sehr viel länger als die Beine, ihre Finger länger als menschliche Finger und ihre Schultergelenke sehr beweglich. Beide Arten suchen bevorzugt auf Bäumen nach Nahrung und bauen auch dort ihre Schlafnester. Zum Umherziehen bewegen sie sich vierfüßig im Knöchelgang am Boden.

Schimpansenmännchen werden 77–92 cm groß, die Weibchen 70–85 cm. Während in

### Brüder im Geiste

Zur Kommunikation nutzen beide Schimpansen-Arten eine Vielzahl akustischer und visueller Signale. Sie sind auch sehr geschickt, wenn es darum geht, das Verhalten anderer vorherzusehen und es zu manipulieren.

Diese Fähigkeit spricht für ihr Verständnis, dass andere Individuen ähnliche Wissensstände und Wünsche wie sie selbst haben.

Damit würden auch Schimpansen – ähnlich wie Menschen – über eine „Theorie des Geistes" verfügen. Eine solche Ähnlichkeit mit uns Menschen mag einige von uns vielleicht ängstigen. Sie ist auf alle Fälle Verpflichtung, unseren nächsten Verwandten mit größtem Respekt zu begegnen und alles für ihre Erhaltung in Eigenständigkeit und Würde zu tun.

Tansania die Männchen 40 kg, die Weibchen 30 kg schwer werden, erreichen sie in Zoos Gewichte bis 90 bzw. 80 kg. Schimpansen (Fotos links und unten) können 40–45 Jahre alt werden.

Die Gesichtshaut der Schimpansen ist sehr variabel gefärbt, von rosa bis zu braun oder schwarz, und sie wird im Alter dunkler. Ihr überwiegend schwarzes Fell wird ab einem Alter von 20 Jahren am Rücken grau. Häufig tragen beide Geschlechter einen kurzen, weißen Bart, Jungtiere sind durch weiße Schwanzbüschel gekennzeichnet. Weibchen neigen häufiger als Männchen mit fortschreitendem Alter zur Glatzenbildung.

Die zweite Schimpansen-Art, der Bonobo (Fotos S. 190, 191), wird im Deutschen auch oft Zwergschimpanse genannt, doch dieser Name ist eher irreführend.

Bonobos sind zwar schlanker gebaut als Schimpansen, und ihr Schädel ist etwas anders geformt, doch können sie mindestens so schwer werden wie die kleineren Schimpansen-Unterarten. Die 73–83 cm großen Männchen erreichen ein Gewicht von 39 kg, die Weibchen bei 70–76 cm Körpergröße 31 kg. Bonobos haben schmalere Brustkästen, längere Glieder und kleinere Zähne als Schimpansen. Ihr Fell ist wie das der Schimpansen gefärbt, das Gesicht hingegen immer

### Handwerker mit Werkzeugen

Schimpansen setzen vielfältig Werkzeuge ein: Blätter als Schwämme, Wischtücher und Fliegenwedel, Zweige zum Herauspulen von Knochenmark und zum Angeln von Termiten, Treiberameisen oder Honig, Äste und Steine als Hammer und Amboss. Darüber hinaus werden Steine, Stöcke und Zweige von Schimpansenmännchen zum Imponieren benutzt.

Es konnte auch schon beobachtet werden, wie ein wildlebender Schimpansenmann einen Stein nach einem Wildschwein warf und nach dessen Flucht einen der Frischlinge erbeutete.

Junge Schimpansen benötigen jahrelange Übung, bis ihr Werkzeuggebrauch perfekt ist. Auch setzen die einzelnen Gruppen ganz unterschiedlich viele Werkzeuge unterschiedlich häufig ein, was für eine „Werkzeugkultur" durch sozial erlernte Traditionen spricht.

Bonobos benutzen übrigens weniger und seltener Werkzeuge.

---

völlig schwarz. Das Kopfhaar steht seitlich ab, und das weiße Schwanzbüschel der Jungtiere bleibt auch bei den Erwachsenen häufig erhalten.

Bei beiden Arten sind die Männchen nicht nur zehn bis 20 Prozent größer als die Weibchen, sondern auch beträchtlich stärker. Auch besitzen sie größere Eckzähne, die ihre stärksten Waffen darstellen.

**Wohnt dort:** Schimpansen kommen in vier Unterarten in West- und Zentralafrika, nördlich des Kongoflusses und von Senegal bis Tansania vor. Ihr Zuhause sind die immergrünen Regenwälder sowie Savannenwälder. In offenen Landschaften können sie nur leben, wenn sie von dort aus Zugang zu Früchte produzierenden Regenwäldern haben.

Bonobos sind in ihrem Vorkommen in Zentralafrika einzig auf die Demokratische Republik Kongo zwischen Kongo- und Kasaifluss beschränkt.

**Lebt so:** Schimpansen und Bonobos leben in Großgruppen, zwischen deren 15–150 Mitgliedern soziale Beziehungen bestehen. Das Verhältnis zwischen verschiedenen Gruppen ist, insbesondere bei Schimpansen, eher feindlich. Während sich Schimpansen auch innerhalb ihres eigenen Clans häufiger in die Haare geraten, entschärfen Bonobos ihre Konflikte durch sexuelle Handlungen. Gemeinsam ist beiden Arten ein 12-Stunden-Tag, den sie zur Hälfte mit Nahrungssuche verbringen. Sie verzehren vorwiegend Früchte, dazu Blätter, Samen, Blüten, Mark, Rinde und andere Pflanzenteile.

Schimpansen naschen pro Tag an etwa 20 verschiedenen Pflanzenarten, im Jahr an

etwa 300 Arten. Bonobos scheinen sich stärker von Pflanzenstängeln und -mark zu ernähren als ihre nächsten Verwandten. Beide Arten nehmen aber durchaus auch tierische Nahrung zu sich, darunter Insekten und einige Wirbeltierarten.

Schimpansen gehen sehr viel häufiger auf Jagd nach Fleisch als die Bonobos. Auch ist ihr Beutespektrum größer und reicht von Kleinsäugern über Waldantilopen und Buschschweine bis zu Tieraffen. Wo Rote Stummelaffen vorkommen, zählen diese zur Hauptbeute der Schimpansen.

Deren Jagderfolg hängt von der Anzahl der Jäger und ihrer Kooperation ab. Wenn viele Schimpansenmännchen am Beutezug teilnehmen und ihren Angriff gut miteinander abstimmen, kann der Jagderfolg bei 50–80 Prozent liegen, was selbst für ein reines Raubtier eine sehr hohe Quote wäre. Manchmal wird um das Fleisch gestritten. Meistens jedoch teilen sich die Jäger friedlich die Beute und geben den Weibchen davon ab, wobei die fortpflanzungsbereiten Weibchen bevorzugt werden.

# Senegal-Galago *Galago senegalensis*

**Sieht so aus:** Wie alle 17 Arten der in Afrika lebenden Galagos oder Buschbabys, wie sie auf Deutsch auch genannt werden, ist dieser kleine, possierliche Halbaffe gekennzeichnet durch seine großen Augen, die ihn als Nachttier ausweisen, seinen langen, buschigen Schwanz, die großen, häutigen und faltbaren, an Fledermäuse erinnernden Ohren und seine langen, zum Springen geeigneten Beine. Mit seinen langen Beinen kann das nur 16 cm große und 250 g leichte Tierchen 5 m weite Sprünge machen.

**Wohnt dort:** Im Gegensatz zu den meisten seiner eher den Regenwald bewohnenden Artverwandten kommt der Senegal-Galago in trockenem Waldland vor, und zwar von Senegal bis Kenia.

**Lebt so:** Den Tag verbringen Buschbabys in Schlafgesellschaften in Baumhöhlen, um nachts meist einzeln ihre Reviere zu durchstreifen. Kletternd und springend suchen sie dabei nach Kleintieren, Früchten, Nektar und Akazienharz. In Trockenzeiten bilden Harze sogar ihre Hauptnahrung. Ihre Reviere markieren die Tierchen mit Drüsensekret und Urin. Die Weibchen bekommen zweimal im Jahr nach vier Monaten Tragzeit Junge, meistens Zwillinge.

### Mitschleppen oder Zurücklassen?

Bereits nach wenigen Tagen nehmen Galago-Mütter ihre Jungen auf nächtlichen Streifzügen mit.
Wenn das Junge von der Mutter im Mund herumgeschleppt wird, verfällt es wie ein junges Kätzchen in eine Tragstarre.
Zur Nahrungssuche wird es von der Mutter im Gezweig „geparkt." Die so allein gelassenen Jungen rufen im Ultraschallbereich nach ihrer Mutter.
Diese hochfrequenten Laute werden zwar von ihr gehört, aber von vielen Beutegreifern nicht.

# Schuppentiere Manis spec.

**Sieht so aus:** Als einzige Säugetiere tragen Schuppentiere einen Panzer aus sich überlappenden Hornschuppen, die als Ausstülpungen aus der darunterliegenden Lederhaut wachsen, von der Oberhaut überzogen sind und den ganzen Körper außer der Bauch- und den Beininnenseiten schützen. Die Schuppen werden regelmäßig abgeworfen und erneuert.

Das 75–85 cm große und 25–33 kg schwere Riesenschuppentier (Manis gigantea) kann seine Zunge 40 cm weit hervorstrecken. Doch insgesamt ist die Zunge mit 70 cm fast körperlang. Sie sitzt in einer Scheide, welche mit speziellen Muskeln bis in den Brustkorb hinab eingezogen wird.

**Wohnt dort:** Schuppentiere kommen in vier Arten im tropischen Afrika beidseits des Äquators und mit drei Arten in Indien, Sri Lanka sowie Südostasien vor.

**Lebt so:** Die einzelgängerischen Schuppentiere kommunizieren über Gerüche miteinander, indem sie ihr Revier mit Kot, Urin und übelriechenden Analdrüsensekreten markieren. Damit drücken sie zum einen ihre Dominanz aus, zum andern ihren sexuellen Status.

Wie die Ameisenbären (siehe S. 234) sind auch die Schuppentiere ganz auf Ameisen und Termiten spezialisiert, die sie mit ihrer langen, schmalen, klebrigen Zunge aus den Nestern fischen.

## Schutzloser Nachwuchs

Meist bekommt ein Schuppentier-Weibchen nur ein Junges, bei asiatischen Arten auch bis zu drei.

Weil die Schuppen des Kleinen zunächst noch weich und klein sind, rollt sich die Mutter bei Gefahr schützend um ihr Junges ein. Um transportiert zu werden, klammert sich das Junge an den Schwanz der Mutter.

# Katta *Lemur catta*

Sie sind wohl die bekanntesten und beliebtesten Lemuren. Weil sie leicht zu halten und zu züchten sind, gehören Kattas in Zoos zu den am häufigsten gezeigten Vertretern dieser Halbaffen.

**Sieht so aus:** Ihr hellgraues Gesicht, die rötlich gelben, von schwarzen Augenringen umgebenen Augen, ihre ebenfalls schwarze Schnauze und Kopfoberseite sowie ihr mehr als körperlanger, schwarz-weiß geringelter Schwanz verleihen den Kattas ein unverwechselbares Aussehen. Bei einer Körperlänge von 45 cm und einer Schwanzlänge von 55 cm erreichen die Tiere ein Gewicht zwischen 2,4 und 3,7 kg.

**Wohnt dort:** Kattas kommen nur im trockenen Süden und Südwesten Madagaskars vor. Dort suchen sie ihre Nahrung vorzugsweise in den Laubwäldern und im Gebüsch umherkletternd, bewegen sich jedoch oft auch am Boden fort.

**Lebt so:** Sie bilden Gruppen von 20–25 Tieren, die in Revieren von 5–20 ha leben. Beide Geschlechter besitzen Duftdrüsen an den Unterarmen und um den After, mit denen sie

### Hier regiert die Weiblichkeit

Bei den Lemuren sind im Gegensatz zu vielen anderen Primaten die Männchen nur ebenso groß oder klein wie die Weibchen und besitzen auch keine vergrößerten Eckzähne.

Außerdem kann jede Lemurin bei jedem Männchen unterwürfiges Verhalten hervorrufen. Bei den Arten, die in Gruppen leben, werden sämtliche Weibchen in der kurzen Paarungszeit gleichzeitig brünftig.

Zwar kämpfen die Männchen dann gegeneinander, die Weibchen paaren sich aber letztlich mit sämtlichen ortsansässigen Männchen und manchmal sogar auch noch mit den Nachbarn.

ihren unmittelbaren Wohnbereich markieren. Beim Einsatz der Afterdrüsen machen Kattas oft einen richtigen Kopfstand, um ihr Hinterteil möglichst hoch gegen einen Baumstamm zu pressen.

Auch die auffälligen Ringelschwänze werden nicht nur optisch, sondern ebenso als Duftfahnen eingesetzt. Dazu wird der Schwanz wie ein Geigenbogen an der Innenseite der Unterarme vorbeigezogen und mit Sekret „beduftet", um anschließend hochgestellt und in Richtung Nebenbuhler geschwenkt zu werden – ein optisches Imponiermittel und gleichzeitig ein Duftwedel. Vor allem in den kühlen Morgenstunden nehmen Kattas gerne in breitbeiniger Sitzhaltung und mit ausgestreckten Armen ein Sonnenbad.

**Familienleben:** Kattajunge werden nach viereinhalb Monaten Tragzeit meist als Einzelkinder geboren. Sie haben zunächst ganz blaue Augen. Unmittelbar nach der Geburt klammern sie sich an den Bauch ihrer Mutter und werden so von ihr mitgetragen. Im Alter von etwa zwei Wochen wechseln sie dann auf ihren Rücken. Kattajunge werden von der ganzen Gruppe aufgezogen. Die Kleinen reiten dabei auf dem Rücken der Erwachsenen. Mit sechs Monaten sind Kattas erwachsen, mit 15 Monaten geschlechtsreif. In Zoos können sie 20 Jahre alt werden.

# Vari *Varecia variegata*

**Sieht so aus:** Mit 60 cm Kopfrumpflänge, weiteren 60 cm Schwanzlänge und 4–5 kg Gewicht ist der Vari die größte Art aus der insgesamt zehn Arten umfassenden Familie der Eigentlichen Lemuren. Während Gesichter, Hände, Füße und die buschigen Schwänze bei allen Varis schwarz sind, ist der Rumpf bei den beiden Unterarten verschieden gefärbt: bei der einen unterschiedlich schwarz und weiß gemustert, bei der anderen leuchtend kastanienrot.

**Wohnt dort:** Varis bewohnen die Regenwälder entlang der gesamten Ostküste Madagaskars.

**Lebt so:** Sie sind hauptsächlich dämmerungsaktiv und von allen Lemuren die ausgeprägtesten Früchtefresser. Am frühen Morgen genießen sie gerne ein Sonnenbad mit ausgebreiteten Armen und Beinen.

**Familienleben:** Varis leben in Familiengruppen. Die Weibchen bekommen nach 100 Tagen Tragzeit meist zwei bis vier Junge, die recht „unfertig" geboren werden. In den ersten drei Wochen werden sie in einem Nest zurückgelassen, später von der Mutter im Maul getragen und, sobald sie abgesetzt werden, vom Männchen bewacht. Mit viereinhalb Monaten sind die jungen Varis dann entwöhnt.

## Insel der Lemuren

Die heute noch auf Madagaskar lebenden 35 Lemurenarten sind nur noch ein kläglicher Rest gegenüber den 50 Arten, die noch bei der Ankunft der ersten Menschen auf Madagaskar existierten. Die vielen Lemurenarten konnten sich aus einem gemeinsamen Halbaffen-Vorfahren entwickeln, der vor etwa 40 Millionen Jahren von Ostafrika aus, vielleicht auf Treibgut, die große Insel erreichte.

In der Abgeschiedenheit Madagaskars besetzten sie die unterschiedlichsten ökologischen Nischen und bildeten bis gorillagroße Formen.

# Mohrenmaki *Eulemur macaco*

**Sieht so aus:** Mit seinen engsten Verwandten, den übrigen *Eulemur*-Arten Brauner Maki, Mongoz-, Kronen- und Rotbauchmaki, hat der Mohrenmaki gemeinsam, dass Männchen und Weibchen unterschiedlich gefärbt sind. Die Männchen sind komplett schwarz gefärbt, einschließlich ihrer dicken Ohrbüschel, während die Weibchen (Bild) zum hell kastanienbraunen Fell ein dunkleres Gesicht haben, das von weißen Ohrbüscheln gerahmt ist. Die etwa 40 cm großen Tiere tragen einen 50–60 cm langen Schwanz.

**Wohnt dort:** Mohrenmakis kommen im Westen von Nordmadagaskar vor. Es sind Bewohner der dortigen feuchten Wälder und halten sich meist hoch auf den Bäumen auf.

**Lebt so:** Die lebhaften Lemuren sind sowohl tagsüber wie auch in der Dämmerung aktiv. Sie leben in Familiengruppen mit bis zu 15 Tieren. Ihre Reviere, die je nach Waldtyp 5–40 ha groß sind, markieren sie mit Sekret aus After- und Unterarmdrüsen, ihre Anwesenheit tun die Mohrenmakis aber auch durch Laute kund.

**Familienleben:** Die Jungen werden als Einzelkinder oder Zwillinge nach 130 Tagen Tragzeit geboren. Im ersten halben Jahr sind Mohrenmaki-Kinder, unabhängig von ihrem Geschlecht, stets dunkel gefärbt. Die zunächst noch dünn behaarten Kleinen stehen sofort im Mittelpunkt der ganzen Gruppe. Mit fünf bis sechs Monaten werden Mohrenmakis erwachsen, mit 15 Monaten geschlechtsreif.

### Unterlegenheit trotz Überzahl

Obwohl in Mohrenmaki-Gruppen die Männchen sich oft in der Überzahl befinden, geben die Weibchen lemurengemäß dennoch den Ton an und übernehmen die Gruppenführung. Die Gruppenmitglieder stehen durch Grunzlaute in ständiger Verbindung. Nähere Beziehungen, die etwa in Form wechselseitiger Körperpflege zum Ausdruck kommen, bleiben aber jeweils auf den eigenen Partner beschränkt.

# Grauer Halbmaki  *Hapalemur griseus*

**Sieht so aus:** Ein rundlicher Kopf mit kleinen, pelzigen Ohren, eine kurze Schnauze und ein welliges, dichtes Fell mit rötlich braunem oder olivgrünlichem Einschlag, das sind die typischen Kennzeichen dieser 750–1050 g schweren Lemurenart, die auch Östlicher Grauer Bambuslemur genannt wird. Ihr knapp 30 cm großer Körper wird ergänzt durch einen überkörperlangen, dunkelgrauen Schwanz.

**Wohnt dort:** Der Graue Halbmaki bewohnt die feuchten Wälder an der Ostküste Madagaskars, wo er hauptsächlich an senkrechten Stämmen umherklettert. Außerdem kommt er in zwei isolierten Populationen an der Westküste vor, und zwar hauptsächlich in Bambuswäldern und Schilfinseln.

**Lebt so:** Entsprechend ihres Lebensraums bevorzugen Graue Halbmakis als Nahrung vor allem Bambusblätter sowie Triebe von Schilf und Papyrus. Die Tiere sind vorwiegend dämmerungsaktiv, leben in Familiengruppen von drei bis fünf Individuen und markieren ihr Revier mit Harn, Drüsensekreten und lauten Rufen.

**Familienleben:** Nach 140 Tagen Tragzeit bekommt das Weibchen ein Junges, das ein Geburtsgewicht von nur 40 g hat, mit einem halben Jahr erwachsen und mit einem Jahr geschlechtsreif ist.

## Seltene Verwandte

Zwei seltene Verwandete des Grauen Halbmakis, der Goldene Halbmaki oder Bambuslemur (*Hapalemur aureus*) und der Breitschnauzenhalbmaki (*Hapalemur simus*), sind wegen ihrer stark eingeschränkten Verbreitung in den feuchten Wäldern der Südostküste vom Aussterben bedroht. Sie leiden wie viele Lemurenarten auf Madagaskar unter der fortschreitenden Zerstörung ihrer Lebensräume.

Wenn alle drei *Hapalemur*-Arten am gleichen Ort vorkommen, kann sich jede Art zur Vermeidung von Nahrungskonkurrenz auf die Nutzung nur eines bestimmten Teils der Bambuspflanze spezialisieren: der Graue Halbmaki auf den Verzehr von Blättern, der Bambuslemur auf die frischen Triebe, die für andere Arten ungenießbar sind, und der Breitschnauzenhalbmaki auf das Bambusmark.

# Maus-, Katzenmakis Microcebus spec.

**Sieht so aus:** Von den 30 Arten dieser Familie (in den Gattungen *Microcebus*, *Allocebus*, *Cheirgaleus* und *Mirza*) sind Mausmakis die kleinsten Primaten Madagaskars, der Madame Berthe's Mausmaki (*Microcebus berthae*) mit 9–11 cm Körperlänge und wenig mehr als 30 g Gewicht sogar der kleinste Primat überhaupt. Alle Maus- und Katzenmakis haben einen langgestreckten Körper sowie kurze Beine und Arme. Sie laufen und springen auf allen Vieren, besitzen einen kleinen Kopf, vorstehende Augen mit einem Tapetum lucidum für das Sehen im Dunkeln (siehe auch Plumplori, S. 126) und eine feuchte Nase. Ihr langer Schwanz kann Fettreserven speichern.

**Wohnt dort:** Die einzelnen Arten der Maus- und Katzenmakis besiedeln alle Wälder Madagaskars.

**Lebt so:** Früchte, Baumsäfte und kleine Gliederfüßer gehören zum Nahrungsspektrum der Maus- und Katzenmakis. In der Mehrzahl sind die Arten wenig gesellig und setzen auf ihrer nächtlichen Futtersuche Duftsignale und Ultraschalllaute ein, um ihre Aktivitäten mit den Nachbarn zu koordinieren und so Streit zu vermeiden. Den Tag verbringen die Tiere in selbst gebauten Nestern und Baumhöhlen. Dort schlafen Mausmakis in gemischten Gruppen von 15 Tieren.

### Mausmakis mit Dialekt

Mausmakis verfügen über ein großes Spektrum an Lauten, die teilweise im Ultraschallbereich liegen.
Sie verraten nicht nur die Identität eines Individuums, die einzelnen Nachbarschaftsgruppen kommunizieren auch über eigene Dialekte. Wobei die Dialekte aber durchaus keinen Hinderungsgrund für erfolgreiche Paarungen mit fremden Makis darstellen.
Allerdings gleichen sich fremde Makis, die in eine Gruppe aufgenommen werden, bald an den Dialekt ihrer neuen Gruppe an.

# Larvensifaka Propithecus verreauxi

**Sieht so aus:** Die neun Sifaka-Arten gehören zusammen mit den vier Arten von Wollmakis und dem Indri, der diesen 14 Arten den Familiennamen *Indriidae* gab, zu den größten heute lebenden Lemuren. Während die mittelgroßen Wollmakis graubraun und nachtaktiv sind, tragen Sifakas ein buntes Fell und die verschiedenen Arten und Unterarten weisen unterschiedliche Zeichnungen auf.
Es gibt völlig weiße (Seidensifaka) und schwarze Tiere (Perriers Sifaka), ebenso kommen schwarze oder weiße Tiere mit orangefarbenen, braunen oder grauen Flecken an Kopf, Armen oder Beinen vor, beispielsweise Coquerel's Kronensifaka.
Der Larvensifaka trägt ein kurzes, dichtes, überwiegend weißes Fell mit braunen Tupfen und braunem Oberkopf. Einheitlich bei allen Arten sind das schwarze Gesicht und die vorstehende Schnauze.
**Wohnt dort:** Der Larvensifaka kommt in den Dorn- und Trockenwäldern im Norden und Südwesten Madagaskars vor, ganz im Südosten der Insel auch in Regenwäldern.
**Lebt so:** Larvensifakas leben in Familiengruppen von vier bis sechs Tieren. Sie ernähren sich von Blättern, Früchten, Blüten und Rinde. Selbst die stacheligen, hohen Euphorbien ihrer Heimat halten sie nicht davon ab, bis zu 10 m weite Sprünge von Stamm zu Stamm auszuführen. Im Flug richten sie dabei ihren zunächst waagrecht gehaltenen Körper auf, um mit ausgebreiteten Armen und vorgestreckten Füßen auf dem nächsten Stamm zu landen.

### Einzigartige Tänzer

Wenn sie offenes Gelände durchqueren, führen Sifakas einen einzigartigen Hüpf- und Sprungtanz auf den Hinterbeinen auf. Dabei strecken sie ihre Arme weit aus, um das Gleichgewicht zu halten.

# Indri *Indri indri*

**Sieht so aus:** Der Indri ist mit bis zu 80 cm Körpergröße und 7,5 kg Gewicht der größte aller Lemuren. Er besitzt als einziger Lemur nur einen Stummelschwanz. Indris tragen immer ein dichtes, schwarz-weißes Fell, wobei sich die Farbverteilung individuell unterscheidet.
Auch ihr Gesicht ist nackt und schwarz und die Ohren stehen stärker vor als bei den Sifakas. Auffallend sind die besonders langen Hände der Indris. Ein Kehlsack dient als Resonanzorgan für die bis 2 km weit hörbaren Reviergesänge.

**Wohnt dort:** Der große Lemur ist ein Bewohner der Küsten- und Bergregenwälder im Osten Madagaskars.

**Lebt so:** Indris leben einzeln oder als Paar mit bis zu drei Jungen unterschiedlichen Alters zusammen. Obwohl sie tagaktiv sind, kann man sie eher hören als sehen. Kurz nach Sonnenaufgang und noch einmal nachmittags kennzeichnen sie nach Gibbonart mit ohrenbetäubendem Geschrei ihre bis zu 30 ha großen Reviere.

**Familienleben:** Das im Mai/Juni geborene Junge ist anfangs ganz schwarz. Es klammert sich zunächst quer am Bauchfell der Mutter fest, um später auf ihrem Rücken getragen zu werden. So macht es auch alle großen Sprünge mit.

**Familienleben:** Wie einige ihrer Verwandten aus der Indri-Familie, z. B. Seiden- und Perriers Sifaka, sind die Indris vom Aussterben bedroht.

### Namensgeber

Ihren Familiennamen verdanken die Lemuren ihren manchmal wohl unheimlich klingenden Rufen, die die frühen Naturforscher an die *lemures*, die römischen Totengeister, erinnerten.
Bei den Madegassen galt der Indri als heilig, weil der Glaube verbreitet war, dass sich die Menschen nach ihrem Tod in Indris verwandeln.

Von den Einheimischen wurden sie „Babakota", Vatersohn, oder, wegen ihrer Bell- und Heullaute, auch „Amoanala", Waldhund, genannt.
Der von uns gebrauchte Name Indri geht auf ein Missverständnis zurück. Als Ureinwohner dem Entdecker dieser Halbaffen den Namen „indri" zuriefen, bedeutete dies nichts anderes als „Da ist er!"

# Fingertier  Daubentonia madagascariensis

**Sieht so aus:** Das Fingertier oder Aye-Aye ist der ungewöhnlichste Halbaffe Madagaskars und eines der skurrilsten Säugetiere überhaupt. Mit 30–40 cm Körperlänge, 45–55 cm Schwanzlänge und 2,4–2,8 kg Gewicht sind Fingertiere zugleich die größten nachtaktiven Primaten. Ihr Fell ist struppig graubraun mit darüber hinausragenden, langen Grannenhaaren. Ein langer, buschiger „Eichhörnchenschwanz", ein massiver, rundlicher Kopf mit großen, ledrigen Ohren sowie sehr lange Finger sind weitere Kennzeichen.
Am stärksten fallen die besonders langen und wie verdorrt aussehenden Mittelfin-

## Und immer lockt das Weib!

Fingertier-Weibchen sind nur alle zwei bis drei Jahre empfängnisbereit, und zwar ohne feste Paarungszeit.
Ihre Brünftigkeit verkünden sie mit lauten Rufen und paaren sich dann mit mehreren der so angelockten Männchen.
Das einzige Junge wird in seinen ersten Lebensmonaten von der Mutter in einem Nest „geparkt", wenn diese nachts auf ihre kilometerweiten Nahrungsstreifzüge geht.

ger auf, die zusammen mit den großen, ständig nachwachsenden Schneidezähnen bei der Nahrungssuche eingesetzt werden.

**Wohnt dort:** Fingertiere bewohnen als vierbeinige Kletterer und Springer die feuchten Wälder und Regenwälder im Osten und Nordwesten Madagaskars. Eine isolierte Population im Westen der Insel kommt in Trockenwäldern vor.

**Lebt so:** Findet man Nagespuren an Nüssen oder anderen harten Früchten, ist das ein sicherer Hinweis auf die Anwesenheit dieser Halbaffen, die man nach ihrer Entdeckung zunächst für Nagetiere und Eichhörnchen-Verwandte hielt.

Das Aye-Aye registriert mit seinen großen Lauschern die Geräusche von Insektenlarven im Holz. Es nagt eine Öffnung in den Larvengang und pult mit dem langen, dünnen Mittelfinger die fette Beute daraus hervor. Ähnlich gelangt es so auch an das Fruchtfleisch von hartschaligen Früchten.

Fingertiere fressen und schlafen allein. Nur an ergiebigen Futterplätzen kann es zum Zusammentreffen mehrerer Tiere kommen. Die Weibchen dulden keine Geschlechtsgenossinnen in ihren bis zu 30 ha großen Revieren, in denen sie ihre Anwesenheit durch Urin und andere Duftmarken sowie lautes Rufen kundtun. Die Wohnbezirke der Männchen sind bis zu viermal größer als die der Weibchen.

# Kleiner Igeltanrek  Echinops telfairi

**Sieht so aus:** Der Kleine Igeltanrek sieht auf den ersten Blick ganz wie unser Igel aus. Seine Pfoten und die Bauchseite sind behaart, der Rücken ist zur Gänze mit Stacheln bedeckt.
**Wohnt dort:** Die Heimat des Stachelfracks sind die Trockenwälder sowie das Busch- und Kulturland Madagaskars. Auch in Küstengebieten und in Halbwüsten trifft man ihn an.
**Lebt so:** Der Igeltanrek lebt von Wirbellosen, die er am Boden, aber auch kletternd erjagt. Ähnlich unserem Igel bilden der Kleine ebenso wie sein Verwandter, der Große Igeltanrek (*Setifer setosus*) bei Bedrohung eine nahezu undurchdringliche Stachelkugel.
**Besonderes:** Der Igeltanrek und seine Verwandtschaft haben sich auf Madagaskar in fast völliger Isolation entwickeln können. So konnten Arten entstehen, die ein igelähnliches Stachelkleid tragen, andere, die langschwänzig sind und an Spitzmäuse erinnern, wiederum andere, die maulwurfartig leben (Reiswühler) und solche, die fischotterartig in Bächen, Flüssen, Seen und Sümpfen jagen (Wassertanrek, Otterspitzmäuse).

### Kinderreiche Säugetiere

Mehrlingsgeburten sind bei vielen Säugetieren die Regel. Weil alle Jungen für eine gewisse Zeit ausschließlich von der mütterlichen Milchquelle leben, sind dem Kindersegen aber Grenzen gesetzt. Mehr Junge als jedes andere Säugetier bekommt der Große Tanrek (*Tenrec ecaudatus*). Mit bis zu 39 cm Körperlänge und 1500 g Gewicht ist er nicht nur der Größte unter den 23 Tanrekarten, mit bis zu 29 Zitzen halten die Weibchen auch hierbei den Rekord unter den Säugern. Solcherart Ausstattung erlaubt es ihnen, im Schnitt pro Wurf 20 Junge zu gebären und aufzuziehen. Ein Großes Tanrek-Weibchen hat sogar schon einmal 30 Junge aus einem Wurf von 31 aufgezogen.

# Fossa Cryptoprocta ferox

**Sieht so aus:** Innerhalb der Familie der Schleichkatzen fällt die Fossa oder Frettkatze in vieler Hinsicht aus dem Rahmen. In Gestalt und Bewegung ähneln Fossas eher den „richtigen" Katzen. Durch das kurze, rotbraune Fell, den kurzen Kopf und die runden Ohren wirkt die Fossa bei einer Körperlänge von 70 cm und einem Gewicht bis zu 20 kg beinahe wie ein kleiner Puma.

**Wohnt dort:** Fossas leben ausschließlich in den Wäldern Madagaskars.

**Lebt so:** Die dämmerungs- und nachtaktiven Tiere erbeuten vor allem Lemuren, aber auch andere kleine Wirbeltiere und Insekten.

**Familienleben:** Zur Paarung besetzt ein einzelnes Weibchen einen Baum, um sich dort mit mehreren Männchen nacheinander zu paaren. Während der Paarung, die bis zu 165 Minuten dauern kann, fasst das Männchen das Weibchen mit den Zähnen im Nacken. Sein an der Eichel mit Widerhaken besetzter Knochenpenis sorgt für eine feste Verbindung. Das Weibchen wirft nach etwa drei Monaten Tragzeit zwei bis vier Junge.

### Männliche Weibchen

Bis zu ihrem Erwachsenwerden durchlaufen junge Fossaweibchen eine männliche Phase, in der ihre Klitoris übermäßig wächst und einen kleinen, mit Stacheln bedeckten Stützknochen ausbildet.
Zudem verfärbt sich in dieser Zeit ihr Bauchfell durch ein Sekret, das bei ausgewachsenen Fossas nur bei Männchen vorkommt.

**Besonderes:** Größte Gefahr droht den Fossas durch die Abholzung der Regenwälder. 90 Prozent des madagassischen Urwalds sind bereits vernichtet. Weniger als 2500 Fossas haben bis heute in freier Wildbahn überlebt. Und diese machen sich zunehmend unbeliebt, wenn sie in Ermangelung von Wildtieren in Hühnerställe eindringen oder andere Haustiere erbeuten.

# Nordamerika

# Virginia-Opossum *Didelphis virginiana*

**Sieht so aus:** Wenn wir von Beuteltieren sprechen, denken wir zunächst an Australien. Doch auch fast überall in Mittel- und Südamerika und selbst in Nordamerika bis Ontario, Kanada, kommt eine Gruppe von Beuteltieren in immerhin 63 Arten und 15 Gattungen vor: die Beutelratten. Sie können maus- bis katzengroß sein, haben eine lange, spitze Nase mit Tasthaaren, etwas vorstehende Augen, nackte Ohren und ein scharfes Gehör, Hände und Füße mit jeweils fünf Fingern und Zehen, die hervorragend zum Greifen und Klettern taugen, sowie einen wenig behaarten Schwanz, der ebenfalls als Greiforgan eingesetzt werden kann.

Das Nord- oder Virginia-Opossum ist die größte aller Beutelratten und erreicht die Größe einer Hauskatze. Erwachsene Männchen wiegen bis zu 5,5 kg, Weibchen bis zu 3 kg. Virginia-Opossums haben ein mehr oder weniger dunkles Fell und ein helles Gesicht. Ihre schwarzen, häutigen Ohren werden zum Schlafen eingefaltet, kurz nach dem Erwachen sehen sie dann noch ganz zerknittert aus.

**Wohnt dort:** Das Virginia-Opossum lebt von allen Beutelratten, ja selbst von allen Beuteltieren am weitesten nördlich. Die Tiere besiedeln von Mexiko bis hinauf zur kanadischen Grenze praktisch jedes Gebiet, in dem es Bäume und Büsche gibt.

**Lebt so:** Als Unterschlupf dienen ihnen Höhlen in Bäumen ebenso wie Bodenöffnungen. Mit ihrem Greifschwanz können sie sich beim Klettern im Geäst verankern. Sie vermögen ihn aber auch als Transportmittel zu verwenden, z. B., um Nistmaterial in ihre Behausung einzutragen.

Die Fähigkeit, sich allein mit dem Schwanz zu halten, ist aber nur bei Jungtieren vorhanden und geht mit zunehmender Entwicklung verloren. Die dämmerungs- und nachtakti-

### Totstellen als Taktik

Diese Verhaltensweise als Schutz vor Feinden ist so typisch, dass die Amerikaner für Sich-Totstellen den Ausdruck „to play possum" verwenden. Der ohnmachtsähnliche Zustand mit Seitenlage, eingerolltem Schwanz, offenen Augen und Mund sowie teilweise geschlossenen Händen und Füßen kann weniger als eine Minute, aber auch bis zu sechs Stunden andauern (siehe Foto oben).

ven Allesfresser verzehren zwar bevorzugt tierische Nahrung und Aas, naschen aber auch Früchte. Die meiste Zeit sind Opossums als Einzelgänger unterwegs, die Geschlechter suchen sich lediglich zur Paarungszeit. Männchen markieren dann ihr Streifgebiet vermehrt mit Speichel.

**Familienleben:** Nach nur 13 Tagen Tragzeit kommen die noch sehr unvollständig entwickelten, winzigen Jungen zur Welt. Noch nackt und blind, müssen sie selbstständig ihren Weg in den längs geöffneten mütterlichen Beutel finden. Dort ist aber nur für 13 von den meist 21 geborenen Keimlingen eine Zitze vorhanden. Die „überschüssigen" Jungen müssen sterben.

Die schnell heranwachsenden Berteljungen bleiben jeweils mit „ihrer" Zitze fest verbunden, bis sie im Alter von zwei Monaten frei herumkrabbeln und auf den Rücken der Mutter umsteigen können. Mit dreieinhalb Monaten gehen sie dann bereits ihrer eigenen Wege. Einzelne Jungtiere können nicht aufgezogen werden, weil so der Milchfluss nicht genügend stimuliert wird.

# Kanadabiber Castor canadensis

**Sieht so aus:** Nach den südamerikanischen Wasserschweinen (siehe S. 238) sind Biber mit 20–30 kg Gewicht die weltweit schwersten Nagetiere. Ihr Fell ist meist gelblich braun mit dichter, grauer Unterwolle. Sie haben sehr große Schneidezähne und kleine, runde Öhrchen. An den Hinterpfoten tragen sie breite Schwimmhäute. Das markanteste Merkmal aber ist ihr flacher, fast haarloser, geschuppter Schwanz.

**Wohnt dort:** Der Kanadabiber kommt in Nordamerika von Alaska bis Labrador und südwärts bis Nordflorida und Tamanlipas (Mexiko) vor. Als exzellenter Schwimmer und Taucher lebt er am und im Wasser.

**Lebt so:** Biber sind dafür bekannt, dass sie ihren Lebensraum aktiv gestalten. Neben Erdbauten am Gewässerrand legen sie „Burgen" aus Zweigen und Knüppeln an und regulieren durch Dammbauten den Wasserstand ihrer Wohngewässer so, dass die Eingänge ihres Baus ganzjährig unter Wasser liegen. Im Sommer leben Biber von einer Vielzahl von Pflanzenteilen, im Winter hauptsächlich von Rinde. Dazu, sowie zum Bau ihrer Burgen und Dämme, fällen sie Bäume, vorzugsweise Weichhölzer. Die abgebissenen Zweige werden als Wintervorräte ins Gewässer und in den Bau geschleppt.

Biber leben in Familienverbänden von vier bis acht Tieren, bestehend aus einem Paar, dessen aktuellem Nachwuchs und älteren Jungtieren. Mit ihrer Monogamie, die normalerweise bis zum Tod eines Partners besteht, bilden Biber eine Ausnahme unter den Säugetieren.

### Landschaftsgestalter auch für andere

Der größte Teil der Biberaktivität ist auf den unmittelbaren Uferbereich begrenzt. Kleinere Gewässersysteme können sie dagegen durch Dammbau und Bäumefällen erheblich bereichern, indem sie Stillwasserzonen schaffen, die Wasssserfläche vergrößern und den Wald lichten. Dadurch schaffen sie Lebensvoraussetzungen für viele andere Arten.

# Urson  *Erethizon dorsatum*

Der Urson gehört zur Familie der Baumstachler. Das sind Stachelschweinverwandte, also Nagetiere. Im Unterschied zu den bodenlebenden Stachelschweinen der Alten Welt sind die zwölf neuweltlichen Baumstachler-Arten klettergewandte Baumtiere.
**Sieht so aus:** Ein kräftiger Körper mit einem kleinen Kopf, kurze Beine und ein dicker, 15–30 cm langer Schwanz und Stacheln mit Widerhaken zeichnen den bis zu 80 cm großen und 18 kg schweren Urson aus.

### Wo Stacheln nichts nutzen

Weil Ursons in manchen Regionen Schäden verursachen, führte man in Nordamerika Marderarten ein, die im Unterschied zu anderen Raubtieren die Ursons an ihrer stachelfreien Körperunterseite angreifen.
So ist z. B. der Urson-Bestand im Norden von Michigan durch Marder um 76 Prozent gesunken.

**Wohnt dort:** Man kann ihn in den Wäldern von Mexiko bis Alaska antreffen.
**Lebt so:** Die Tiere sind geschickte Kletterer, und dies auch ohne einen Greifschwanz, wie er bei verwandten Arten vorkommt. Ihr dichtes Stachelkleid stellen sie bei Gefahr auf, außerdem wehren sie Angreifer durch Schwanzschläge ab. Ursons leben einzeln und territorial in etwa 14 ha großen Streifgebieten. Sie ernähren sich von verschiedensten Pflanzenteilen und Früchten, auch von Rinde und Gras. Im Frühjahr und Herbst legen sie zum Grasen weite Strecken zurück. Auch zur Paarungszeit unternehmen die Männchen weite Wanderungen. Im Winter halten sie sich stets in der Nähe ihres Lieblingsbaums auf. Tagsüber ruht der nachtaktive Baumstachler auf Ästen.
**Familienleben:** Das nach sieben Monaten Tragzeit geborene einzelne Junge kommt mit geöffneten Augen zur Welt und kann sofort laufen und klettern. Es wird zwar eineinhalb Monate gesäugt, nimmt schon nach wenigen Tagen auch feste Nahrung zu sich.

# Präriehund  Cynomys ludovicianus

**Sieht so aus:** Zusammen mit seinen vier Artverwandten steht der Gewöhnliche oder Schwarzschwanz-Präriehund bezüglich Größe und anderer Merkmale zwischen Murmeltier und Ziesel. Seinen Namen verdankt er dem bis zu 11 cm langen, im letzten Drittel schwarzen Schwanz. Ansonsten ist sein Fell an der Oberseite dunkelbraun und leicht gesprenkelt. Oberlippe, Nase und Augenumgebung sind aufgehellt, die Körperunterseite ist weiß bis gelblich.

**Wohnt dort:** Präriehunde besiedeln die offenen Prärie-Gebiete im mittleren Westen Nordamerikas, die sich einstmals über riesige Flächen erstreckten.

**Lebt so:** Die tagaktiven, sehr sozialen Tiere leben in Familienverbänden und großen Kolonien. Sie graben sich umfangreiche, unterirdische Baue mit Gängen und Nestkammern. Das herausgescharrte Erdreich wird zu kegelförmigen Hügeln rund um die Bauteneingänge aufgeschüttet. Auf diesen Ringwällen halten die Tiere Ausschau nach Feinden wie Greifvögeln, Raubsäugern und Schlangen, um bei deren Auftauchen mit lautem, hundeähnlichem Bellen (daher der Name Präriehund) die Sippenmitglieder zu warnen. Eine Präriehund-Kolonie setzt sich aus einzelnen Familienterritorien zusammen, die von den erwachsenen Männchen gegen die umliegenden Familienverbände verteidigt werden. Auch innerhalb einer Familie herrscht eine Hierarchie, die durch Kämpfe und Balgereien festgelegt wird. Ein Territorium muss so groß sein, dass es einer Familie ausreichend Nahrung, nämlich Gräser und Wurzeln, liefern kann.

### Einstmals Riesenstädte

Vor der Besiedlung Nordamerikas durch die Weißen konnten Präriehunde in riesigen Kolonien, auch Städte genannt, leben. Einzelne ihrer „Städte" umfassten an die 100 Millionen Tiere und erstreckten sich über ein Gebiet von der Fläche Bayerns (über 70 000 km²).

# Schwarzfußiltis Mustela nigripes

**Sieht so aus:** Diese kleinen Iltisse, die nur bis zu 40 cm lang und bis zu 1 kg schwer werden, zeichnen sich durch eine markante Gesichtsmaske aus. Ihren Namen tragen sie, man kann es sich leicht denken, wegen ihrer schwarz gefärbten Gliedmaßen.

**Wohnt dort:** Ursprünglich waren Schwarzfußiltisse in den nordamerikanischen Kurzgrasprärien weit verbreitet, heute leben nur noch wenige kleine Populationen in Montana, South Dakota, Wyoming und Arizona (siehe Kasten).

**Lebt so:** Die Lebensweise der Schwarzfußiltisse ist eng an Präriehunde gekoppelt. Die flinken Jäger gehen bei Dämmerung oder Nacht auf die Jagd und ziehen sich tagsüber in ihre Baue zurück, die meist umgebaute Präriehundbauten sind. Präriehunde machen dementsprechend auch 90 Prozent ihrer Beute aus, in geringem Maß verzehren sie auch andere Kleinsäuger wie andere Erdhörnchen und Mäuse. Schwarzfußiltisse leben einzelgängerisch und verteidigen ihr Revier vehement gegen Artgenossen.

**Familienleben:** Die Paarungszeit liegt in den Monaten März und April, nach rund sechswöchiger Tragzeit bringt das Weibchen im Mai oder Juni ein bis sechs (durchschnittlich drei) Jungtiere zur Welt. Diese trennen sich im Herbst von ihrer Mutter. Die Lebenserwartung von Exemplaren in menschlicher Obhut betrug bis zu zwölf Jahre.

### Rettung durch Nachzucht

Mit der Ausrottung der Präriehunde in weiten Gebieten wurde der Schwarzfußiltis zu einer stark bedrohten Tierart. 1987 waren Schwarzfußiltisse im Freiland endgültig ausgestorben. Inzwischen konnten in Gefangenschaft nachgezüchtete Tiere an 18 Plätzen wieder ausgewildert werden. Davon sind bis heute nur drei Populationen in South Dakota und Wyoming selbsterhaltend. Derzeit leben weniger als 250 in Freiheit geborene, nicht ausgewilderte Individuen dieser Art.

# Stinktier  Mephitis mephitis

**Sieht so aus:** Stinktiere sind in zehn Arten über Nord-, Mittel- und Südamerika verbreitet. In Größe und Körperbau nehmen sie eine Zwischenstellung zwischen Wieseln und Dachsen ein. Allesamt sind sie markant schwarz-weiß gezeichnet. Die häufigste Art, der Streifenskunk, hat ein schwarzes Fell mit weißen Rückenstreifen.

**Wohnt dort:** Der Streifenskunk kommt von Südkanada über die USA bis Nordmexiko vor. Meist trifft man ihn in offenen Landschaften mit eingestreuten Wäldchen an, nicht selten auch auf Kulturland.

**Lebt so:** Die schwarz-weiße Fellzeichnung des Stinktiers ist als Warntracht zu verstehen. Wer ihm nicht aus dem Weg geht, wird nach einigen Drohsignalen wie Schwanzheben, Pfotenstampfen und Zischen schließlich im Handstand mit einer stinkenden Flüssigkeit, einer Mischung aus Schwefel-, Butan- und Methanverbindungen, besprizt. Stinktiere sind dämmerungs- und nachtaktive Bodenbewohner, die vor allem Insekten und kleinen Nagern nachstellen, aber auch Amphibien, Reptilien, Eier, Aas und Hausabfälle verzehren. Die meiste Zeit sind sie Einzelgänger. Im Norden ihres Verbreitungsgebiets schlafen sie auch oft in Gruppen aus einem Männchen und mehreren Weibchen. Stinktiermütter bringen im Frühjahr drei bis neun Junge zur Welt.

### Eine wirksame Waffe

Die „chemischen Waffen" des Stinktiers werden in zwei Drüsentaschen beiderseits des Afters gesammelt. Benachbarte Muskeln können das Sekret in bis zu fünf „Schüssen" durch zwei kleine Öffnungen herausdrücken. Damit trifft der Skunk Ziele bis in 2 m Entfernung. Der Kontakt des Sekrets mit den Augen führt zu starken Reizungen bis vorübergehender Blindheit. Für uns ist der Geruch bis zu 1 km weit wahrnehmbar. Zum „Nachladen" der vollen Menge brauchen Skunks rund 48 Stunden.

# Nordamerik. Katzenfrett *Bassariscus astutus*

**Sieht so aus:** Das 30–40 cm große, 0,8–1,1 kg schwere und mit einem mehr als körperlangen Schwanz ausgestattete, marderähnliche Tier hat eine katzenartige Bewegungsweise, ist aber ein sehr urtümlicher Kleinbär. Ein graues oder braunes Fell, weiße Flecken über und unter den Augen und auf den Backen, der buschige Schwanz mit dunklen Ringen und teilweise rückziehbare Krallen sind seine auffälligsten Merkmale.
**Wohnt dort:** Trockene Zonen und Felsklippen im Westen der USA von Oregon und Colorado nach Süden bis ganz Mexiko sind die Lebensräume der Katzenfretts.
**Lebt so:** Es sind einzelgängerische Nachttiere, die den Tag in Baumhöhlen und Felsspalten verschlafen. Mit Einbruch der Dunkelheit geht das Katzenfrett auf Nahrungssuche. Im Gegensatz zu anderen Kleinbären, die oft sehr fleischarm leben, bevorzugt es als Nahrung Fleisch, nimmt aber auch Früchte und andere Pflanzenkost auf. Lauschend erkundet es seine Umgebung und nimmt geringste Bewegungen und Ge-

## Lebendes Fossil und trotzdem schlau

Obwohl die heute lebenden Arten, das Nordamerikanische und das Mittelamerikanische Katzenfrett, sich kaum von Formen, die vor über fünf Millionen Jahren im Jungtertiär lebten, unterscheiden, sind diese „lebenden Fossilien" in ihren Verhaltensweisen alles andere als primitiv.
Nicht umsonst bedeutet der wissenschaftliche Name nichts anderes als „kleiner, schlauer Fuchs".

räusche wahr. Von Fressfeinden in die Enge getrieben, entleert das Katzenfrett ein übelriechendes Sekret aus den Afterdrüsen und schlägt den gesträubten Schwanz zur Ablenkung und Verunsicherung des Feindes nach vorn. Zur Fortpflanzungszeit steigert sich die Markiertätigkeit beider Geschlechter, die in ihren überlappenden Wohnbereichen Duftmarken mit Harn und Kot auf Steinen als „Visitenkarten" absetzen.

**Familienleben:** Nach nur gut sieben Wochen Tragzeit, der kürzesten aller Kleinbären, bekommt das Weibchen in ihrer Nesthöhle ein bis vier spärlich beflaumte Junge. Ab zehn Tagen siedelt die Mutter die Kleinen, die beim Transport im Mund in eine Tragstarre verfallen, immer wieder in ein neues Quartier um. Ab acht Wochen begleiten die Jungen die Mutter dann bei der Futtersuche, und zwar im Gänsemarsch. Dabei helfen die leuchtend weißen Ringe auf den Schwänzen den Tieren, auch im unübersichtlichen Gelände den Zusammenhalt nicht zu verlieren.

# Waschbär Procyon lotor

**Sieht so aus:** Etwas größer als eine Hauskatze, 5–16 kg schwer, ein gedrungener Körper auf kurzen Beinen, das Fell überwiegend grau, eine charakteristische, schwarze Gesichtsmaske und ein buschiger, schwarz geringelter Schwanz – so sieht der Steckbrief eines Waschbären aus.

**Wohnt dort:** Die anpassungsfähigen Kleinbären sind von Südkanada über die USA bis Mittelamerika verbreitet. Sie bewohnen Laub- und Mischwälder, Sumpfgebiete, Flusstäler und Siedlungen.

**Lebt so:** Die dämmerungs- und nachtaktiven Tiere sind hauptsächlich zwischen Sonnenuntergang und Mitternacht unterwegs. Den Tag verbringen die Allesfresser in Verstecken, z. B. Baumhöhlen. In Gegenden mit kalten Wintern können sie eine Winterruhe halten. Erwachsene Männchen besetzen allein oder als Gruppe unterschiedlich große Reviere. Die Weibchen schließen sich zur Paarungszeit mit einem oder gleich mehreren Männchen zusammen, wobei sie sich nicht nur mit einem einzigen paaren. Nach rund zwei Monaten Tragzeit gebären sie fünf bis acht Junge. Bei der Geburt sind die Babys noch blind, aber schon wollig behaart.

### Namengebender Pfotengebrauch

Seinen Namen verdankt der Waschbär der Angewohnheit, seine Beute mit den überaus beweglichen, schmalen Greifhänden ins Wasser zu tauchen und zu reiben.

Allerdings ist dies kein Waschen in unserem Sinn zur Säuberung des Gegenstands. Es handelt sich vielmehr um eine Instinktbewegung, die eng an das Fangen von wasserlebenden Tieren gekoppelt ist.

In Gefangenschaft gehaltene Waschbären zeigen es bei der Handhabung ihres Futters auch – selbst wenn gar kein Wasser vorhanden ist.

# Amerik. Schwarzbär Ursus americanus

**Sieht so aus:** Von allen Bärenarten ist der auch Baribal genannte Schwarzbär die häufigste und am weitesten verbreitete Art. Gewicht und Größe der Tiere variieren sehr stark, je nach Jahreszeit und Vorkommensregion. Ihre Körperlänge reicht von 1,20–1,90 m, Männchen wiegen zwischen 60 und 225 kg, maximal sogar 400 kg, Weibchen zwischen 40 und 150 kg. Das Fell ist meist einfarbig schwarz, aber auch zimtfarbene oder blonde Exemplare, gelegentlich mit einer weißen Brustzeichnung, kommen vor. An den Küsten von British Columbia treten sogar bis zu einem Anteil von zehn Prozent rein weiße Tiere auf (die aber keine Albinos sind).
**Wohnt dort:** Baribals kommen von Kanada über die USA bis hinunter nach Nordmexiko vor. Sie leben vor allem in den unterschiedlichsten Laub- und Mischwäldern, aber auch in der baumlosen Tundra Labradors.
**Lebt so:** Anders als die Braunbären sind Baribals auch noch als erwachsene Tiere gute Kletterer, die so manchen Baum ersteigen. Sie leben in erster Linie von Gräsern, Kräutern, Beeren, Früchten, Honig, kleinen Wirbeltieren und Aas, können aber auch kleine Säuger und sogar Karibus (Rentiere, siehe S. 293) jagen.
**Familienleben:** Baribals ziehen einzelgängerisch durchs Land oder in Mutterfamilien. Sehr große Muttertiere können fünf bis sechs Junge gebären und aufziehen, die Regel sind jedoch drei oder vier Junge.

### Aufgabe von Einzelkindern bringt Vorteile

Manchmal verlässt eine Baribal-Mutter vorzeitig ihr Einzelkind. Was uns grausam vorkommt, ist hier vorteilhaft für die Arterhaltung. Würde die Mutter sich weiter um das Einzelne kümmern, zöge sie die nächsten zwei Jahre – so lange nämlich dauert die Abhängigkeit – weniger Nachkommen groß als wenn sie ihr Junges aufgibt, um im nächsten Jahr vielleicht drei oder mehr Junge zu bekommen.

# Graufuchs Urocyon cinereoargenteus

**Sieht so aus:** Obwohl Grau die dominierende Fellfarbe ist und ihnen den Namen gab, sind Graufüchse im Vergleich zu vielen anderen Hundeartigen recht lebhaft gefärbt. So bilden Rücken, Körperseiten und die Oberseite des langen, buschigen Fuchsschwanzes eine graue bis dunkelgraue Partie mit silbriger Sprenkelung. Als zweite Farbnuance tritt ein rötliches Grau am Oberkopf auf, das sich über die Halsseiten, den bauchwärts gelegenen Partien bis zu den Außenseiten der Beine fortsetzt. Halsunterseite, Brust, Bauch sowie die Vorder- und Innenseite der Beine sind weißlich grau. Die schwarze Schwanzspitze und ein schwarzer, mehr oder weniger ausgeprägter Rückenstreifen bilden einen zusätzlichen Kontrast. Graufüchse sind kleiner und leichter als unser Rotfuchs. Die Eckzähne dieser ausgesprochenen Allesfresser sind zudem kürzer.

**Wohnt dort:** Vom südlichen Kanada bis in die nördlichen Gebiete Kolumbiens kommen Graufüchse vor, wobei sie in den trockenen Gebieten des Südwestens der USA und im westlichen Mexiko ihre höchsten Dichten erreichen.

**Lebt so:** In ihrem riesigen Verbreitungsgebiet ist die Nahrung der Graufüchse in ihrer Zusammensetzung örtlich und jahreszeitlich sehr unterschiedlich. Soweit ausreichend vorhanden, bilden Früchte und andere Pflanzenteile die Hauptnahrung, noch vor Wirbellosen, Kleinnagern und Vögeln. Graufüchse sind vornehmlich nachtaktiv, ziehen sich tagsüber in selbst gegrabene Baue oder Höhlen zurück und leben paarweise oder in Familienrudeln zusammen.

### Baumsteiger

Nicht nur bei Verfolgung flüchten Graufüchse gerne auf niedrige oder schräg stehende Bäume. Ihre ausgeprägte Neigung zum Klettern demonstrieren sie auch oft ohne solchen Anlass, was ihnen in manchen Gegenden den Namen „Baumfüchse" eintrug.

# Kojote *Canis latrans*

**Sieht so aus:** Ein Kojote, auch Präriewolf oder Heulwolf genannt, ist ein mittelgroßer Hund mit bräunlich grauem Fell. Die Rückseite der Ohren wie die Vorderläufe und Pfoten sind stumpf braungelb gefärbt, Hals und Bauchseite sind weiß. Schwarze Flecken finden sich an den Vorderläufen sowie an der Schwanzspitze und Schwanzwurzel. Die 70–95 cm großen Tiere bringen es auf eine Schulterhöhe von 45–53 cm und ein Gewicht von 8–22 kg.

## Untertan oder Einzelgänger

Das exklusive Paarungsrecht des Alpha-Paares stellt die übrigen Rudelmitglieder vor die Wahl, im Rudel zu bleiben und sich irgendwann das Paarungsrecht zu erkämpfen oder das Rudel zu verlassen, um sich einen Partner zu suchen.
Viele Kojoten werden so zu Einzelgängern und bleiben dies auf unbestimmte Zeit.

**Wohnt dort:** Die überaus anpassungsfähigen Kojoten kommen in Amerika von Nordalaska bis Costa Rica vor. Sie leben in Grasländern und Halbwüsten ebenso wie in Laub- und Nadelwäldern, alpinen Regionen und der Tundra.

**Lebt so:** Durch ihr Gebiss zwar als Fleischfresser ausgewiesen, verzehren Kojoten doch so ziemlich alles, was ihnen vor die Schnauze kommt, von Früchten über Insekten und Kleintieren bis zu größeren Tieren, einschließlich Haustieren und Aas.
Obwohl sie sehr oft allein unterwegs sind, bilden sie auch Rudel und verteidigen ihr Revier. Im Rudel beteiligen sich alle Rudelmitglieder an der Aufzucht der Jungen des Alpha-Paares.

# Puma  Felis (Puma) concolor

Obwohl sie in der zoologischen Systematik zu den Kleinkatzen zählen, übertreffen die Pumas mit bis zu 1,95 m Körperlänge und 110 kg Gewicht so manchen Leoparden. Dass die Zuordnung des Pumas dennoch stimmt, zeigt eine Eigenschaft, die allen Kleinkatzen zu eigen ist: Bedingt durch die vollständige Verknöcherung ihres Zungenbeins können die Kleinkatzen nicht brüllen, dafür aber, anders als Großkatzen, weich und ausdauernd schnurren.

**Sieht so aus:** Den Puma zeichnet ein kräftiger Körperbau aus. Die Hinterbeine sind oft etwas höher als die Vorderbeine, der Kopf ist vergleichsweise klein und rundlich. Sein Fell ist meist einfarbig rotbraun getönt, nur über

## Schlechter Ruf durch schauerlichen Ruf

Obwohl der Puma so groß und stark wie ein Leopard ist und auch gelegentlich als Viehräuber auftritt, hat es noch nie – im Gegensatz zum Leoparden – von ihm Übergriffe auf Menschen gegeben. Vielleicht trägt der „Liebesruf" der Pumaweibchen Mitschuld am Negativ-Image dieser „großen Kleinkatze": Ihr Ruf klingt langgezogen an- und abschwellend wie der Todesschrei eines Menschen. Keine andere Katze kann so markerschütternd schreien und damit solche Assoziationen auslösen.

dem Mundwinkel sitzt ein breiter, schwarzer Fleck und die Ohrrückseite ist dunkel. Weil er entfernt einer Löwin gleicht, wird er oft auch Berglöwe, wenn sein Fell grau ist, auch Silberlöwe genannt.

**Wohnt dort:** Pumas kommen von den arktischen Tundren am Yukon über die Rocky Mountains, ganz Mittelamerika, die Anden und Patagonien bis zur Magellanstraße vor. In ihrer Fähigkeit, sich von Sumpfniederungen bis zum Hochgebirge an unterschiedlichste Lebensräume anzupassen, übertreffen sie fast noch den Leoparden in der Alten Welt.

**Lebt so:** Das Beutespektrum der sprunggewaltigen Raubtiere reicht von Mäusen und anderen Kleintieren über Bodenvögel bis zu Säugetieren in Hirschgröße, bisweilen sogar Hausrindern. Erwachsene Pumas durchstreifen ihre bis zu 50 km² großen Jagdreviere alleine. Sie scheinen ihr Revier aber nicht gegen Artgenossen zu verteidigen, Kämpfe gibt es höchstens einmal zwischen Pumamännchen um ein Weibchen. Die ein bis vier, ausnahmsweise auch bis zu sechs Jungen, die nach drei Monaten Tragzeit zur Welt kommen, sind zunächst stark gefleckt (Bild unten). Nach Katzenart bleiben sie bei der Mutter, bis sie groß sind und die nötigen Jagdtechniken gelernt haben.

**Besonderes:** So manche Unterart des Pumas ist heute stark bedroht. So hat die Kombination von Lebensraumverlust, Isolation der Population und rücksichtslose Jagd z. B. den Floridapuma fast gänzlich ausgerottet.

NORDAMERIKA

# Maultierhirsch Odocoileus hemionus

**Sieht so aus:** Nicht die Körpergröße, sondern seine ziemlich langen Ohren haben dem Maultierhirsch seinen Namen eingetragen. Mit einer Schulterhöhe von etwa 1 m und einem Gewicht bis zu 120 kg liegt er in der Größe zwischen unserem Reh und dem Rothirsch. Das Geweih des Männchens bildet Gabelspaltungen mit insgesamt acht bis zehn Enden. Das Fell ist im Sommer rostrot, im Winter bräunlich, das hellere Gesicht mit dunkler Stirn und ein weißer Kehlfleck heben sich davon ab. Das Hinterteil ziert ein großer, weißer Spiegel mit einem weißen Schwanz darin, der in einer schwarzen Spitze endet (und damit für den deutschen Zweitnamen Schwarzwedelhirsch sorgte). Der Schwanz des nahe verwandten Weißwedel- oder Virginia-Hirschs (*Odocoileus virginiana*) ist stattdessen unterseits rein weiß.

**Wohnt dort:** Heimat des Maultierhirsches sind die lichten Wälder und Grasländer im Westen Nordamerikas und Mittelamerikas, vor allem aber in den Rocky Mountains.

**Lebt so:** Maultierhirsche bilden im Herbst und Winter Verbände, die dann feste Gebiete in Besitz nehmen. Die Hirschkühe bilden Mutterfamilien, die mit den Hirschen zusammen ihr Revier gegen andere Familienverbände verteidigen.

### Vorbild für „Bambi"

Wenn nach sechseinhalb Monaten Tragzeit die Geburt vor der Tür steht, sondern sich die Geißen von der Gruppe ab und ziehen sich in Gebiete zurück, aus denen sie zuvor die Jährlinge vertrieben haben. Die ein bis zwei Kitze sind so hübsch gefleckt wie das berühmte „Bambi" aus Walt Disneys Zeichentrickfilm, dem die Art als Vorbild diente.

# Gabelbock Antilocapra americana

**Sieht so aus:** Die damhirschgroßen Gabelböcke haben schlanke Beine, einen langen Rücken und tragen einen Stummelschwanz. Die Grundfärbung ihres Fells ist hellbraun, die Unterseite, eine etwa rechteckige Fläche zwischen Schultern und Hüfte sowie einzelne Abzeichen am Hals sind weiß. Das Hinterteil ziert ein großer, weißer Spiegel. Gabelböcke weisen außerdem verschiedene, am Körper verteilte Duftdrüsen auf, darunter die bei den Männchen besonders auffallenden Unterohr- und schwarzen Unterschwanzdrüsen.
Als einziger lebender Wiederkäuer besitzt der Gabelbock ständig verbleibende Hörner, deren Hornschicht aber jedes Jahr nach der Brunft abgeworfen und wieder neu gebildet wird. Während die Hornlänge beim Männchen gut 40 cm beträgt, tragen Weibchen nur sehr kleine Hörner oder sie fehlen ihnen ganz.
**Wohnt dort:** Die an Gazellen erinnernden Tiere kommen in zwei Unterarten im Westen der USA und Kanadas sowie in Teilen Mexikos vor. Offenes Gras- und Buschland, seltener auch offene Nadelwälder sind ihr Lebensraum.
**Lebt so:** Die tag- und nachtaktiven, schnellen und ausdauernden Läufer bilden im Winter größere gemischte Herden mit einigen hundert Tieren. Im Sommer leben die Gabelböcke in kleinen Geißenherden und noch kleineren Bocksrudeln. Einzelne Altböcke besetzen eigene Reviere, aus denen sie Jungböcke und sehr alte Geschlechtsgenossen vertreiben.
**Besonderes:** Obwohl auch oft Gabelbockantilope genannt, zählt der Gabelbock oder Pronghorn nicht zu den Antilopen, sondern ist der einzige heute lebende Vertreter der Familie der Gabelhorntiere. Die Bestände konnten sich nach ihrer starken Dezimierung durch weiße Siedler wieder erholen. Nur eine Unterart in Arizona und Mexiko gilt heute noch als gefährdet.

## Weitreichende Gerüche

Wenn ein Gabelbock Gefahr wittert, spreizt er als Signal für die Artgenossen die weißen Haare des Spiegels blütenähnlich auseinander.
Den gleichzeitig von der Haarbasis abgesonderten Geruchsstoff können selbst Menschen über 100 m weit riechen.

# Bison  Bison bison

**Sieht so aus:** Ein lang behaarter, mächtiger Vorderkörper mit tief getragenem Kopf sind unverwechselbare Merkmale des Amerikanischen Bisons, der auch oft Indianerbüffel genannt wird. Seine Hörner weisen im Bogen nach hinten und schräg nach oben, die stumpfen Hornspitzen etwas einwärts. Bei den Bisons sind die Geschlechter sehr unterschiedlich groß: Die Kühe bringen um ein Drittel bis ein Viertel weniger auf die Waage als die Bullen.

**Wohnt dort:** Noch im 17. Jahrhundert reichte die Verbreitung des Bisons vom Pazifik bis zum Atlantik, von Alaska bis in den Norden Mexikos. Von den zu dieser Zeit geschätzten 60 Millionen Tieren lebten die meisten in den Prärien, einige in Wäldern. Während die Indianer sie jagten, ohne die Bestände wesentlich zu beeinträchtigen, fand mit der europäischen Einwanderung und dem Eisenbahnbau in den „Wilden Westen" ein Massaker ohne Gleichen unter den Bisons statt, das letztendlich nur 835 dieser mächtigen Tiere überlebten. Heute grasen Bisons wieder zu etlichen Tausenden in großen Schutzgebieten und sind vor dem Aussterben gerettet.

**Lebt so:** Bisons bilden Muttergruppen mit den erwachsenen Bullen am Rand. Zur Fortpflanzungszeit im August schließen sie sich zu Großherden zusammen. Wenn weniger Kühe als Bullen brünftig sind, kommt es unter den Bullen zu heftigen Kämpfen mit Frontalangriff aus vollem Galopp.

### Brüllen wie die Löwen

Vor einem Kampf setzen Bisonbullen Drohgesten wie Stampfen, Schnaufen, Wälzen und Brüllen ein, die den Nebenbuhler einschüchtern sollen. Die Lautstärke des löwenähnlichen Brüllens steht dabei in direkter Beziehung zur Kraft des Bullen.
Der Kampfbeginn wird schließlich damit eingeläutet, dass die Köpfe der sich nähernden Rivalen nach unten schwingen.

# Dickhornschaf Ovis canadensis

**Sieht so aus:** Das Dickhornschaf hat einen steinbockähnlich gedrungenen Körperbau mit vergleichsweise kurzen Beinen und ein hell- bis dunkelbraunes Fell mit einem großen, weißen Spiegel am Hinterteil. Die Widder tragen dicke, kreisförmig nach hinten gebogene Hörner, die mit durchschnittlich 12 kg rund zehn Prozent des Körpergewichts ausmachen. Es sind Statussymbole und Kampfwerkzeuge zugleich.
**Wohnt dort:** Von Südwestkanada über die westliche USA bis Nordmexiko kommen die kompakten Schafe in alpinen und trockenen Wüstengebieten, vorzugsweise in felsigem Gelände vor.
**Lebt so:** Dickhornschafe leben gesellig in großen, nach Geschlechtern getrennten Gruppen. Von erfahrenen Alttieren angeführt, ziehen sie ihrem Futter, hauptsächlich Gräsern und Kräutern, hinterher.
**Besonderes:** Dickhornschafe sind eng verwandt mit dem Dallschaf (*Ovis dalli*), das aufgrund seines weißen Fells auch Schneeschaf genannt wird, und dem sibirischen Kamtschatka-Schaf (*Ovis nivicola*). Alle drei Arten fasst man gerne als Bergschafe zusammen.

### Geißen wollen große Hörner

Beim Wettbewerb um die Gunst der Damen werden Widder mit großen Hörnern von den Geißen bevorzugt. Je größer die Hörner, desto sicherer ist zudem der Erfolg im Duell mit einem Rivalen.
Aufgerichtet auf ihre Hinterbeine, schlagen die Widder mit großer Wucht ihre Hörner hammerartig gegeneinander. Damit die Böcke diese Schläge unbeschadet überstehen, wirkt eine doppelte Knochenlage über dem Gehirn als Schlagschutz. Zudem ist der Schädel mit den besonders starken Nackenwirbeln durch ein Scharniergelenk verbunden.

# Schneeziege Oreamnos americanus

**Sieht so aus:** Die mit den Gämsen (siehe S. 71) verwandte Schneeziege erinnert im Körperbau und in ihren Bewegungen beinahe an einen Bär. Ihr auffälligstes Merkmal ist ihr gelblich weißes Haarkleid mit langer Unterwolle und noch längerem Deckhaar, das am Nacken und über dem Rumpf in eine steife Mähne übergeht und an den Beinen „Pluderhosen" bildet.

Die relativ kurzen, scharf gekrümmten, schwarzen Hörner sind bei den Böcken nur unwesentlich dicker als bei den Geißen. Der Schwanz ist nur kurz, die Beine enden mit sehr großen Hufen.

**Wohnt dort:** Schneeziegen bewohnen die steilen Felsen und Ränder großer Gletscher in den Gebirgsregionen von Südostalaska, dem kanadischen Yukon und Südwest–Mackenzie bis Oregon, Idaho und Montana.

**Lebt so:** Die Geißen leben in Gruppen mit ihren Jungtieren und vertreiben die Böcke nach der Brunft aus ihrem Winterrevier. Auf diese Weise müssen sie das wenige, in den steilen Felshängen erreichbare Futter nicht mit diesen teilen. Die Böcke vereinzeln sich und bleiben im nahen Umkreis um die Geißenreviere.

### Herrschaft der Frauen

Die bockähnlichen Geißen sind den Böcken überlegen. Angegriffen von einer Geiß weicht ein Bock eher aus, bevor er sich verteidigt. Beide Geschlechter tragen schließlich gefährliche Hörner als Waffen, die, wenn einmal eingesetzt, rasch zu Todeswaffen werden können. Schneeziegen stoßen im Kampf nämlich nicht wie die echten Ziegen mit den Köpfen zusammen, sondern stechen seitlich aufeinander ein. So ist es auch durchaus sinnvoll, dass sich die Böcke in der Brunft ihren Damen unterwürfig auf dem Bauch kriechend nähern und dabei sanfte, fiepende Laute, ähnlich denen der Kitze, von sich geben.

# Südamerika

# Gürteltiere Fam. Dasypodidae

Gürteltiere gehören zu den ältesten und seltsamsten Säugetieren unserer Erde. Zusammen mit den Ameisenbären und Faultieren zählen sie zu den Nebengelenktieren, deren Wirbel nicht nur, wie sonst bei Säugetieren üblich, mit einem Gelenkpaar, sondern noch mit zwei weiteren verbunden sind.

**Sieht so aus:** Die Größen- und Gewichtsunterschiede der 20 oder 21 Arten von Gürteltieren sind beträchtlich. Sie reichen vom mausgroßen Kleinen Gürtelmull (*Chlamyphorus truncatus*) mit 12,5–15 cm Länge und 80–100 g Gewicht über das Zwerggürteltier (*Zaedyus pichiy*, Foto) mit etwa 30 cm Länge und einem Gewicht von 1–2 kg bis zum Riesengürteltier (*Priodontes maximus*) mit 75–100 cm Länge und 30–60 kg Gewicht. Allen Gürteltieren gemeinsam ist ein keilförmiger bis gestreckter, schmaler Kopf, ein gedrungener Körper und die namengebenden Hautverknöcherungen in Form von Schilden und Gürteln auf Oberseite und Kopf. Dazwischen und auf der Bauchseite sprießen spärliche bis dichte Borsten oder Haare.

**Wohnt dort:** Gürteltiere kommen von Florida, Georgia und South Carolina bis Ostmexiko vor, außerdem in Mittel- und fast ganz Südamerika. Das Neunbindengürteltier (*Dasypus novemcinctus*), die häufigste Gürteltierart, hat es sogar geschafft, Nordamerika bis Nebraska und Süd-Missouri erfolgreich zu besiedeln. Der Lebensraum der Einzelgänger sind Wälder, Steppen und Savannen.

**Lebt so:** Die überwiegend dämmerungs- und nachtaktiven Bodenbewohner können mit ihren kräftigen Grabkrallen hervorragend graben. Mit gutem Riech- und Hörvermögen ausgestattet, verzehren sie Ameisen, Termiten, andere Insekten und Wirbellose, Schlangen und Aas, aber auch Pflanzenteile.

### Eineiige Mehrlinge

Bei Gürteltieren wird immer nur eine einzige Eizelle befruchtet. Die Wurfgeschwister, egal, wie viele, sind somit immer eineiige Mehrlinge.

# Großer Ameisenbär Myrmecophaga tridactyla

**Sieht so aus:** Der Große Ameisenbär und seine kleinen Verwandten, der Nördliche und der Südliche Tamandua (*Tamandua mexicana, T. tetradactyla*) sowie der Zwergameisenbär (*Cyclopes didactylus*), sind allesamt zahnlos und verzehren nahezu ausschließlich Ameisen und Termiten. Dazu sind ihre Schnauzen sehr lang, die Maulspitze öffnet sich nur zu einem kleinen Oval. Beim Großen Ameisenbär misst der röhrenförmige Kopf über 30 cm, rund ein Viertel seiner Körperlänge. Sein grobes, dichtes Fell ist graubraun mit schwarz-weißen Schulterstreifen. An den Vorderbeinen trägt er an der zweiten und dritten Zehe 10–15 cm lange Klauen, die beim Laufen nach innen eingeschlagen werden können. Mächtig wirkt auch seine sehr lange und lang behaarte Schwanzfahne.

**Wohnt dort:** Der Große Ameisenbär kommt von Mittelamerika über das nördliche Südamerika östlich der Anden bis Uruguay und Nordwestargentinien vor. Seine Heimat sind die Savannen, Sümpfe und Regenwälder im Tiefland.

**Lebt so:** Ihre Nahrung finden Ameisenbären mit der Nase. Sie reißen mit den Klauen ein Loch in den Insektenbau, um dann die herausströmenden Arbeiterinnen mit schnellen Schlägen ihrer über 30 cm langen, klebrigen Zunge zu erfassen. Auch Eier und Puppen der Insekten wandern so in ihren Schlund. Die Großen Ameisenbären sind Einzelgänger, bei denen sich die Streifgebiete der Geschlechter überlappen. Nach der Paarung im Herbst wird nach 130–150 Tagen Tragzeit ein, selten zwei weit entwickelte Junge geboren.

### Jungenfürsorge nach Ameisenbärenart

Das Junge wird sechs Monate lang gesäugt, bleibt aber oft bis zur Geschlechtsreife mit zwei Jahren bei der Mutter. Zwar kann das Junge schon ab einem Monat mitgaloppieren, es lässt sich jedoch meistens von seiner Mutter auf dem Rücken tragen (Foto).

# Faultiere Fam. Bradypodidae

**Sieht so aus:** Den fünf Arten von Faultieren, die es auf der Welt gibt, ist gemeinsam, dass sie ein derbes, meist unauffällig gefärbtes Fell haben, das durch Algenbewuchs oft gräulich schimmert, einen kleinen, runden Kopf mit kleinen Ohren sowie lange, schlanke Gliedmaßen mit zwei bzw. drei Fingern und Zehen. Finger und Zehen sind in ganzer Länge zusammengewachsen, tragen aber sichelförmige, lange Krallen. Das aus dem Kreuzworträtsel bekannte Dreifinger-Faultier oder Ai (*Bradypus tridactylus*, Bild oben) lässt sich daher gut an seinen jeweils drei Krallen erkennen. Es ist mit 45–55 cm Körperlänge und 3–5 kg Gewicht eine mittelgroße Art. Kehle und Stirn sind gelblich oder weiß. Das Braunkehl-Faultier (*B. variegatus*, Foto rechts) hat eine weiße Musterung im Fell und ebenfalls drei Krallen.

**Wohnt dort:** Faultiere sind in den Regenwäldern Mittel- und Südamerikas verbreitet, und zwar sowohl im Tiefland wie im Hochland.

### Perfekter Abhänger

In Abhängigkeit von der Außentemperatur können Faultiere ihre Körpertemperatur anpassen und so Energie beim „Abhängen" im Schlaf sparen. Ihr Haarscheitel verläuft nicht, wie sonst bei Säugetieren üblich, längs der Wirbelsäule, sondern auf der Mittellinie von Brust und Bauch. Damit kann der Regen und das Tropfwasser von den Blättern nicht im Bauchfell hängen bleiben, sondern seitlich abfließen.

### „Läuse" im Pelz

Die blaugrünen Algen, die sich in seinem Fell angesiedelt haben, dienen dem Faultier nicht nur zur Tarnung, sie werden auch als Nahrungsquelle abgeleckt oder durch die Haut resorbiert.
Und nicht zuletzt ist der Faultierpelz ein ganzes Ökosystem, in das sich nicht nur Zecken, sondern sogar Käfer und Falter einnisten.

---

Eine Art, das Hoffmann-Zweifingerfaultier (*Choloepus hoffmanni*), kommt sogar in Bergregionen bis in 2100 m Höhe vor.
**Lebt so:** Wegen ihren zeitlupenhaft langsamen Bewegungen beim Klettern im Geäst der Tropenbäume und weil sie während ihrer zahlreich eingeschobenen Nickerchen einfach an einem Ast hängen, haben Faultiere ihren Namen weg. Alle Faultiere kommen nur selten auf den Boden. Lediglich ein- bis zweimal pro Woche steigen sie von ihrem Baum herab, um zu urinieren und Kot abzusetzen. Müssen sie zum Baumwechsel den Boden betreten und dort eine Strecke zurücklegen, geschieht dies, indem sie auf dem Bauch rutschen und sich mühsam vorwärtsziehen. Dagegen macht ihnen die Durchquerung eines Gewässers nur wenig aus: Faultiere sind gute Schwimmer.
Die Mahlzeit der meisten Arten besteht ausschließlich aus Blättern und Knospen der unterschiedlichsten Baumarten.
Noch einmal zurück zum Ai. Seinen Namen hat es wegen seines zweisilbigen Rufs „A-i" zur Paarungszeit im März/April. Es kennt aber auch noch andere Lautäußerungen. Bei Missbehagen wird laut hörbar geschnauft, das Junge am Bauch der Mutter schnurrt dagegen wie ein Kätzchen.
A propos Junges: Die Mutter bringt es nach 120–180 Tagen Tragzeit im Baum hängend zur Welt. Das Junge klettert unmittelbar nach der Geburt auf ihren Bauch und hält sich dort fest.

# Wasserschwein  Hydrochaeris hydrochaeris

**Sieht so aus:** Mit 1–1,30 m Körperlänge und einem Gewicht von 35–65 kg sind Wasserschweine oder Capybaras die größten Nagetiere der Welt. Die schwerfälligen, schwanzlosen Tiere haben einen gedrungenen Körper, kurze Vorder- und längere Hinterbeine und einen massigen, kastenförmigen Kopf. Ausgewachsene Tiere tragen ein derbes Fell mit langen, braunen oder rötlichen Haaren, die Jungtiere einen dichten, kurzen Haarwuchs. Dank ihrer kleinen Schwimmhäute zwischen den Zehen können diese riesigen Meerschweinchenverwandten ausgezeichnet schwimmen und tauchen. Nasenlöcher, Augen und Ohren sitzen sehr hoch am Kopf und ragen so beim Schwimmen über die Wasserfläche hinaus.

**Wohnt dort:** Wasserschweine kommen in zwei Populationen vor: eine östlich der Anden von Venezuela bis Nordargentinien, die andere von Nordwestvenezuela über Nordkolumbien bis zum Panamakanal. Überflutete Savannen oder Grasländer nahe zu Wasserlöchern sowie Teiche und Flüsse in Tropenwäldern sind ihr Lebensraum.

**Lebt so:** Die geselligen Tiere leben in Gruppen von etwa zehn, manchmal auch bis zu 100 Mitgliedern. Sie verzehren Gräser und Wasserpflanzen. In den heißen Mittagsstunden und bei Gefahr suchen Capybaras das nasse Element auf, in dem sie sich auch paaren.

Nach 150 Tagen Tragzeit bringen die Weibchen dann, meist am Ende der Regenzeit, ein bis acht Junge zur Welt – an Land, nicht im Wasser. Die Kleinen beginnen schon kurz nach der Geburt mit dem Grasen.

### Duftender „Fingerabdruck"

Zwei Duftdrüsen sorgen beim Wasserschwein für die individuelle Note. Mit ihrer Nasenrückendrüse signalisieren die Männchen ihre Überlegenheit.
Und ein Sekret aus Drüsentaschen am After dient bei beiden Geschlechtern zum individuellen Erkennen innerhalb der Gruppe, möglicherweise auch zum Abgrenzen des Reviers.

# Großes Mara  Dolichotis patagonum

**Sieht so aus:** Vom Aussehen her ähnelt das Große Mara einem Hasen (es wird daher auch Pampashase genannt), wenn es auf seinen langen, dünnen Beinen läuft, erinnert es eher an ein kleines Huftier. Tatsächlich aber gehört es zusammen mit seinem kleinen Verwandten, dem Zwergmara (*Dolichotis salinicola*), zu den Meerschweinchen. Kennzeichen des 70–75 cm großen und 8–9 kg schweren Pampashasen sind sein braunes, auf der Rumpfoberseite fast schwarzes Fell mit einem weißlichen Streifen und einem hellen Bauch.

**Wohnt dort:** Die tagaktiven Tiere leben in den Pampas Zentral- und Südargentiniens im offenen Busch- und Grasland und in der Halbsteppe.

**Lebt so:** Maras ernähren sich hauptsächlich von Gras. Nach rund drei Monaten Tragzeit bekommen die Weibchen ein bis drei weit entwickelte Junge, die im Alter von zwei bis drei Monaten bereits erwachsen sind.

## Partnertreue und Gemeinschaftsleben

Maras bilden Partnerschaften fürs Leben, welche vor allem vom Männchen aufrechterhalten werden, das seiner Partnerin auf Schritt und Tritt folgt und im Umkreis von 30 m um sie keinen Rivalen duldet.

Bei der Jungenaufzucht übernimmt der Vater die Wächterrolle über Kinder und Mutter. Auch wenn Maras gemeinsam in großen Trupps grasen, bleiben sich die Paare treu. Bis zu 15 Paare teilen sich sogar einen Bau zur Jungenaufzucht. Doch wird auch hier streng auf familiäre Zugehörigkeit geachtet. Auch wenn sämtliche Jungen aus dem Bau auftauchen, sobald ein Weibchen bei seiner Heimkehr Kontaktlaute ausstößt, werden von ihm, nach vorangegangener Geruchskontrolle, nur die eigenen gesäugt.

# Blatt-, Lanzennasen Fam. Phyllostomidae

Die Neuwelt-Blattnasen oder Lanzennasen sind mit 50 Gattungen und etwa 148 Arten die arten- und formenreichste Familie innerhalb der Fledermäuse (Bild: Brillenblattnase *Carollia perspicillata*).
**Sieht so aus:** Viele Arten tragen ein speerförmiges Nasenblatt, das ihnen den Familiennamen gab. Bei einigen wenigen Arten ist dieses auch klein und reduziert. Die Ohren sind meist einfach geformt und über der Stirn verbunden. Die Fellfärbung ist variabel, einige Arten weisen gar Streifen auf. Auch die Schwanzlänge und die Ausdehnung der Schwanzflughaut variieren sehr stark. Die Unterfamilie der Blütenfledermäuse zeichnet sich durch lange Schnauzen und Zungen aus.
**Wohnt dort:** Blattnasen-Fledermäuse kommen vom südlichen Nordamerika über Mittelamerika und die Karibik bis über große Teile Südamerikas vor. Sie besetzen eine große Zahl von Lebensräumen, von Trockenwäldern bis Trockensavannen und Halbwüsten.
**Lebt so:** Wie die meisten Fledermäuse jagen viele Blattnasen-Arten Insekten und andere Gliedertiere. Manche stellen aber auch Nagetieren, Eidechsen, Fröschen oder sogar Fledermäusen nach. Andere sind auf Früchte, wieder andere auf Nektar und Pollen spezialisiert. Letztere holen ihre Nahrung mit ihren langen Zungen aus den Blütenkelchen heraus, indem sie wie Kolibris im Schwirrflug vor den Blüten stehen. Sie fungieren damit gleichzeitig als Bestäuber für ihre Nahrungspflanzen. Und nicht zuletzt leben drei Arten der Blattnasen rein parasitisch: Es sind die Vampire, die die Adern von Warmblütern anzapfen und dann deren Blut mit der Zunge einlöffeln.

> ### Viel umsorgter kleiner Vampir
>
> Der Gemeine Vampir (*Desmodus rotundus*) hat mit über sieben Monaten die längste Tragzeit von allen Fledermäusen. Überdies gehören die „kleinen Vampire" zu den am längsten umsorgten Fledermauskindern.
> Sie werden von der Mutter ab dem vierten bis fünften Lebensmonat sogar begleitet und bei ihren ersten Blutmahlzeiten angeleitet.

# Südamerik. Nasenbär <small>Nasua nasua</small>

**Sieht so aus:** Das hervorstechende Merkmal dieses Kleinbären ist seine lange Schnauze mit der rüsselartig verlängerten und sehr beweglichen Nase. Nasenbären erreichen Körperlängen von 80–130 cm, wobei gut die Hälfte davon auf den schwarz geringelten Schwanz entfällt. Dieser wird beim Umherziehen wie eine Fahnenstange hochgereckt, was wohl zusammen mit einem leisen Grunzen dem Gruppenzusammenhalt dient. Der Weißrüsselnasenbär (N. narica) trägt ein graues oder braunes Fell und ein weißes Band ums Schnauzenende. Ansonsten gleicht er dem Südamerikanischen Nasenbär, der rötlich goldbraun gefärbt ist und ein schwarzes Gesicht mit weißen Flecken hat.

**Wohnt dort:** Nasenbären sind vom südlichen Nordamerika über Mittel- und Südamerika weit verbreitet.

**Lebt so:** Mit ihren Schnüffelnasen sondieren die Allesfresser das Laub am Waldboden nach Insekten, Spinnen und Eidechsen, die sie mit den bekrallten Vorderpfoten geschickt ausgraben. Sie erschnüffeln aber ebenso Beeren und Früchte und machen auch nicht vor Fischen, Kleinsäugern, nestjungen Vögeln oder Eiern halt. In Banden von 20–40 Tieren, die aus Weibchen mit ihrem Nachwuchs bestehen, durchstreifen die Nasenbären ihr Revier. Die Tiere einer Gruppe putzen sich gegenseitig, säubern gemeinsam die Jungen anderer Weibchen und vertreiben auch gemeinsam ihre Feinde wie Großkatzen, Greifvögel und Schlangen.

### Männer sind einsamer

Während die Weibchen meist in ihrer Geburtsgruppe bleiben, verlassen Nasenbär-Männchen im dritten Lebensjahr die Gruppe, bleiben aber in deren Territorium. Zur Paarungszeit gehen sie dann auf Wanderschaft und decken anderswo paarungsbereite Weibchen, um danach wieder ins alte Revier zurückzukehren. So ist trotz enger Gruppenbindung für genetischen Austausch gesorgt.

# Wickelbär Potos flavus

**Sieht so aus:** Der etwa katzengroße, 1,4–4,6 kg schwere Wickelbär hat als herausragendes Merkmal einen körperlangen Greifschwanz, der ihm seinen Namen gab. Aufgrund dieses Wickelschwanzes sowie den großen, dunklen, nach vorn gerichteten Augen im runden Kopf und dem kurzen, braunen, rötlich schimmernden Fell hielt man Wickelbären ursprünglich für Primaten und gab ihnen den Namen *Lemur flavus*. Tatsächlich gehören die nachtaktiven Kletterer mit ihrer „fünften Hand" am Hinterende aber zu den Kleinbären, ihre nächsten Verwandten sind Nasenbären (siehe S. 241), Waschbären (siehe S. 220) sowie Katzenfrette (siehe S. 218).

**Wohnt dort:** Heimat der Wickelbären sind die tropischen Wälder im östlichen Mittel- und Südamerika, von Südmexiko bis Brasilien. Dort halten sich die geschickten Kletterer fast ausschließlich hoch oben in den Baumkronen auf.

**Lebt so:** Ihr Speiseplan umfasst zu 90 Prozent Früchte und zu zehn Prozent Blätter. Nur wenige Säugetiere, darunter Flughunde, kommen auf einen so hohen Obstanteil bei der Ernährung. Selbst die eifrigsten Früchtefresser unter den Primaten bleiben unter Wickelbärniveau. Manchmal können aber auch Insekten einen bedeutenden Anteil an ihrer Mahlzeit ausmachen.

Weil in ihrem Lebensraum der Früchtetisch gewöhnlich reich gedeckt ist und hoch oben in den Bäumen nur wenige Feinde drohen, leben Wickelbären untereinander recht friedlich und haben eine geringe Fortpflanzungsrate. Den Tag verbringen sie schlafend in kleinen Gruppen in Baumhöhlen oder auf Ästen. Gegenseitiges Putzen, gemeinsames Fressen und Spielen mit Jungtieren gehört zu den Beschäftigungen in der Gruppe.

Eine Wickelbärgruppe besteht meist aus einem Weibchen mit ihrem Jüngsten, einem halbwüchsigen Jungen und ein bis zwei erwachsenen Männchen. Nur während der Paarungszeit streiten sich die Männchen und entscheiden in kurzen Kämpfen, wer das Paarungsmonopol bekommt.

Ihre Gruppenreviere von 30–50 ha Größe markieren die Tiere mithilfe von Duftdrüsen an Kinn, Kehle und Brust. Das in der Regel einzelne Junge kommt nach knapp vier Monaten Tragzeit zur Welt.

### Für was ein Wickelschwanz alles gut ist

Das Neugeborene trägt ein flaumig silbergraues Fell und ist zunächst noch taub und blind. Während sich Ohren und Augen um den fünften bzw. 19. Tag öffnen, ist sein Wickelschwanz erst mit zwei bis drei Monaten voll funktionsfähig. Ältere Wickelbären können sich damit und mit ihren Hinterfüßen an Äste hängen, um kopfabwärts und freihändig eine Frucht zu erreichen.

Für den Nachwuchs dient der Wickelschwanz der Mutter auch als Kuschelkissen, wenn sie ihr Kleines im „Kinderzimmer", einer Baumhöhle, darin einwickelt.

# Mähnenwolf  Chrysocyon brachyurus

**Sieht so aus:** Mit seinen langen Beinen, den großen Ohren, dem rötlich braunen Fell, der weißen Kehle und Schwanzspitze, den schwarzen Füßen und der aufrichtbaren, schwarzen Rückenmähne ist der Mähnenwolf eine eindrucksvolle Erscheinung und zählt sicher zu den schönsten Wildhunden. Die schlanken, eleganten Tiere werden gut 1 m lang bei einer Schulterhöhe von rund 85 cm und einem Gewicht von durchschnittlich 23 kg.
**Wohnt dort:** Die Grassteppen und Waldinseln in Zentral- und Südbrasilien, Paraguay, Ostbolivien, Südostperu und Nordargentinien sind Heimat der Mähnenwölfe, die im Passgang durch ihr Revier laufen und dank ihrer langen Beine auch im hohen Gras den Überblick bewahren können.
**Lebt so:** Vor allem Nager, Gürteltiere und Vögel stehen auf ihrer Beuteliste. Beim langsamen Anpirschen und beim Beutesprung erinnert der Mähnenwolf sehr an den Rotfuchs. Gelegentlich fängt der dämmerungs- und nachtaktive Einzelgänger auch Fische, Insekten und Reptilien.
Über die Hälfte seiner Nahrung aber besteht aus Früchten. Ihre Reviere kennzeichnen Mähnenwölfe mit Kot und Urin, nachts auch durch tiefes Bellen.
**Familienleben:** Zur Fortpflanzungszeit bilden Mähnenwölfe Paare. Nach etwa 65 Tagen Tragzeit wirft das Weibchen ein bis fünf Junge, die vom Rüden mitbetreut und mit Futter versorgt werden.
**Besonderes:** Die Tiere mit dem für Raubtiere ungewöhnlichen Passgang sind heute vor allem durch das Verschwinden großer, ungestörter Lebensräume gefährdet.

### Wolfsfrucht mit medizinischer Wirkung

Eine Lieblingsfrucht des Mähnenwolfs wurde ihm sogar namentlich gewidmet: *Solanum lycocorpum*, die „fruta do lobo", die Wolfsfrucht. Die Früchte dieses Nachtschattengewächses schützen den Mähnenwolf vor Infektionen mit dem Riesennierenwurm (*Dicotophyma renale*).

# Ozelot  Felis (Leopardus) pardalis

**Sieht so aus:** Mit bis zu 97 cm Körperlänge, 40 cm Schwanzlänge und 16 kg Gewicht ist der Ozelot nach Jaguar und Puma die drittgrößte amerikanische Katzenart. Sein gelbliches bis graues Fell zieren schwarze Streifen und Flecken. Der Bauch ist weiß, der Schwanz schwarz gefleckt.
**Wohnt dort:** Von Arizona in den USA bis nach Nordargentinien kommen Ozelots in Wäldern, Buschland und Steppenregionen vor.
**Lebt so:** Säugetiere bis Pudugröße (siehe S. 247), Vögel, Eidechsen und Schlangen sind Beutetiere dieses eher untersetzt gebauten, recht schweren und kurzschwänzigen Katzentyps. Obwohl der Ozelot ausgezeichnet klettern (und schwimmen) kann, ist er viel mehr als seine nahe Verwandte, die leichter und zierlicher gebaute Langschwanzkatze (*Leopardus wiedi*), auf dem Boden zu Hause. Die Tiere leben wahrscheinlich paarweise.

### Fellfarbe verrät Herkunft

Ozelots aus bewaldeten Regionen tragen ein ockergelbes bis orangefarbenes Fell, während Tiere im trockenen Buschland eher graufellig daherkommen.

Nach rund 70 Tagen Tragzeit wirft das Weibchen zwei bis vier Junge.
**Besonderes:** Durch die jahrzehntelange, rücksichtslose Verfolgung des Ozelots wegen seines begehrten Pelzes wurden vielerorts die Bestände dezimiert. Kein Beutegreifer, der „von Haus aus", d. h. aufgrund seiner Ökologie, schon recht selten ist, kann einen jährlichen Verlust von Hunderttausenden von Individuen, wie mit dem Ozelot geschehen, auf Dauer verkraften.

# Jaguar Panthera onca

**Sieht so aus:** Die größte Katze der Neuen Welt erreicht eine Kopfrumpflänge von stattlichen 1,85 m, eine Schwanzlänge von rund 70 cm und ein Gewicht von 55–115 kg. Das gelbbraune Fell des Jaguars ist mit unregelmäßigen schwarzen Flecken und dunklen Rosetten verziert.

**Wohnt dort:** Das Verbreitungsgebiet der prachtvollen Katzen reicht vom Südwesten der USA bis Patagonien. Nicht nur in Tropenwäldern und Sumpfgebieten, auch in offenen Landschaften, Wüsten und Savannen, streifen Jaguare umher.

### Brüllen und husten

Jaguare können gewaltig brüllen, beschränken sich bei der Jagd aber auf hustenartiges Bellen.
Werden sie bedroht, fauchen und knurren sie. Verliebte Jaguar-Kater geben miauende Laute von sich.

**Lebt so:** Mit Ausnahme der Paarungszeit ist der Jaguar ein strikter Einzelgänger. Obwohl er äußerlich dem Leoparden ähnelt, stellt er in punkto Verhalten und ökologische Rolle eher das neuweltliche Gegenstück zum Tiger dar. Dichte Wälder und Sumpfgebiete kommen dem Anpirschjäger besonders entgegen. Hauptsächlich werden größere Tiere wie Tapire (siehe S. 248), Hirsche und Pekaris gerissen. Doch der umfangreiche Speisezettel umfasst auch Affen, Vögel, Fische und Mäuse. Urwaldflüsse stellen für den ausgezeichneten Schwimmer kein Hindernis dar.

**Familienleben:** Die um 20 Prozent leichteren Jaguarweibchen werfen bis zu vier Junge, die wie alle Katzen blind geboren werden. Sie öffnen mit 14 Tagen ihre Augen und bleiben bis zu zwei Jahre bei der Mutter. Manchmal finden sich in einem Wurf auch Schwärzlinge, ähnlich wie beim Leoparden (siehe S. 90). Im direkt auftreffenden Licht sind aber auch in deren Fell die typischen Rosettenmuster des Jaguars erkennbar.

# Südpudu *Pudu pudu*

**Sieht so aus:** Ein braunes Fell, runde Ohren und auffallend große Voraugendrüsen zeichnen den Pudu aus. Mit einer Schulterhöhe von nur 35–38 cm und 6,3–8,2 kg Gewicht ist er der kleinste unter den echten Hirschen. Aber wie bei allen echten Hirschen trägt das Männchen ein Geweih – wenn es in diesem Fall auch nur einfache Spieße von 9–10 cm Länge sind.

**Wohnt dort:** Der Winzling ist in den Wäldern Chiles und Argentiniens beheimatet. Milde, nasse Winter und kurze, trockene Sommer kennzeichnen seinen Lebensraum. Sein etwas größerer Vetter, der Nördliche Pudu (*Pudu mephistopheles*) lebt im Andentiefland in Ecuador, Peru und Kolumbien.

**Lebt so:** In den teilweise immergrünen Wäldern finden die Kleinhirsche reichlich herabfallende Früchte, Kräuter und saftige Sprosse. Die Pudus durchstreifen einzelgängerisch auf ausgetretenen Wechseln ihre Reviere. Sie sind sehr geschickt darin, selbst höher oben wachsende Nahrung zu erreichen, indem sie

### Vielfältiges Werben

Um in der Brunftzeit dem umworbenen Weibchen näherzukommen, zeigen Pudu-Böcke vielerlei spezielle Verhaltensweisen: Breitseitimponieren, Auflegen des Kinns auf den Rücken des Weibchens, Berühren seines Hinterteils, Flehmen, Kauern, Auflegen von Brust und Vorderläufen auf seinen Rücken und schließlich sogar Überklettern des Weibchens.

sich auf die Hinterbeine aufrichten, Hochspringen, auf schräge Baumstämme klettern oder Sträucher umbiegen.
Ihre Kälber, die nach rund sieben Monaten Tragzeit geboren werden, sind im Flimmerlicht des Waldes extra gut getarnt, indem sie eine Fleckenzeichnung tragen (Foto).

# Flachlandtapir Tapirus terrestris

**Sieht so aus:** Ein massiger, stämmiger Körperbau, ein auffälliger Nasenrüssel, ein kurzes, borstiges, hell graubraunes bis schwarzes Haarkleid, ein deutlicher Nackenkamm sowie eine lange, schmale Mähne von der Stirn bis zu den Schultern und kurze breite Hufe – so steht der Flachlandtapir vor uns. Die Tiere werden bei einer Schulterhöhe von 80–110 cm und einer Körperlänge von 1,75–2,15 m etwa 180–250 kg schwer.

**Wohnt dort:** Flachlandtapire leben in den Regenwäldern des Tieflands sowie in Bergwäldern bis 1700 m Höhe, östlich der Anden von Nordkolumbien bis Südbrasilien, Nordargentinien und Paraguay.

Zwei weitere Verwandte, der Bergtapir (*Tapirus pinchaque*) und der Baird-Tapir (*Tapirus bairdii*) durchstreifen noch die Nebelwälder höherer Regionen bzw. Sümpfe und Bergwälder Mittelamerikas. Zusammen mit dem Schabrackentapir (*Tapirus indicus*) der Primärregenwälder Südmyanmars, Indiens, Thailands und Sumatras sind diese drei die letzten Überlebenden einer Abstammungslinie der Urhuftiere, die vor 55 Millionen Jahren die Erde bevölkerten.

**Lebt so:** Alle Tapire sind Pflanzenfresser mit einer Vorliebe für Wasser und Schlammsuhlen. Vorwiegend nachtaktiv, halten sie sich tagsüber meist im Dickicht verborgen. Im Wasser oder in der Suhle suchen sie zum einen Kühlung, zum andern Schutz vor Hautschmarotzern, sie flüchten aber auch bei Gefahr ins Wasser. Mit ihrem Rüssel erschnüffeln sie sich ihren Weg und nützen ihn als Finger zum Abzupfen von Blättern und Sprossen. Gras weiden sie hingegen wie Pferde ab, indem sie es mit ihren Schneidezähnen abbeißen. Aus dem Tapirkot keimen viele Samen der von ihnen gefressenen Pflanzenarten. Auf diese Weise tragen sie zur Verbreitung der Pflanzen und zur Verjüngung des Waldes bei.

**Familienleben:** Die Weibchen bekommen nach rund 13 Monaten Tragzeit ein einzelnes Junges, dessen Fell bei allen Arten rotbraun und mit hellen Tupfen und Streifen gezeichnet ist (Bild links).

### Im Tarnanzug durch den Urwald

Nicht nur das gefleckte Fell der Tapirjungen ist ein hervorragender Tarnanzug, auch der scheinbar so auffällig schwarz-weiß gezeichnete Schabrackentapir mit seinem über Rücken, Flanken und Bauch reichenden weißen „Sattel" ist in Wahrheit ein Tarnkünstler.

Nachts sind seine Umrisse durch den Hell-Dunkel-Kontrast des Sattels zum dunklen Vorder- und Hinterteil kaum zu erkennen.

# Lama, Alpaka Lama glama und Lama pacos

**Sieht so aus:** Lamas (Bild rechts) kommen in zwei Rassen, eine mit und eine ohne Wolle (Chaku und Ccara Sullo), vor. Ihr Fell kann sehr unterschiedlich gefärbt sein, von weiß über braun oder grau bis schwarz, einfarbig wie gescheckt. Lamas wiegen bis zu 130–155 kg und erreichen eine Rückenhöhe von 1,20 m. Wie alle neuweltlichen Kamelverwandten weist es keinen Rückenhöcker auf. Das Alpaka (Bild oben) sieht wie die kleinere Ausgabe des Lamas aus. Es wird nur 55–65 kg schwer, trägt aber ebenso ein einheitlich oder mehrfarbig weißes, braunes, graues bis schwarzes Fell.
**Besonderes:** Die beiden Arten sind die einzigen Großhaustiere, die aus den indianischen

## Wilde Kreuzungen

Lange schien festzustehen, dass Lama und Alpaka vom wilden Guanako abstammen.
Neuerdings gilt als wahrscheinlicher, dass das feinwollige Alpaka aus Kreuzungen zwischen Vikunja und Lama (oder Guanako) hervorgegangen ist.
Wie eng Alt- und Neuweltkamele miteinander verwandt sind, zeigt die erfolgreiche Kreuzung von Kamel und Lama in Dubai, aus der ein „Cama" hervorging.

Kulturen Südamerikas hervorgegangen sind. Das Lama war und ist in erster Linie Transporttier, während das Alpaka eine hauptsächlich zur Wollnutzung gezüchtete Art ist. In den Hauptnutzungsländern von Lama und Alpaka leisten beide Kleinkamelformen daneben auch einen wichtigen Beitrag zur Fleischversorgung. Ihre Haltung ist der Rentierhaltung der Samen nicht unähnlich. Die Tiere suchen in den unwirtlichen und futterarmen Weidegebieten auf den Hochlagen der Anden ihre Nahrung selbst. Sie kommen auch nie in einen Stall. Im Gegensatz zu den Rentierzüchtern kastrieren die Indios ihre Tiere nicht. Sie beeinflussen die Bestände tierzüchterisch, indem die Geschlechter meist getrennt gehalten oder Herden mit gleicher Fellfärbung bzw. anderen sich gleichenden Eigenschaften zusammengestellt werden. Der Gesamtbestand an Lamas und Alpakas wird auf sieben Millionen Tiere geschätzt.

Peru produziert etwa 80 Prozent der Weltproduktion an Alpakawolle. Diese feine Wolle zeichnet sich durch einen nur geringen Anteil an grobem Deckhaar und durch eine hervorragende Spinnfähigkeit aus.

Lamas können als Lasttiere bis zu 45 kg tragen und kommen somit als Reittiere nicht in Frage. Für längere Transporte werden sie mit 25–30 kg beladen und schaffen, so bepackt, Tagesstrecken von 15–20 km.

Eine durchaus unangenehme Eigenschaft, die allen Kleinkamelen gemeinsam ist, ist das Spucken. Es kommt vor allem untereinander bei Rangordnungsstreitigkeiten zum Einsatz, kann sich aber, etwa im Zoo, durchaus auch einmal gegen aufdringliche Besucher richten, die dem Tier lästig werden. Anders als wir Menschen spucken Lamas nicht nur mit Speichel, bei ihnen fliegt dem Kontrahenten eine übelriechende Mischung aus ätzendem Magensaft und halbverdautem Speisebrei entgegen, und zwar stets in Richtung der Augen.

# Vikunja  Vicugna vicugna

**Sieht so aus:** Mit höchstens 95 cm Schulterhöhe und 55 kg Gewicht ist das Vikunja die kleinste heute lebende Kamelart. Ein schlanker Körper, die langen Gliedmaßen und ein gerundeter Kopf verleihen den Tieren ein elegantes Aussehen. Ihr Fell ist einheitlich zimtbraun, die Unterseite weiß.

**Wohnt dort:** Die Heimat der Vikunjas liegt im Anden-Hochland Zentralperus, Westboliviens, Nordostchiles und Nordwestargentiniens. Ihr ungewöhnlich großes Herz ermöglicht den Tieren ein Leben in Höhen bis zu 5500 m.

**Lebt so:** Die aparten Kleinkamele leben in geschlossenen Familienverbänden von 6–19 Tieren in einem Tagesrevier zur Futtersuche von durchschnittlich 18 ha, in dem sie Gräser und Kräuter abweiden. Nachts ziehen sie sich zum Schutz vor Feinden zu höher gelegenen Schlafplätzen zurück. Das Männchen verteidigt das Revier der Familiengruppe gegen fremde Artgenossen. Dabei zeigt es häufig ein Drohlaufen.

Die Jungen kommen nach durchschnittlich 345 Tagen Tragzeit im Februar/März zur Welt. Zwillingsgeburten sind selten.

Nichtterritoriale Verbände männlicher Vikunjas kennen keine Rangordnung und können bis zu 155 Tiere umfassen. Erwachsene Vikunja-Männchen, die keine Familiengruppe führen, weil sie kein Revier besitzen, werden oft zu Einzelgängern.

### Die erste „rote" Art

Neben dem Puma ist der Mensch der ärgste Feind der Vikunjas. Wegen seiner feinen Wolle hemmungslos gejagt, war das Vikunja die erste Tierart, die von der Internationalen Naturschutzorganisation (IUCN) auf die Rote Liste der bedrohten Arten gesetzt wurde.

Vor allem dank effektiver Schutzprogramme in Peru leben heute erfreulicherweise wieder eine viertel Million dieser Kleinstkamele in Freiheit.

# Guanako *Lama guanicoë*

**Sieht so aus:** Das Guanako ist mit 110–115 cm Schulterhöhe und 100–120 kg Gewicht das größere der beiden südamerikanischen Wildkamelarten. Außer durch die Größe lässt es sich auch am langen Hals und an den eingezogenen Weichen vom Vikunja unterscheiden. Das Fell des Guanakos ist einheitlich zimtbraun gefärbt, an der Körperunterseite weiß, am Kopf grau bis schwarz. Es setzt sich aus grobem Deckhaar und feiner Unterwolle zusammen.

**Wohnt dort:** Die Art ist von Peru über Chile, Argentinien bis Patagonien vom Wüstenland über Savannen, Buschland und Wäldern bis in Gebirge in 4250 m Höhe weit verbreitet.

**Lebt so:** Guanakos leben in offenen Familienverbänden. Außerhalb der Familiengruppe gibt es reine Männchenverbände. Meinungsverschiedenheiten werden durch Schläge mit den Vorderläufen und gegenseitiges Anspucken ausgetragen. Das erwachsene Männchen einer territorialen Familiengruppe ist deren Leittier und verteidigt das Familienrevier gegen Eindringlinge. Doch herrschen bei den Guanakos im Vergleich zu den Vikunjas lockerere Sitten. Obwohl die Weibchen meist in ihrer Familiengruppe bleiben, wird ihnen vom Männchen ein Wechsel in eine andere Gruppe nicht ernsthaft verwehrt. Auch wird fremden Weibchen ohne Weiteres der Eintritt in die Gruppe erlaubt.

### Tierische Toiletten

Bei einem Zoospaziergang lassen sich interessante Beobachtungen zum Thema „Tiertoiletten" machen. Besonders eindrucksvoll ist die Toilettennutzung bei den neuweltlichen Kamelen. Bei Lamas, Guanakos, Alpakas und Vikunjas nutzen sämtliche Herdenmitglieder einen gemeinschaftlichen Kotplatz.
Durch die vorzügliche Düngung gedeiht das Gras an den Rändern einer solchen Kameliden-Toilette besonders gut, wird aber von den Toilettenbenutzern dort nicht abgefressen.

# Springaffen Callicebus spec.

**Sieht so aus:** Die netten, etwa 30–40 cm großen Springaffen werden in drei Artengruppen (Sumpf-, Roter Springaffe, Bild, und Witwenaffe) mit jeweils mehreren Arten unterschieden. Je nach Art sind sie braun oder rotbraun bis schwarz gefärbt, wobei ihr überkörperlanger Schwanz meist einfarbig ist, Bauch und Stirn sich hingegen im Farbton von der übrigen Fellfärbung abheben können.
**Wohnt dort:** Zu Hause sind die Früchte- und Blätterfresser in den Feucht- und Regenwäldern Südamerikas, vom Tiefland bis in 1000 m Höhe. Auch über sumpfige, überflutete Bereiche entlang von Flüssen erstreckt sich ihr Lebensraum.
**Lebt so:** Im Gegensatz zu den ähnlich großen Totenkopfaffen (siehe S. 258) und Nachtaffen (siehe S. 255) bewegen sich Springaffen trotz ihres Namens und eines ausgezeichneten Springvermögens viel weniger springend durch ihr südamerikanisches Urwaldreich. Ihre beliebteste Fortbewegung besteht eher aus bedächtigem, vierfüßigem Laufen und Klettern. Der nicht greiffähige Schwanz dient ihnen dabei zum Balancieren und zum Kontakthalten. In den Morgenstunden lassen die Tiere oft ihre außergewöhnlich klangvolle Stimme ertönen.
**Familienleben:** Springaffen leben in kleinen, monogamen Familieneinheiten aus Vater, Mutter und ein bis zwei Kindern. Wenn sich die Mitglieder dieser Kleinfamilie in ihren Schlafbäumen zusammenkuscheln, rollen sie in enger Verbundenheit ihre langen Schwänze umeinander.

### Väter mit Erziehungsauftrag

Im Alltag kümmert sich vor allem der Springaffen-Vater um den Nachwuchs und gibt ihm emotionale Geborgenheit. Bei Gefahr rückt das Junge automatisch näher an ihn.
Schließlich ist es der Vater, der es die meiste Zeit trägt, es auch putzt und bei Sturm und Regen mit seinem Körper schützt. Lediglich zum Säugen muss es zur Mutter „umsteigen".

# Nachtaffe *Aotes trivirgatus*

**Sieht so aus:** Ein rundlicher Kopf mit auffällig großen Augen, eine weiße Gesichtszeichnung, die durch drei schwarze Streifen begrenzt wird, ein graubraun bis grauoliv gesprenkeltes Fell sowie ein langer, im letzten Drittel dunkler Schwanz, das sind die Erkennungszeichen dieser einzigen vorwiegend nachtaktiv lebenden Affenart.

**Wohnt dort:** Nachtaffen bevölkern die Wälder fast ganz Südamerikas, kommen sowohl in trockenen wie auch in feuchten Lebensräumen bis in 3000 m Höhe vor.

**Lebt so:** Sie ernähren sich von Früchten, Blättern, Insekten, Wirbeltieren und Eiern. Mit den verwandten Springaffen haben Nachtaffen eine monogame Lebensweise gemeinsam. Ihre Reviere von rund 3 ha Größe bewohnen sie paarweise oder in kleinen Familiengruppen. Die Jungen kommen gewöhnlich als Einzelkinder zur Welt.

### Vom Vorteil, ein Mondscheinaffe zu sein

Mit ihren großen Augen sind Nachtaffen bestens fürs Nachtleben ausgerüstet. Zwar haben sie im Laufe ihrer Entwicklungsgeschichte das Farbsehen eingebüßt, dafür aber können sie selbst noch bei sehr wenig Licht Früchte ausmachen und Insekten fangen. Der große Vorteil des Nachtlebens: Sie gehen so der Nahrungskonkurrenz größerer Arten, vor allem der Kapuziner (siehe S. 259), aus dem Weg und sie werden erst dann aktiv, wenn sich die tagaktiven Beutegreifer, etwa Greifvögel, zur Ruhe begeben.

Für Jaguar und Ozelot, die ihnen auch nachts gefährlich werden könnten, sind sie als gewandte Kletterkünstler kaum erreichbar. Und dort, wo der nachtaktive Virginia-Uhu häufig vorkommt, sind die Nachtaffen teilweise wieder zur ursprünglich tagaktiven Lebensweise zurückgekehrt.

SÜDAMERIKA

# Weißkopfsaki *Pithecia pithecia*

**Wohnt dort:** Anzutreffen sind Weißkopfsakis in den Tiefland- und Bergregenwäldern nördlich des Amazonas, östlich des Rio Negros und Orinocos.

**Lebt so:** Die tagaktiven Affen leben paarweise oder in kleinen Familiengruppen. Im Gegensatz zu den anderen Sakis halten sich Weißkopfsakis bevorzugt in den unteren Baumkronenlagen auf, um dort nach Früchten, Samen und Blüten zu suchen.

### Kleinkinderbetreuung in der Familie

Nach der Geburt eines Jungtiers übernimmt die Mutter die Erstbetreuung. Zunächst ist die Schenkelbeuge der Mutter, dann ihr Rücken der Hauptaufenthaltsort des Kleinkinds.

Später wechselt es auf den Rücken des Vaters, und noch später kommen in seiner Betreuung auch ältere Geschwister zum Zuge.

**Sieht so aus:** Unter den fünf Arten der Sakis oder Schweifaffen ist der Weißkopfsaki durch das weißbehaarte Gesicht sowie die gleichgefärbte Kehle der ansonsten schwarzen Männchen (Foto oben) gekennzeichnet. Weißkopfsakis gehören zu den wenigen kapuzinerartigen Affenarten, bei denen die Geschlechter unterschiedlich gefärbt sind. Ihre Weibchen tragen ein braunes bis graubraunes Fell mit hellerer Unterseite und im Gesicht einen weißen bis hellroten Streifen vom Auge bis zu den Mundwinkeln. Typisch und namengebend für die Schweifaffen ist ein körperlanger, nicht greiffähiger, buschiger Schwanz, der bei den Weißkopfsakis 45 cm lang werden kann. Die Tiere wiegen zwischen 0,8–2,5 kg, wobei die Männchen etwas größer werden als die Weibchen.

# Uakari Cacajao calvus

**Sieht so aus:** Sein nur schwach oder gar nicht behaartes Gesicht mit der rosa bis scharlachrot gefärbten Haut und der hohen Stirn macht den Uakari für unseren Geschmack nicht gerade zu einer Schönheit. Ein für südamerikanische Affen mit 14–18 cm im Vergleich zur Körpergröße nur sehr kurzer Schwanz sowie ein dichtes, je nach Unterart weißes oder kastanienrotes Fell sind weitere Merkmale dieser etwa 55 cm großen und 2,9 kg (Weibchen) bzw. 3,4 kg (Männchen) schweren Art.

**Wohnt dort:** Uakaris leben in sumpfigen Wäldern im Stromgebiet des Amazonas. Während die rote Unterart fast nur im Schwarzwasser-Überflutungswald vorkommt, zieht die weiße Unterart den Weißwasser-Überflutungswald als Lebensraum vor.

**Lebt so:** Sie durchstreifen tagaktiv und untereinander sehr friedlich in größeren Sozialgruppen mit mehr als einem erwachsenen Männchen ihr Gebiet auf der Suche nach Früchten und schmackhaften Blättern.

**Familienleben:** Das Junge wird anfänglich von der Mutter an der Hüfte seitlich am Bauch getragen, steigt ab dem dritten oder vierten Lebensmonat auf ihren Rücken um, beginnt mit einem halben Jahr mit anderen zu spielen und beklettert dann auch die duldsamen Männchen. Obwohl Uakari-Junge mit sechs Monaten erstmals feste Nahrung aufnehmen, schlafen sie mit einem Jahr noch auf ihrer Mutter und dürfen bei ihr noch bis zur Geburt des nächsten Kindes die Milchquelle nutzen.

### Je röter, desto gesünder

Während eine dauerhaft rote Gesichtsfarbe beim Menschen ein Krankheitssymptom ist, zeigt die intensiv rote Gesichtsfarbe bei Uakaris an, dass die Tiere gesund sind. Nur bei kranken Uakaris wird das Gesicht blasser.
Wegen der uns so ungesund erscheinenden Gesichtshaut wird der Rote Uakari auch „Scharlachgesicht" genannt.

SÜDAMERIKA

# Totenkopfaffe Saimiri sciureus

### Keine Hausmänner

Im Gegensatz zu einer Reihe anderer Neuweltaffen beteiligen sich die Männchen der Totenkopfaffen nicht an der Jungenaufzucht.
Dennoch sind die Mütter dabei nicht auf sich allein gestellt.
Als Helferinnen unterstützen meist die eigenen, noch kinderlosen Töchter ihre Mutter beim Tragen und Beaufsichtigen der Jüngsten und erleichtern ihr so die Futtersuche.

**Sieht so aus:** Der Zweitname Eichhornaffe klingt viel sympathischer und wird dem Wesen dieser reizenden, behände im Geäst umherkletternden und -springenden Tierchen weit eher gerecht als ihr abschreckender Trivialname. Den haben sie ihrer totenkopfähnlichen Gesichtszeichnung zu verdanken. Ihr kurzes Fell ist auf dem Rücken meist olivfarben, auf der Bauchseite heller gelb. Gesicht, Kehle und Ohren sind weiß, die Mundregion und die Schwanzspitze schwarz, die Kopfhaare dunkelgrün bis grau und schwarz. Die nur 0,5–1,2 kg schweren Tiere werden 27–37 cm groß, wobei ihr Schwanz weitere 37–45 cm misst.

**Wohnt dort:** Totenkopfaffen sind in Amazonien und den Guayana-Staaten nördlich des Amazonas vom Atlantik bis zu den Anden, südlich des Amazonas nur in Ostbrasilien verbreitet und besiedeln die unterschiedlichsten Waldgebiete bis in 2000 m Höhe, von feuchten Sekundär- und Primärwäldern über Mangroven- und Flusswälder bis zu Trockenwäldern.
**Lebt so:** Die tagaktiven Tiere durchstreifen in Gruppen von 10–50 Mitgliedern, darunter mehrere erwachsene Männchen, bevorzugt die mittlere Waldschicht. Ihre Reviere sind zwischen 15–130 ha groß. Sie fressen vor allem Früchte, können sich aber auch gänzlich von Insekten ernähren.
**Familienleben:** Nach gut drei Monaten Tragzeit bekommen die Weibchen meist ein Junges, selten zwei, das mit fünf bis zwölf Monaten selbstständig und mit zwei Jahren geschlechtsreif ist.

# Gehaubter Kapuziner Cebus apella

**Sieht so aus:** Sein Name weist auf die aufgerichteten, langen Kopfhaare hin, die regelrechte Hörner, Kappen oder Kämme bilden. Das Fell dieser Art ist rauer als bei verwandten Arten, meist hell- bis dunkelbraun gefärbt, am Bauch heller. Die Extremitäten sind immer schwarz, die Gesichtszeichnung dagegen sehr unterschiedlich.
Meist scheint die helle Haut durch das dünne, weißliche Gesichtsfell, das von schwarzen Koteletten bis zum Kinn eingerahmt wird. Die schwarze Stirnkappe bildet einen nach unten gerichteten, die Stirn teilenden Keil. Die Männchen werden bei bis zu 55 cm Körper- und ebenso viel Schwanzlänge sowie bis zu 4,8 kg Gewicht deutlich größer als die Weibchen.
**Wohnt dort:** Gehaubte Kapuziner kommen in ganz Südamerika östlich der Anden in subtropischen und tropischen Wäldern vor, auch in höheren Lagen bis in 2700 m Höhe.
**Lebt so:** Sie leben in großen Sozialgruppen mit bis zu 40 Tieren und mehr als einem erwachsenen Männchen.

## Emanzipierte Weibchen und hilflose Junge

Bei Gehaubten Kapuzinern sind es die Weibchen, die aktiv um die Männchen werben: Sie nähern sich den Auserwählten mit hochgezogenen Augenbrauen, um sie mit Gesten und typischen Lauten aufzufordern, ihnen zu folgen.
Das ist oft gar nicht einfach, wenn ein Männchen nur wenig Interesse an der Werberin zeigt. Nach erfolgreicher Paarung und gut fünf Monaten Tragzeit wird ein Junges geboren, das zunächst noch völlig hilflos ist und seine ersten drei Lebenswochen, abgesehen vom Säugen, mehr oder weniger bewegungslos quer liegend auf dem Rücken der Mutter verbringt.

# Spinnenaffe Brachyteles arachnoides

### Lockruf des Weibchens

Ein paarungsbereites Weibchen kann durch seine Rufe eine ganze Schar von Männchen anlocken, die ihm dann folgen und sich in den nächsten Tagen mehrfach mit ihm paaren.
Die Weibchen gebären nur ein Junges, das stets mit der Mutter zusammenbleibt, wenn sich die Gruppe in Untergruppen aufteilt.

**Sieht so aus:** Mit einer Körperlänge bis knapp über 60 cm, dem bis zu 84 cm langen Greifschwanz und einem Gewicht um die 12 kg sind Spinnenaffen oder Murikis die größte Neuwelt-Affenart. Ihr dichtes und dickes Fell ist einheitlich hellgrau bis braun, bei den Männchen manchmal gelb durchsetzt. Durch ihre großen Nasenöffnungen, die wie bei den Altweltaffen nach unten gerichtet sind, unterscheiden sie sich deutlich von den verwandten Klammeraffen, ebenso dadurch, dass die weiblichen Geschlechtsteile nicht sichtbar sind und die Männchen auffällig große Hoden haben.

**Wohnt dort:** Der feuchte Regenwald in Südostbrasilien, von Bahia bis Sao Paulo, beherbergt die letzten, versprengten Restpopulationen dieser Affenart, die zu den gefährdetsten Neuweltaffen überhaupt zählt. Seit den 1980er-Jahren kennt man sogar zwei Arten von Spinnenaffen, die sich im Körperbau, in ihrer Genetik und hinsichtlich ihrer Sozialstruktur unterscheiden.

**Lebt so:** Die tagaktiven Murikis leben in Viel-Männchen-Gruppen von 8–45 Tieren, die sich zum Fressen aber oft aufteilen. Sie ernähren sich mehr von Blättern als die Klammeraffen und halten sich meist im Kronenbereich der Bäume auf.

**Besonderes:** Vom Nördlichen Spinnenaffen (Brachyteles hypoxanthus) existieren noch 300–400 Tiere in vereinzelten Populationen, vom Südlichen Spinnenaffen (B. arachnoides), der zum Symbol für den Schutz der Atlantischen Regenwälder wurde, weniger als 1000 Tiere.

# Geoffroy-Klammeraffe  Ateles geoffroyi

**Sieht so aus:** Der Geoffroy-Klammeraffe wird bis zu 52 cm groß, hat einen bis über 80 cm langen Greifschwanz und bringt bis zu 9 kg auf die Waage. Auffällig sind seine langen, schlanken Beine. Das Fell ist goldbraun oder rot- bis dunkelbraun, Hände und Füße sind schwarz, der Bauch ist heller.

Die etwas größeren, dabei aber nicht schwereren Weibchen haben eine auffällig große, äußerlich sichtbare Klitoris, die Männchen dagegen kaum sichtbare Hoden.

**Wohnt dort:** Die Art lebt vornehmlich im Kronenbereich von Primärfeucht- und Regenwäldern und kommt in Mittelamerika bis Zentralpanama vor.

**Lebt so:** Wie auch die fünf verwandten Klammeraffenarten benutzen Geoffroy-Klammeraffen Hände und Füße, um schwungvoll durchs Geäst zu hangeln, wobei ihnen ihr Greifschwanz als „fünfte Hand" dient. Mehr als 75 Prozent ihrer Nahrung besteht aus reifen Früchten. Die tagaktiven Tiere streifen in polygamen Gruppen umher. Wo reichlich Früchte sind, können sich auch größere Verbände bilden.

**Familienleben:** Nach sieben bis siebeneinhalb Monaten Tragzeit gebären die Weibchen ein einzelnes Junges, das die ersten vier Lebenswochen am Bauch getragen wird.

Später steigt es auf den Rücken um, wo es sich festhält, indem es mit seinem Greifschwanz die Schwanzwurzel der Mutter umschlingt.

### Häusliche Männchen

Im Gegensatz zu vielen anderen Affenarten verlassen bei den Klammeraffen die Weibchen ihre Geburtsgruppe, während die Männchen darin bleiben.

Letztere verteidigen gemeinsam die Territoriumsgrenzen der Gruppe gegen zudringlich Fremdhorden.

SÜDAMERIKA

# Brüllaffen Alouatta spec.

**Sieht so aus:** Alle Brüllaffen besitzen einen langen, kraftvollen Greifschwanz, der den Tieren als fünfte Hand dient und beim Klettern als Sicherheitsanker benutzt wird. Je nach Art und Geschlecht reichen die Fellfarben von Schwarz über Brauntöne (Bild: Braune Brüllaffen A. guariba) und Kastanienrot bis Blond.

**Wohnt dort:** Die Tiere besiedeln unterschiedliche Lebensräume, vom Primärregenwald über Galeriewälder und Waldinseln bis Savannen und Mangroven und sind vom südlichen Mexiko über Mittelamerika bis südlich des Amazonas recht weit verbreitet.

**Lebt so:** Ihr Name ist Programm: Wie ihre 13 Artverwandten lassen auch die Braunen Brüllaffen jeden Morgen laute Brüllgesänge hören. Damit gibt eine Gruppe den Nachbargruppen ihren aktuellen Aufenthaltsort zu erkennen. Auf diese zwar lautstarke, aber friedliche Weise bleiben die Abstände zwischen den Gruppen gewahrt und ein zufälliges Aufeinandertreffen fremder Tiere wird vermieden. Auch lassen Brüllaffen ihr lautes Rufen am Abend ertönen, und nicht zuletzt brüllen sie bei Gefahr.

Sie leben polygam in Gruppen bis zu 17 Tieren und ernähren sich primär von Früchten, die oft noch unreif sind, sowie von Blättern und Schösslingen.

### Versuch's mal mit Gemütlichkeit

Hektisches Umherspringen ist den Brüllaffen fremd. Zwischen ausgedehnten Ruhephasen bewegen sie sich bedächtig kletternd fort, wobei sie stets ihren Greifschwanz als Sicherung einsetzen.

# Springtamarin Callimico goeldii

**Sieht so aus:** Der kleine, schwarze bis schwarzbraune Affe ist nur 20–30 cm groß und hat einen ebenso langen Schwanz. Die Waage zeigt bei ihm zwischen 400 und 650 g. An allen Fingern und Zehen mit Ausnahme des großen Zehs trägt er krallenähnliche Nägel.
**Wohnt dort:** Springtamarine leben in den Bambuswäldern am Oberlauf des Amazonas.
**Lebt so:** Die tagaktiven Tiere ernähren sich von Früchten, Insekten und kleineren Wirbeltieren. Beim Klettern und Springen durch ihr 30–60 ha großes Reich, das sie in kleinen Familiengruppen bewohnen, bevorzugen sie eine senkrechte Haltung. Vielfältige Lautäußerungen und Duftsignale dienen der Verständigung. Eine *Callimico*-Gruppe besitzt im Gegensatz zu anderen Krallenaffen mehr als ein Weibchen, das Nachwuchs bekommt.

### Doch kein Bindeglied

Bei seiner späten Entdeckung 1904 barg der Springtamarin für Primatenforscher eine Reihe von überraschenden Besonderheiten. Seine geringe Größe sowie die krallenähnlichen Nägel weisen auf die Zugehörigkeit zu den Krallenaffen hin. Mit dem Vorhandensein eines dritten Backenzahns entspricht seine Bezahnung aber der der Kapuzinerartigen Affen.
Auch bringen Springtamarine nur ein Junges zur Welt, während bei allen anderen Krallenaffen Zwillingsgeburten die Regel sind.

Heute weiß man durch molekulargenetische und anatomische Untersuchungen, dass der Springtamarin doch nicht der vermutete gemeinsame Vorfahr aller Krallen- und Kapuzineraffen, sondern ein „echter" Krallenaffe ist. Der Verlust des Backenzahns ist wohl schlicht eine Folge der Zwergwüchsigkeit.
Durch die Verkleinerung des Kiefers reichte offenbar der Platz nicht mehr für eine volle Bezahnung. So ist der dritte Backenzahn beim Springtamarin zwar noch vorhanden, aber sehr klein und anscheinend funktionslos.

# Lisztaffe Saguinus oedipus

Die große Familie der Krallenaffen, die insgesamt 36 Arten umfasst, ist mit ihrem seidenweichen Fell, dem langen Schwanz und vor allem den unterschiedlichen Haarbüscheln, Mähnen, Haarkronen und Schnurrbärten die variantenreichste Gruppe der Neuweltaffen. Krallenaffen unterscheiden sich von den größeren Neuweltaffen unter anderem durch den Besitz von Krallen anstatt Nägeln an allen Fingern und Zehen mit Ausnahme der großen Zehen sowie durch die bei ihnen üblichen Zwillingsgeburten.

**Sieht so aus:** Sicher zu den hübschesten Vertretern der Krallenaffen gehören die Lisztaffen. Mit ihrer reinweißen, langen Haarmähne auf dem Kopf, die auf der Stirn spitz zuläuft, dem schwärzlichen Gesicht, der dunkelbraunen Rückendecke und dem Weiß an Unterseite, Armen und Unterschenkeln geben sie sich ausgesprochen farbenfroh. Ihr langer Schwanz ist in der oberen Hälfte rostrot, in der unteren schwarz gefärbt.

**Wohnt dort:** Die Tiere bewohnen im südlichen Mittel- und nördlichen Südamerika verschiedene Waldtypen, vom tropischen Primärregenwald und Sekundärwald über Trockenwälder bis zum Galeriewald und zu Baumsavannen.

**Lebt so:** Lisztaffen leben tagaktiv in Gruppen von zwei bis 13 Tieren. Zu ihrer Nahrung gehören Insekten, Spinnen, Früchte, Baumsäfte, auch Blüten, Blätter, Nektar, Eidechsen, Eier, Nestlinge und Baumfrösche. Sie selbst wiederum können Beute werden von kleinen Raubkatzen, von Greifvögeln und Schlangen.

**Familienleben:** Lisztaffen bekommen nach 140–145 Tagen Tragzeit ihre Zwillinge, die mit 40 g Geburtsgewicht zehnmal leichter sind als die erwachsenen Lisztaffen. Sämtliche Gruppenmitglieder beteiligen sich an der Aufzucht der Jungen, indem sie ihnen vor allem als Tragtiere dienen. 70–80 Tage lang lassen sich kleine Lisztäffchen herumtragen, länger als andere Krallenaffenarten.

---

### Größte Artenvielfalt und höchste Bedrohung

Die größte Artenvielfalt an Krallenaffen findet sich am Mittel- und Oberlauf des Amazonas.

Dort leben die Winzlinge in engen, durch kleine Flusssysteme inselartig begrenzten Verbreitungsgebieten. Seit 1990 hat man dort noch neun neue Arten entdeckt, darunter den Schwarzgesichtslöwenaffen (*Leontopithecus caissara*) als vierte Löwenaffenart (siehe auch S. 269).

Überall dort, wo die Wälder zerstört werden und Siedlungen sich in das Amazonasgebiet hinein ausweiten, sind Krallenaffen besonders gefährdet.

Das gilt ebenso für die Löwenaffen in den Tieflandwäldern Brasiliens, wie etwa den Mantelaffen (*Saguinus bicolor*) nördlich des Amazonas.

# Kaiserschnurrbarttamarin Saguinus imperator

**Sieht so aus:** Die nur etwa 25 cm großen Tierchen aus der Tamarin-Sippe haben einen überkörperlangen, manchmal bis zu 40 cm langen Schwanz. Namengeber ist ihr langgezogener, weißer Schnurrbart. Eine der beiden Unterarten trägt noch zusätzlich zum Schnurrbart einen weißen, zotteligen Bart an der Unterlippe. Hände, Füße und Kopfdecke sind bei den Kaiserschnurrbarttamarinen schwärzlich, der Rücken ist grau und leicht gelblich meliert, der schwarze Schwanz ist an der Basis rostrot gefärbt.

**Wohnt dort:** Das Verbreitungsgebiet der Art erstreckt sich über Amazonien und reicht von Peru bis Nordwestbrasilien. Die netten Äffchen bewohnen verschiedene Waldformen, von lichtem, trockenem Hochwald bis zu Wäldern in Überschwemmungsgebieten, deren Bewuchs bis zum Boden reicht.

**Lebt so:** Die tagaktiven Tiere leben in Gruppen von zwei bis acht, manchmal auch bis zu 15 Tieren. Ihr Speiseplan umfasst Insekten, Früchte und Baumsäfte, auch Blüten, Blätter, Eidechsen, Eier und Baumfrösche.

### Friedliches Nebeneinander

Während unterschiedliche Marmosettenarten nie im selben Gebiet vorkommen, leben Tamarinarten durchaus neben- und miteinander.

Marmosetten vermeiden durch strikte räumliche Trennung die Konkurrenz um dieselbe Vorzugsnahrung, nämlich Baumsäfte. Dagegen können sich Tamarine mit ihrem breiteren Nahrungsspektrum ein Neben- und Miteinander leisten. Die größeren Tamarinarten leben oft in den oberen Stockwerken des Waldes. Darunter hausende kleinere Arten profitieren dann sogar von ihren Verwandten im oberen Stock, denn durch deren Aktivität fallen leicht einige Beutetiere zu ihnen hinunter. Einige Tamarinarten leben sogar friedlich miteinander in gemischten Gruppen.

# Zwergseidenaffe Cebuella (Callithrix) pygmaea

**Sieht so aus:** Mit nur 17,5 cm Körper-, 19 cm Schwanzlänge und 120–190 g Gewicht ist der Zwergseidenaffe der kleinste aller Krallenaffen und zugleich die kleinste Affenart überhaupt. Früher der Gattung *Callithrix* zugeordnet, wird die Art heute als eigene Gattung innerhalb der Marmosetten neben den Gattungen *Callithrix* und *Mico* betrachtet. Zwergseidenaffen besitzen ein gleichmäßig braunmeliertes Fell, lange Haare an Kopf und Wangen sowie einen undeutlich geringelten Schwanz.

**Wohnt dort:** In zwei Unterarten kommen die Tierchen im Amazonasgebiet in Kolumbien, Peru, Ecuador, Nordbrasilien und Bolivien vor.
**Lebt so:** Sie haben sich von allen Krallenaffen am stärksten auf das Anzapfen von Baumsäften spezialisiert. Die Gruppenreviere dieser Affenzwerge sind oft nur 1000–3000 m² groß. Innerhalb dieser engen Grenzen sind ihre bevorzugten Zapfbäume allerdings von den Spuren ihres Tuns übersät. Bis zu 1200 Zapflöcher in Form von runden und rinnenförmigen Nagestellen können sich pro m² finden.

## Wundverschluss als Nahrungsgrundlage

Viele Baumarten produzieren zähflüssige Säfte, die als Wundverschluss dienen, wenn ihre Rinde z. B. durch holzbohrende Insekten verletzt wurde. Während manche Halbaffenarten nur den austretenden Saft verzehren, bohren Marmosetten den Baum zur Saftgewinnung aktiv an.
Dazu besitzen diese Arten im Gegensatz zu den Tamarinen große Schneidezähne mit einem dicken, widerstandsfähigen Zahnschmelz auf der Vorderseite. Während sie die oberen Schneidezähne in den Baum einschlagen, arbeiten sich ihre unteren Schneidezähne meißelartig aufwärts. So produzieren sie ovale Löcher, aus denen jeweils nur wenig Saft austritt.
Wenn nach zwei Minuten eine Saftquelle versiegt, wird ein neues Loch gemeißelt.

SÜDAMERIKA

# Weißbüschelaffe Callithrix jacchus

**Sieht so aus:** Auffällig abstehende, namengebende weiße Ohrbüschel, ein weißer Stirnfleck im meist dunkelbraunen Kopffell, ein graubraunes Rückenfell sowie ein 30–35 cm langer Schwanz mit kräftiger Querbänderung sind die Kennzeichen dieser etwa 20 cm großen Krallenaffenart aus der Gattung der Marmosetten.

**Wohnt dort:** Die Art kommt ursprünglich in Nordostbrasilien vor, wurde im Süden Brasiliens eingeführt und findet sich selbst in Vororten von Buenos Aires, Argentinien, zurecht. Die anpassungsfähigen Weißbüscheläffchen leben in Küsten- und Galeriewäldern ebenso wie in Dornbuschgebieten, Buschsavannen und Plantagen. Während sie mit dem Schwinden ihres ursprünglichen Lebensraums im Nordosten Südamerikas immer seltener werden, sind sie im neu erschlossenen Lebensraum inzwischen häufig. Früher wurden sie oft auch als Heimtiere gehalten.

**Lebt so:** Früchte, Blüten, Baumsäfte und Nektar, große Insekten, Spinnen, auch Vogeleier, Nestlinge, Frösche und kleine Echsen umfasst ihr vielfältiger Speiseplan. Die Gruppengröße beträgt zwei bis 13 Tiere. Meist werden Zwillinge geboren, in Menschenobhut sogar oft Drillinge.

### Kommunikativ mit allen Mitteln

Zur Kommunikation setzen Weißbüschelaffen neben dem relativ eingeschränkten Mienenspiel auch ausdrucksstarke Körperhaltungen sowie eine komplexe Lautsprache ein, die aus hohen Gesängen besteht. Marmosetten markieren ihr Wohnrevier mit Sekret aus Drüsen im Brust- und Genitalbereich.

Nähert sich ein Eindringling, werden dem Störenfried als Warnung mit erhobenem Schwanz die leuchtend hellen Genitalien präsentiert.

# Goldener Löwenaffe Leontopithecus rosalia

**Sieht so aus:** Sein goldgelbes Fell mit gelegentlich helleren oder dunkleren Stellen, besonders im Schwanzbereich, macht diesen Krallenaffen unverwechselbar. Die langen Haare an der Kopfkrone sowie den Wangen und Halsseiten bilden die abstehende „Löwenmähne". Mit 30–40 cm Körper-, 26–38 cm Schwanzlänge und 630–710 g Gewicht ist er das größte Mitglied der Krallenaffen-Familie.

**Wohnt dort:** Die Heimat der auffälligen Affen sind die letzten Reste alter Feuchtlandwälder an der Atlantikküste Brasiliens.

**Lebt so:** Früchte, Blüten, Insekten, Baumfrösche, Echsen, auch Baumsäfte und Nektar zählen zur Nahrung dieser Krallenaffen. Mit ihren langen Fingern können Löwenaffen ausgezeichnet ihre Beute aus den auf den Bäumen wachsenden Bromelien angeln. Die tagaktiven Tiere schlafen in Baumhöhlen und durchstreifen ihre Reviere in Gruppen von zwei bis acht Tieren.

Löwenaffen sind geschickte Stammkletterer, bewegen sich aber am liebsten laufend und springend in waagrechter Richtung durch ihr Reich, das infolge der Lebensraumzerstörung nur noch in winzigen, von einander isolierten Resten existiert.

**Familienleben:** Nach 128 Tagen Tragzeit werden zwei Junge geboren, die von beiden Elterntieren und auch den älteren Geschwistern betreut werden.

### Die Letzten ihrer Art

Trotz Rettungsversuchen, Zoonachzuchten und Auswilderungsprogrammen zählen der Goldene, der Goldsteiß- (*L. chrysopygus*) und der Schwarzgesichtslöwenaffe (*L. caissara*) mit nur noch 600–800, weniger als 1000 und 250–350 Exemplaren in Freiheit zu den 25 am meisten gefährdeten Primatenarten weltweit.

Dagegen ist der ebenfalls durch Landinanspruchnahme gefährdete Goldkopflöwenaffe (*L. chrysomelas*) mit 6000 Tieren im Freiland geradezu noch „häufig".

# Australien

# Schnabeltier Ornithorhynchus anatinus

**Sieht so aus:** Als die erste Haut eines Schnabeltiers 1798 in Europa eintraf, glaubte man an eine Fälschung. Zu wenig schien ein „Entenschnabel" zu einem haarigen Säugetier mit „Biberschwanz" und Schwimmhäuten an den Füßen zu passen. Doch alles an dem wohl seltsamsten Säugetier überhaupt ist echt. Körperlänge und Gewicht der Tiere schwanken je nach Region, das Gewicht auch nach Jahreszeit. Die größeren Männchen erreichen eine Körperlänge bis 40 cm, eine Schwanzlänge von 15,5 cm und ein Gewicht von 2,5 kg.
**Wohnt dort:** Im östlichen Australien heimisch, bewohnen Schnabeltiere Flüsse, Bäche und Ströme, gelegentlich auch Seen, deren Ufer sich zum Graben ihrer Baue eignen.
**Lebt so:** Der Schnabel ist elastisch und tastempfindlich. Er dient unter Wasser zur Orientierung und Futtersuche. Wasserschnecken, Krebse, Wasserinsekten und deren Larven werden tauchend und gründelnd vorwiegend nachts erbeutet. Im Wasser setzen Schnabeltiere die Hinterfüße als Ruder ein, während sie mit den Vorderfüßen paddeln. Beim Laufen und Graben werden die Schwimmhäute der Vorderfüße zurückgeschlagen. Die kräftigen Grabkrallen stehen dann weit vor.
**Familienleben:** Während Schnabeltiere mehrere Schlafbaue graben und diese auch regelmäßig wechseln, wählt das Weibchen für die Jungenaufzucht nur einen Bau als Wurflager aus. Dieser ist gewöhnlich größer als ein Schlafbau, er kann bis zu 30 m lang sein. Die gewöhnlich zwei Jungen werden nicht direkt geboren, sondern schlüpfen aus Eiern (siehe Kasten S. 273). Drei bis vier Monate lang werden sie dann mit Milch von Drüsenfeldern am Bauch der Mutter ernährt, die weder Zitzen noch einen Beutel besitzt.

## Auch noch giftig

Die Männchen besitzen am Hinterfußgelenk einen hohlen Hornstachel, der über einen Kanal mit einer Giftdrüse im Oberschenkel verbunden ist. Bei Menschen verursacht das Gift Schmerzen, Schwellungen und Entzündungen.

# Schnabeligel  *Zaglossus bruijni, Tachyglossus aculeatus*

**Sieht so aus:** Eine lange, röhrenförmige Schnauze, ein plumper, größtenteils mit Stacheln bedeckter Körper, lange, gebogene Putzkrallen an den Zehen sowie das Fehlen von Zähnen kennzeichnen diese Tiere.
Der Langschnabeligel (*Zaglossus bruijni*) ist mit 45–90 cm Körperlänge und 5–10 kg Gewicht der größte der vier Arten dieser Stacheltiere. Seine sehr lange Schnauze ist abwärts gebogen, er hat deutlich weniger und zudem kürzere Stacheln als der kleinere Kurzschnabeligel (*Tachyglossus aculeatus*, Bild), der nur 2,5–8 kg wiegt.

**Wohnt dort:** Während der Langschnabeligel auf die Gebirgsregionen Neuguineas beschränkt ist, kommt der Kurzschnabeligel in Australien, Tasmanien und Neuguinea vor. Dort ist er in fast allen Lebensräumen anzutreffen, von Halbwüsten bis zu Hochgebirgen.
**Lebt so:** Ameisen und Termiten (Kurzschnabeligel) bzw. Würmer (Langschnabeligel) stehen auf der Speisekarte der einzelgängerischen Tiere, die mit einem extrem feinen Geruchssinn ausgestattet sind. Ihre lange Schnauze hilft beim Stöbern. Beim Durchqueren von Gewässern dient sie als Schnorchel.

## Eier legende Säugetiere

Zusammen mit dem Schnabeltier bilden die Schnabeligel-Arten die eigene Ordnung der Eier legenden Säugetiere.
Nach 14 Tagen Tragzeit krümmt sich das Schnabeligel-Weibchen auf dem Rücken liegend, um das einzelne Ei aus dem Geburtskanal direkt in ihren Beutel zu platzieren. Zehn Tage später schlüpft das Junge aus dem Ei, das es mithilfe eines Eizahns auf dem Schnäuzchen aufstemmt. Es bleibt dann so lange in der Tasche, bis ihm erste Stacheln wachsen.
Versorgt wird es mit Muttermilch aus Drüsen, die in zwei vertiefte, längliche Milchfelder auf der Körperunterseite des Weibchens münden.

# Koala *Phascolarctus cinereus*

Die Männchen werden knapp 80 cm groß und 12 kg schwer, die Weibchen bis 70 cm und wiegen nur 8 kg.

**Wohnt dort:** Die Heimat dieser lebenden Teddybären sind die Eukalyptuswälder in Ost- und Südaustralien. Tagsüber sitzen sie meist aufrecht im Geäst der Baumkronen und schlafen.

**Lebt so:** Die nachtaktiven Tiere besetzen sich überlappende Reviere, die sie mit Duftdrüsen markieren. Sie verzehren hauptsächlich die Blätter der Eukalyptusbäume, aber auch von einigen anderen Baumarten. Bis zu 20 Stunden am Tag müssen Koalas schlafen, denn die einseitige Blätternahrung ist wenig energiereich. Um die schwer verdauliche Nahrung aufschließen zu können, hat ihr Blinddarm mit 2,50 m Länge im Verhältnis zur Körpergröße eine Rekordlänge unter allen Säugetieren.

**Familienleben:** Zur Paarungszeit brüllen die Koala-Männchen und scharen einen Harem um sich. Das nach 35 Tagen Tragzeit geborene, einzelne Junge klettert sogleich in den Beutel der Mutter.

**Sieht so aus:** Kaum ein Künstler könnte sich als Schmuseteddy etwas Netteres ausdenken als den Koala oder Beutelbär: rundlicher Kopf mit großen, runden, von langen, weißen Haaren gesäumten Ohren, eine große Nase mit einem schwarzen Spiegel zwischen den dunklen Knopfaugen und über dem schmalen Mund, das wollige Fell grau bis gelbbraun, an Kinn, Brust und Innenseite der Vorderbeine weiß.

### Entwöhnung auf Koalaart

Weil der Beutel der Mutter nach hinten geöffnet ist, kann das herangewachsene Beuteljunge leicht an die vorverdaute Blattnahrung der Mutter gelangen, die es direkt vom After der Mutter verzehrt. So wird es nach und nach von Milch- auf Blattnahrung umgestellt.

Wenn es dann noch bis zum Alter von einem Jahr auf Mutters Rücken sitzt, wird es von ihr mit besonders bekömmlicher Blattnahrung versorgt.

Selbst größere Junge suchen bei Gefahr noch Schutz auf dem mütterlichen Rücken.

# Wombats  Vombatus ursinus, Lasiorhinus spec.

**Sieht so aus:** Wombats werden zum Teil über 1 m groß, mit Schulterhöhen von 36 cm und einem Gewicht bis zu 39 kg. Ein grobes, schwarzbraunes bis graues Fell und eine nackte Nase zeichnen den Nacktnasenwombat (*Vombatus ursinus*, Foto) aus, die größte Art der Wombat-Familie.
Der Südliche Haarnasenwombat (*Lasiorhinus latifrons*) hingegen hat eine behaarte Nase und ein feines, graues bis braunes Fell mit hellen Flecken. Der Nördliche Haarnasenwombat (*Lasiorhinus krefftii*) schließlich trägt ein eher silbergraues Fell und dunkle Augenringe.

**Wohnt dort:** Südostaustralien und Tasmanien ist Wombat-Land. Während der Nacktnasenwombat in Gebirgsregionen bis über der Schneegrenze und auch in sandigen Küstenregionen lebt, besiedelt der Südliche Haarnasenwombat Buschsteppen, Grasländer und trockene Wälder. Der Nördliche Haarnasenwombat zählt heute leider zu den seltensten Säugetieren der Welt. Eine letzte Population lebt in einem nur 3000 ha großen, zum Nationalpark erklärten Gebiet im mittleren Queensland.

**Lebt so:** Alle drei Arten sind in der Lage, selbst in unwirtlichen Lebensräumen mit spärlicher Nahrungsgrundlage noch eine hohe Populationsdichte aufrechtzuerhalten. Das gelingt, weil Wombats nur sehr wenig Energie benötigen. Ihr ungewöhnlich großer Dickdarm sorgt für eine gründliche mikrobielle Zersetzung der kargen Grasnahrung. In ihre selbst gegrabenen Baue zurückgezogen, sparen Wombats weitere Energie.

### Ungewöhnliche Gruppendynamik

Beim Nördlichen Haarnasenwombat setzen sich die Gruppen aus zehn und mehr Tieren zusammen. Das Junge bleibt etwa zehn Monate im mütterlichen Beutel und danach noch länger bei der Mutter.
Nach der Entwöhnung ziehen aber nicht, wie bei vielen Säugern üblich, die jungen Männchen oder Weibchen fort, sondern diese bleiben in der Gruppe, lediglich das erwachsene Weibchen wandert in ein anderes Bausystem ab.

# Kängurus und Wallabys Macropus sp.

Die auf ihren langen Hinterbeinen in weiten Sprüngen die trockenen Buschlandschaften Australiens durchquerenden Riesenkängurus sind für viele der Inbegriff für Beuteltier und für Australien. Die Riesenkängurus gehören zur Unterfamilie der Eigentlichen Kängurus (*Macropodinae*) und tragen zusammen mit einer Reihe weiterer Arten den Gattungsnamen *Macropus*, was „großer Fuß" bedeutet. Die kleineren Arten werden als Wallabys bezeichnet, wie z. B. das Rotnacken-Wallaby (*M. rufogrisens*, Foto rechts).
**Sieht so aus:** Stehohren, ein dichtes Fell, ein langer, muskulöser Schwanz und die insgesamt kräftige Hinterpartie, gegen die die Vor-

### Beutel als Zuflucht

Ein halbwüchsiges Kängurukind wird bei Gefahr von der Mutter immer wieder in den Beutel zurückgeholt. Erst kurz vor der Geburt des nächsten Jungen wird ihm die Rückkehr in den Beutel verweigert.
Den Kopf zum Trinken hineinstecken darf es aber noch lange (Foto), wobei die Milch aus der Zitze für das Heranwachsende eine andere Zusammensetzung aufweist als die Milch der Zitze, an der sich das neugeborene kleinere Geschwister festgesaugt hat.

## Winziges Kängurukind

Alle *Macropus*-Arten bekommen nach vier bis sechs Wochen Tragzeit ein winziges, nur 5–15 mm großes, sehr unterentwickeltes Junges, das mithilfe seiner kräftigen Vorderbeine und nur auf einer Leckspur der Mutter in ihrem Fell, ansonsten ohne weitere mütterliche Unterstützung, bis in deren nach vorn offenen Beutel emporklettert.

Dort saugt es sich an einer der vier Zitzen fest, um die nächsten 150–200 Tage während seiner Entwicklung vom Embryo zum kleinen Känguru im feuchtwarmen Beutel-Innenklima zu bleiben.

Erst danach verlässt es den Beutel der Mutter, um die Umwelt zu erkunden.

derbeine und der Oberkörper schmächtig wirken, sind neben den markanten „Kängurusprüngen" weitere Erkennungszeichen dieser Tiere.

Das Rote Riesenkänguru (*M. rufus*) ist das größte der sechs Arten von Riesenkängurus. Sein kurzes, oberseits blaugraues bis rotes, unterseits weißes Fell wirkt als Hitzeschild in den trockenheißen australischen Grasländern. Die Männchen der Roten Riesenkängururus werden bis 1,65 m groß und erreichen Schwanzlängen bis zu 1 m, während die Weibchen nur bis zu 1 m groß werden und Schwanzlängen bis 90 cm haben können. Sehr deutlich fallen die Gewichtsunterschiede bei den Geschlechtern aus. Mit maximal 95 kg können Männchen weit mehr als doppelt so schwer wie die Weibchen werden. Die zweitgrößte Art ist das Graue Riesenkänguru (*M. giganteus*, Foto links).

**Wohnt dort:** Australien und Neuguinea sind Heimat von insgesamt 65 Arten der Känguru-Familie, darunter auch die sehr geschickt kletternden Baumkängurus, Felsenkängurus sowie Kaninchen-, Ratten- und Moschuskängurus als die kleinsten Arten. Das Rote Riesenkänguru bewohnt trockene und halbtrockene Gebiete Australiens, also vorwiegend Buschland und Steppen.

**Lebt so:** In wechselnden Gruppen leben die Riesenkängurus gesellig zusammen und ernähren sich hauptsächlich von Gräsern. Die „Großfuß"-Arten der Kängurus vertreten im fünften Kontinent die grasenden Huftiere anderer Erdteile, von Antilopen über Hirsche und Zebras bis Büffel.

# Tasman. Beutelteufel *Sarcophilus harrisii*

**Sieht so aus:** Ein rabenschwarzes Fell, oft mit kleinen, weißen Flecken oder Zeichnungen auf Brust, Schultern und Rumpf, und ein großes Maul mit einem mächtigen Gebiss lässt diesen stämmigen, gut waschbärgroßen Raubbeutler zu einer furchterregenden Erscheinung werden. Die Bezeichnung als Teufel taucht auch in seinen englischen ebenso wie dem französischen Namen für ihn auf: Tasmanian devil, Native devil oder Sarcophile satanique. Typisch für ihn ist außerdem ein Fettdepot an der Schwanzwurzel sowie das Fehlen des ersten Zehs am vierzehigen Hinterfuß.
**Wohnt dort:** Der Beutelteufel kommt einzig und allein auf der der Südküste Australiens vorgelagerten Insel Tasmanien vor, wo er die unterholzreichen Wälder durchstreift.
**Lebt so:** Der „Fleischfreund", wie ihn sein aus dem Griechischen hergeleiteter Gattungsname *Sarcophilus* nennt, übernimmt unter den Beuteltieren die Hyänenrolle.

### „Teuflische" Partnerschaftskonflikte

Während der Paarungszeit im Februar/März entwickeln Beutelteufel enge, mehrtägige Partnerbeziehungen. Dabei versucht das Weibchen aber immer wieder zu entwischen, um sich auch mit anderen Männchen zu paaren. Ein flüchtendes Weibchen wird nicht selten am Nacken gepackt und zurück in den Bau gezogen. Eine Nackenschwellung beim Weibchen, die immer während der Paarungszeit auftritt, scheint extra für diesen häufigen Vorgang als Schutz vor Verletzungen angelegt.
Zwischen Beutelteufel-Männchen geht es noch rabiater zu. Wenn sie um die Weibchen kämpfen, fügen sie sich oft tiefe, lebensgefährliche Wunden an Kopf und Rumpf zu.

Tagsüber schläft der Einzelgänger in seinem Versteck, einer Erdhöhle oder dichter Vegetation, mit beginnender Dämmerung geht er auf Nahrungssuche. Sowohl der schleppende Galopp wie der breite Kopf und das kräftige Gebiss des Beutelteufels erinnern dabei sehr an die afrikanisch-asiatischen Hyänen.

Ziel der nächtlichen Streifzüge dieser Gesundheitspolizisten sind die Kadaver verendeter oder getöteter Warmblüter. Seine Raubzüge führen den Beutelteufel aber auch in Geflügel- und Schafhaltungen.

Das Spektrum an lebender Beute, die er überwältigen kann, reicht von Insekten bis zu halbwüchsigen Schafen. Wenn sich dann des Nachts ein Beutelteufel lautstark und bissig mit Artgenossen um eine Beute streitet, ist sein satanischer Name doppelt verständlich. Beutelteufel können größere Beutetiere aber durchaus auch sehr friedlich miteinander teilen.

Sie sind zwar Einzelgänger, verfügen aber über eine Vielzahl von Lauten, die zum Teil auch im Umgang miteinander von Bedeutung sind, von Knurren, Heulen, leisem Bellen, Schnarchen, Schnüffeln bis zum Winseln.

**Familienleben:** Bis zu vier Junge trägt das Weibchen vier bis fünf Monate lang in seinem Beutel, bis sie mit rund neun Monaten entwöhnt werden.

# Beutelmäuse Fam. Dasyuridae

Hinter dem Namen Beutelmäuse verbergen sich 63 Arten in 15 Gattungen aus der Ordnung der kleinen Raubbeutler. Je nach ihren körperlichen Besonderheiten oder ihrem Vorkommensgebiet tragen sie die unterschiedlichsten Namen, z. B. Kowaris (*Dasycerus byrnei*, Foto), Breitfuß- oder Schmalfußbeutelmäuse, Neuguinea-Beutelmäuse, Ningauis, Kammschwanz- und Pinselschwanzbeutelmäuse, Streifen-, Flachkopf- oder Fettschwanzbeutelmäuse, Springbeutelmäuse oder Rote Beutelmaus.

**Sieht so aus:** Die einzelnen Beutelmausarten sind zwar verschieden gefärbt, tragen aber meist ein kurzes, raues Fell. Auch die typische spitze Schnauze mit drei Paar etwa gleich großer unterer Schneidezähne, mit gut entwickelten Eckzähnen und sechs bis sieben Backenzähnen sind sämtlichen Beutelmäusen gemeinsam, ebenso fünf Zehen an den Vorderfüßen.

**Wohnt dort:** In Australien, auf Papua-Neuguinea und den indonesischen Arniinseln kommen die Beutelmäuse vor.

**Lebt so:** Für alle Beutelmäuse gilt, dass sie bevorzugt lebende Beute fangen, meist Insekten und andere Wirbellose, aber auch Eidechsen, Kleinsäuger und Vögel.
Ihre Tragzeiten reichen, je nach Art, von 13–55 Tagen. Die meisten Arten leben einzelgängerisch. Weibchen paaren sich oft mit mehreren Männchen.

### Winzige Beuteltiere

Zwei Arten unter den Beutelmäusen sind Anwärter auf den Titel „kleinstes Beuteltier": die seltene, spitzmausartige Flachkopfbeutelmaus (*Planigale ingrami*) aus dem Norden Australiens und das ihr ähnliche Pilbara-Ningaui (*Ningaui timealeyi*) aus dem Nordwesten.
Erstere bringt bei 5,5–6,3 cm Körper- und 5,6–6 cm Schwanzlänge 3,9–4,5 g Gewicht, zweiteres bei 4,6–5,7 cm Körper- und 5,9–7,9 cm Schwanzlänge 2–9,4 g Gewicht auf die Waage.

# Kaninchennasenbeutler Macrotis lagotis

**Sieht so aus:** Der Große Kaninchennasenbeutler hat ein langes, seidiges, blaugraues Fell, eine spitze Nase, lange Ohren wie ein Kaninchen und hoppelt auch so ähnlich umher. Mit ungefähr 1–3 kg ist er zudem in etwa kaninchengroß.

### Immer weniger Hoppler

Während Kaninchen nach ihrer Einbürgerung in Australien einen unvergleichlichen Siegeszug antraten, sind die australischen „Urhoppler" heute sehr seltene Wüstenbewohner.
Die Zerstörung ihrer Lebensräume sowie verschiedene Raubtiere sind Ursache ihres Rückgangs.

**Wohnt dort:** Das merkwürdige Beuteltier lebt in Trockengebieten und Wüsten Zentralaustraliens.
**Lebt so:** Auch die Tatsache, dass Kaninchennasenbeutler weitverzweigte Baue graben, erinnert an ihre Namensgeber. Die nachtaktiven Einzelgänger leben in Streifgebieten von 10–14 ha, die sie hoppelnd nach Insekten, deren Larven, Samen, Früchten und Pilzen absuchen.
**Familienleben:** Nach nur 14 Tagen Tragzeit kommen ein bis drei Junge von weniger als 0,5 g Geburtsgewicht zur Welt, die danach 75 Tage im mütterlichen Beutel zur weiteren Entwicklung verbringen.

# Riesenflughörnchen  Petaurus australis

### Aus dick wird schlank

Gleitbeutler mit angelegter Flughaut wirken rundlich. Wenn sie nach Absprung von einem hohen Baum ihre Arme und Beine strecken, um so die Flughaut auszubreiten, werden sie zu „schmalen Handtüchern".

Ihre Fortbewegung ist kein aktives Fliegen, sondern ein gleitendes Schweben auf einem Luftkissen, um mit möglichst wenig Höhenverlust möglichst weit vorwärts zu kommen.

Nach einem ähnlichen Prinzip funktionieren Skisprünge und Papierflieger. Dass die Gleittechnik der Beuteltiere erfolgreich ist, dafür zeugen immerhin elf Arten von Gleitbeutler-Verwandten und zwei Arten von Zwerggleit- und Pinselschwanzbeutlern.

**Sieht so aus:** Ein oberseits dunkles, unterseits gelbliches bis weißes Fell und ein viel längerer Schwanz als bei anderen Gleitbeutlern kennzeichnen die auch Gelbbauch-Beutelflughörnchen genannte Art. Sie hat eine Körperlänge von knapp 30 cm, einen rund 45 cm langen Schwanz und wird 450–700 g schwer. Vom Hand- bis zum Fußgelenk spannt sich eine überaus elastische Flughaut, die, anders als bei Fledermäusen, behaart ist.

**Wohnt dort:** Gelbbauch-Beutelflughörnchen sind in den gemäßigten bis subtropischen Eukalyptuswäldern des östlichen Australiens anzutreffen.
**Lebt so:** Die Nahrung der nachtaktiven Baumbewohner besteht aus Nektar, Pollen, Baumsäften und Insekten. Um an Baumsäfte zu gelangen, werden Löcher in die Rinde gebissen. Die Tiere leben in Haremsgruppen, markieren sich untereinander mit Drüsensekreten und beanspruchen Gruppenreviere von 20–50 ha Größe.

# Fuchskusu Trichosurus vulpecula

**Sieht so aus:** Der Gewöhnliche Fuchskusu ist die häufigste australische Säugetierart. Er gehört zu den Kletterbeutlern, die in 20 Arten in Australien, Neuguinea und den angrenzenden Inseln vorkommen. Zum geschickten Klettern sind sie allesamt mit scharfen Krallen an den Vorderextremitäten, krallenlosen, abspreizbaren ersten Zehen an den Hinterbeinen und einem mehr oder weniger nackten Greifschwanz bestens ausgestattet.

Der Fuchskusu trägt ein silbergraues, rotbraunes bis kupferfarbenes oder schokoladenfarbenes Fell, hat lange, ovale Ohrmuscheln und einen bis zum Ende behaarten Schwanz mit unterseits nackter Greifspitze. Er misst in der Körperlänge 35–40 cm, dazu kommt noch ein körperlanger Schwanz.

**Wohnt dort:** Fuchskusus bevölkern in Australien praktisch alle Gegenden mit Baumbeständen, selbst in städtischen Parks, in Vorgärten und auf Dachböden kommen sie vor.

**Lebt so:** Wie die meisten Kletterbeutler sind sie einzelgängerische, nachtaktive Baumbewohner. Ihre Nahrung besteht aus Blättern (einschließlich von Eukalyptusbäumen), Knospen, Früchten und sogar giftigen Pflanzen. Das eine Junge wird nach nur 14–17 Tagen Tragzeit geboren und verlässt mit etwa fünf Monaten den mütterlichen Beutel. Wenn Muttern durchs Geäst klettert, klammert es sich auf ihrem Rücken fest.

### Einzelgänger mit viel Verständigung

Aus verschiedenen Duftdrüsen verstreichen die Kletterbeutler Sekrete auf die Äste ihrer Wohnbäume, zusätzlich setzen sie Harnspritzer ab, die Substanzen aus Drüsen an ihrem Hinterteil enthalten.

Die Düfte markieren Territorien, dienen der Beschwichtigung überlegener Artgenossen und signalisieren Paarungsbereitschaft.

Zusätzlich verfügen Kusus noch über eine Vielzahl von Lautäußerungen und zählen zu den lautstärksten Beuteltieren.

# Neuseeland-/ Gespensterfledermaus Mystacina tuberculata, Macroderma gigas

**Sieht so aus:** Während die Neuseeland-Fledermaus mit rund 6 cm Körperlänge und 13–22 g Gewicht zu den Fledermaus-Zwergen zählt, ist die australische Gespensterfledermaus mit einer Körperlänge von 6,5–14 cm und einem Gewicht von 37–123 g eine der größten Fledermäuse überhaupt.

**Wohnt dort:** Wie der Name schon sagt, lebt die Neuseeland-Fledermaus in Neuseeland, wo sie die dichten Wälder besiedelt. Die Gespensterfledermaus hingegen lebt in den Halbtrockengebieten Nordostaustraliens.

**Lebt so:** Als Tagesquartiere bezieht die Neuseeland-Fledermaus Höhlungen in Baumstämmen, die sie sich – ungewöhnlich für Fledermäuse – oft selbst mit Zähnen und Krallen schafft. Noch ungewöhnlicher ist, dass die Tiere bei ihrem nächtlichen Ausflug zu Fußgängern werden und am Boden zwischen Laub nach Würmern und Insekten suchen. Als Anpassung an die vierfüßige Lebensweise ist die Flughaut der Neuseeland-Fledermäuse dick, teilweise lederartig und kann eng an den Körper gerollt werden, die Fußsohlen sind weich gepolstert.

Die Gespensterfledermaus macht dagegen Jagd auf Landwirbeltiere, unter anderem Kleinsäuger einschließlich anderer Fledermäuse oder auch Vögel. Hat sie ihre Beute geortet, landet sie im Sturzflug auf ihr und versetzt ihr einen tödlichen Biss in Nacken oder Kehle. Auch kann die Beute im Flug weggetragen und erst am Fressplatz getötet werden.

### Gute Verdauung

Mit ihren kräftigen Zähnen verzehrt die Gespensterfledermaus ihre Beute mit Haut und Haaren. Den Rest erledigt die Verdauungskraft ihrer Magensäfte. Im Kot jedenfalls erscheint nichts mehr von ihrer Mahlzeit außer Krallen, Zähnen und starken Wirbeln, eingepackt in die unverdaulichen Haare.

# Dingo  Canis lupus dingo

**Sieht so aus:** Dingos ähneln in vielen Merkmalen südostasiatischen Haushunden und indischen Pariahunden. Sie haben einen relativ breiten Kopf, eine spitz zulaufende Schnauze und Stehohren. Im Vergleich zu anderen Haushunden gleicher Größe ist ihre Schnauze länger, sind die Zähne größer und länger und der Schädel ist flacher. Durchschnittlich werden Dingos von der Nase bis zur Schwanzspitze 1,20 m lang, erreichen eine Schulterhöhe von 52–60 cm und wiegen 13–20 kg, wobei die Männchen in der Regel größer und schwerer werden. Das kurze Fell ist meist rot bis sandfarben.

**Wohnt dort:** Dingos kommen seit mindestens 4000 Jahren in Australien vor. Höchstwahrscheinlich wurden ihre Vorfahren in wenigen Exemplaren von asiatischen Seefahrern in Booten dorthin gebracht.

**Lebt so:** Anders als bei anderen Haushunden dienen vor allem Heulen und Fiepen zur Verständigung. Das sonst übliche Bellen ist selten und wenn, dann höchstens kurz zu hören. Allgemein zeigen sich Dingos gegenüber Menschen sehr scheu. In wärmeren Gebieten sind sie nachtaktiv, in kühleren Regionen häufiger auch tagsüber unterwegs.
Je nach Beutetiergröße jagen sie einzeln oder gruppenweise. Zu ihren hauptsächlichen Beutetieren zählen das Rote Riesenkänguru, der Fuchskusu, zwei Wallaby-Arten, der Nacktnasenwombat sowie Wildkaninchen.

**Familienleben:** Dingos bilden in der Regel stabile Rudel mit festen Revieren. Die Hündinnen können zweimal im Jahr läufig, aber nur einmal trächtig werden. Im Rudel pflanzt sich in der Regel nur das Alpha-Paar erfolgreich fort. Die anderen Rudelmitglieder helfen aber bei der Aufzucht der Welpen mit.

### Anerkannte Neubürger

Auch wenn Dingos als direkte Konkurrenten am Aussterben des Beutelwolfs beteiligt waren, sind sie heute Teil der australischen Wildtierfauna.

# Eisfuchs Alopex lagopus

**Sieht so aus:** Er ist kleiner als der Rotfuchs (siehe S. 51), hat eine kürzere Schnauze, kleinere, rundliche Ohren und kommt in zwei Farbschlägen vor. Die sogenannten Weißfüchse sind im Winter reinweiß, im Sommer graubraun gefärbt.
Dagegen tragen die Blaufüchse im Winter ein hellbraunes, graues oder anthrazitfarbenes Fell mit bläulicher Tönung, während sie im Sommer einfarbig grau bis braun sind.

### Je mehr zu essen, desto mehr Kinder

Die Beute der Eisfüchse bestimmt ihren Fortpflanzungserfolg. So ist dieser beispielsweise stark abhängig von den etwa vierjährigen Populationszyklen der Lemminge.
In guten Lemmingjahren bringen Eisfuchs-Weibchen bis zu einem Dutzend Junge pro Wurf zur Welt, in Jahren mit wenig Lemmingen hingegen kann der Nachwuchs sogar ganz ausbleiben.

**Wohnt dort:** Sein zirkumpolares Vorkommen in nördlichen Breitengraden hat dem Bewohner der baumlosen, im Winter eisigen Tundren den Zweitnamen Polarfuchs eingetragen.
**Lebt so:** Eisfüchse sind tag- und nachtaktiv. Obgleich Allesfresser, ernähren sie sich vor allem von kleineren Wirbeltieren wie Lemminge, Schneehasen und bodenbrütende Vögel, doch verschmähen sie auch Eier, Beeren und Aas nicht. Ihre Hauptfeinde sind Wolf, Luchs, Vielfraß und Steinadler.
**Familienleben:** Die Welpen werden nach rund 50 Tagen Tragzeit in einer Erdhöhle oder Felsspalte geboren. Jeder kleine Eisfuchs, ob späterer Weiß- oder Blaufuchs, trägt bei der Geburt ein wolliges, dunkles Fell.
**Besonderes:** Von den ehemals starken Nachstellungen durch Pelzjäger haben sich die Eisfuchsbestände bis heute nicht erholt. In den skandinavischen Ländern leben nur noch so wenige Tiere, dass ein Austausch zwischen den einzelnen Kleinpopulationen nicht mehr möglich ist.

# Polarwolf Canis lupus arctos

**Sieht so aus:** Um in ihrer unwirtlichen polaren Heimat zu überleben, zeichnen sich Polarwölfe oder Weiße Wölfe durch besondere Anpassungsmerkmale aus. Ihr Fell ist extra dicht und langhaarig. Dort, wo fast ständig Schnee liegt, zeigt es sich weiß bis cremeweiß gefärbt, Tiere aus südlicheren Gegenden tragen auch eher graue Felle. Um vor Erfrierungen geschützt zu sein, sind die Ohren der Polarwölfe kleiner als die der anderen Wolf-Unterarten und die Beine sind auffällig kurz. Polarwölfe erreichen bei Körperlängen von 90–150 cm und Schulterhöhen von 65–80 cm Gewichte von 50–80 kg.

**Wohnt dort:** Das Verbreitungsgebiet des Polarwolfs sind die arktischen Inseln Kanadas sowie die Nord- und Ostküste Grönlands.

**Lebt so:** In ihrer nahrungsarmen Heimatregion können Polarwölfe nur durch Gemeinschaftsjagd überleben. Ein Rudel besteht meist aus sieben bis zehn Mitgliedern, kann aber auch bis zu 30 Tiere umfassen. Lieblingsbeute der Weißen Wölfe sind Karibus, die sie über riesige Strecken verfolgen, doch auch die wehrhaften Moschusochsen werden von ihnen gestellt. Zur Not werden aber auch Wühlmäuse, Lemminge und Schneehasen erbeutet.

### Rekordhalter bezüglich Anpassung

Abgesehen vom Menschen ist der Wolf das wahrscheinlich anpassungsfähigste und damit erfolgreichste Raubtier der Erde. Sein Lebensraum reicht von Wüstengegenden und feuchten Sümpfen bis hoch in die arktische Region. Die Polarwölfe müssen im arktischen Winter mehrere Monate in ständiger Dunkelheit verbringen. Weil ihnen dieser Lebensraum vom Menschen am wenigsten streitig gemacht wird, sind Polarwölfe die einzige Wolf-Unterart, die derzeit noch nicht bedroht ist.

# Eisbär Ursus maritimus

**Sieht so aus:** Mit bis zu 2,50 m Kopf-Rumpflänge und 500 kg Gewicht, in Ausnahmefällen sogar bis zu 1000 kg, ist der Eisbär das größte lebende Landraubtier. Abgesehen von ihrer einheitlich weißen bis schmutzigweißen Fellfärbung, die manchmal auch einen Stich ins Gelbe haben kann, unterscheiden sich Eisbären von Braunbären (siehe S. 52) durch ihren stromlinienförmigen, hinten überbauten Körper. Ihre Zehen sind bis zur halben Länge mit einer Schwimmhaut verbunden.

**Wohnt dort:** Die Welt der Eisbären ist die arktische Region von Europa, Asien und Nordamerika mit ihren Inseln, Küsten und Treibeisgebieten. Zwar können Eisbären in Tundragebiete vordringen, ihr eigentlicher Lebensraum sind jedoch die Treib- und Packeismassen des Nordpolarmeers.

**Lebt so:** Als Einzelgänger sind Eisbären Tag und Nacht auf weiten Wanderungen unterwegs oder fahren auf dem Treibeis über große Strecken mit. Das dichte Fell mit darunterliegender Fettschicht ist ein wirkungsvoller Kälteschutz. Die Hauptbeute dieser hervorragenden Schwimmer und Taucher stellen Robben dar, auf Inseln mit Seevögelkolonien bedienen sich die rastlosen Jäger aber ebenso an den Vogeleiern und Jungvögeln. Auch Lemminge, Gras, Beeren und Früchte werden nicht verschmäht.

### Kaum da, schon bedroht ...

Der Eisbär ist, evolutionär betrachtet, eine sehr junge Art. Sein Entwicklungsweg hat sich von dem des Braunbären erst vor 150 000 Jahren getrennt. In der Folge entwickelte sich der Eisbär extrem schnell weiter. Das liegt daran, dass er sich an die neu entstandenen Lebensräume und Nahrungsquellen während der letzten Eiszeit sehr rasch anpassen konnte.
Erst aufgrund übermäßiger Bejagung durch den Menschen wurden seine Bestände stark dezimiert.

## .. und noch bedrohter

Doch während sich die Bestandszahlen dank internationaler Schutzbestimmungen wieder erholen konnten, wird die Klimaerwärmung das endgültige Aus des mächtigen Raubtiers bedeuten. Die Eisbären verlieren mit dem Verschwinden des Treibeises buchstäblich den Boden unter den Füßen. Schon jetzt sinken die Bestandszahlen massiv, weil Eisbären reihenweise entweder verhungern oder bei der Jagd ertrinken. Nach Prognosen der Klimaforscher soll es 2040 schon überhaupt kein Treibeis mehr geben.

Dann sind die Tage des größten Bären und Fleischfressers der Erde, der auf gefrorene Meere angewiesen ist, endgültig gezählt. Mit dem rasanten Tempo des derzeitigen Klimawandels kann der Eisbär trotz aller Anpassungsfähigkeit nicht mithalten. Doch noch hat es der Mensch in der Hand, den Klimawandel zu bremsen.

Die nahrungsarmen Zeiten im Winter verbringen Eisbären in Felshöhlen und selbst gegrabenen Schneehöhlen bei eingeschränktem Stoffwechsel oder in echtem Winterschlaf.

**Familienleben:** Eisbären paaren sich zwischen März und Mai. Im darauf folgenden Polarwinter kommen dann in einer vom Weibchen gegrabenen Schneehöhle die ein bis drei Jungen zur Welt. Sie sind winzig, blind, taub und mit nur schütterem Fell bedeckt.

Bis zum Alter von zwei Monaten werden sie ausschließlich von Muttermilch ernährt. Erst zum Frühjahr hin verlassen sie ihre Schneehöhle, bleiben aber noch drei Jahre mit der Mutter zusammen.

Die Weibchen paaren sich erstmals mit vier bis fünf Jahren, bleiben aber bis ins hohe Alter fruchtbar. Die größten Weibchen im Alter von acht bis 18 Jahren haben auch die größten Würfe. Ihre bis zu drei Jungen sind überdies am schwersten.

# Moschusochse  Ovibos moschatus

**Sieht so aus:** Trotz seines rinderartigen Aussehens und seiner an ein kleines Rind heranreichenden Größe gehört der Moschusochse nicht zu den Wildrindern, sondern ist als Hornträger näher mit den Ziegen verwandt. In seinem dichten, zotteligen Fell und mit seinen mächtigen Hörnern, die bei beiden Geschlechtern in hakenförmige Spitzen nach vorn-oben zulaufen, wirken Moschusochsen ausgesprochen respekteinflößend.

**Wohnt dort:** Moschusochsen sind Bewohner der arktischen Gebiete Nordamerikas und Grönlands, auch in Russland, Spitzbergen und Südnorwegen kann man sie antreffen. Ihr Lebensraum sind die Tundren mit geringem Niederschlag und niedriger Schneebedeckung.

**Lebt so:** Was gegen den Angriff eines Wolfsrudels wirksam ist, das Bilden eines Verteidigungsringes, indem das Rudel den Wölfen die starke Stirn zeigt und die kleinen Kälber in die Mitte nimmt und mit den Leibern schützt, musste bei menschlichen Angriffen mit Feuerwaffen versagen. So konnten Moschusochsen zwar bis heute unwirtlichen Bedingungen, nicht aber menschlicher Verfolgung trotzen.

### Leben am Limit

Moschusochsen, die schon Weggefährten des Mammuts waren, sind von allen Wildwiederkäuern am besten für das Leben in nördlichsten Breitengraden gerüstet. Bis zu 70 cm lange Deckhaare, die vom Rücken gescheitelt über die dichte Unterwolle bis zum Boden fallen, schützen die massig wirkenden Tiere. Ihre Augen wirken als Schneebrille im gleißenden Schnee wie auch als Nachtsichtgerät im langen, dunklen Polarwinter. Die harten Klauenschuhe sind wie Schneeschaufeln einsetzbar. Der Verdauungstrakt der Moschusochsen ermöglicht die längste Verweildauer und damit den effektivsten Aufschluss der kargen Nahrung im Winter.

# Rentier *Rangifer tarandus*

**Sieht so aus:** Das Rentier ist die einzige Hirschart, bei der auch die Weibchen ein Geweih tragen, das allerdings schwächer als beim Männchen ausgebildet wird. Rentiere wiegen zwischen 120 und 220 kg, wobei die Männchen größer und schwerer als die Weibchen werden. Sie haben dichtes, dunkel graubraunes Fell mit Unterwolle, ihr Winterkleid ist heller, oft grau, im hohen Norden fast weiß. Jungtiere sind einfarbig ockergelb getönt.

**Wohnt dort:** Die stattlichen Hirsche bewohnen als ausdauernde und schnelle Läufer die Tundra, Taiga und subalpinen Gebiete der Arktis und Subarktis sowohl in der Alten wie auch in der Neuen Welt. (Die nordamerikanischen Vertreter werden übrigens mit dem indianischen Wort Karibu bezeichnet.)

**Lebt so:** Sehr gesellig und vorwiegend tagaktiv, bilden Rentiere große Herden und unternehmen weite Wanderungen. Beim Gehen auf den sehr großen, weit spreizbaren Hufen sind Knackgeräusche zu hören, die durch das Sehnenspiel entstehen. Der Geweihabwurf der Männchen erfolgt im Winter, der von den Weibchen nach dem Setzen der Kälber im Frühjahr. Die Kälber können schon nach ein bis zwei Tagen mit der Mutter mitlaufen und sogar auch schon schwimmen. Während der Paarungszeit im Herbst schart ein Rentierbulle einen Harem von 20 und mehr Weibchen um sich.

### Die Gruppe als Insektenschutz

Wenn im Sommer die blutsaugenden Insekten scharenweise über die Rentiere herfallen, bilden diese eine kompakte Gruppe.
Von ihrem Geruchssinn gelenkt, greifen Stechmücken hauptsächlich die Randtiere an, die in der Mitte werden am wenigsten oder überhaupt nicht gestochen.

# Meere

# Seehund *Phoca vitulina*

**Sieht so aus:** Die spindelförmige Gestalt, der kleine Kopf mit den recht auffälligen Ohröffnungen, die kurzen, oft faustartig eingekrümmten Vorderflossen, der schwarz gefleckte Rücken und der helle, ungefleckte Bauch kennzeichnen den Seehund. Die Tiere erreichen eine Körperlänge bis zu 1,90 m und ein Gewicht bis 110 kg, wobei die Männchen größer und schwerer sind als die Weibchen.

### Heuler – nicht immer ohne Mutter

Junge Seehunde, die ihre Mutter verloren haben, geben heulende Laute von sich, die ihnen den Namen Heuler einbrachten. Doch auch, wenn die Mutter nur längere Zeit abwesend ist, lassen die Kleinen ihr klägliches Heulen ertönen. Es ist also ein Irrtum, dass es sich bei Heulern immer um Waisen handelt.

**Wohnt dort:** Seehunde finden sich an der Europäischen Atlantikküste bis Spanien, in der Nordsee, selten auch in der Ostsee, und außerdem an den Küsten Nordamerikas und des Nordpazifiks.

**Lebt so:** Weil sie an Land ziemlich unbeholfen sind, lassen sich Seehunde an ihren Ruheplätzen auf Sandbänken im Watt oder auf Felsstränden am besten beobachten. Die zahlreichen zu ihrer Beute zählenden Fischarten werden im Oberflächenwasser, aber auch auf Tauchgängen in bis zu 100 m Tiefe gefangen. Seehunde erbeuten Fische bis zu 30 cm Länge. Wenn sie im Verbund jagen, treiben sie sich die Beute gegenseitig zu.

**Familienleben:** Die Fortpflanzungszeit der Seehunde liegt zwischen Februar und September. Die Tiere paaren sich meist im Wasser. Nach einer Tragzeit von elf Monaten bringen die Weibchen in der Regel ein Junges, gelegentlich auch Zwillinge zur Welt.

# Mittelmeer-Mönchsrobbe Monachus monachus

**Sieht so aus:** Die bis zu 3,40 m langen und bis 320 kg schweren Tiere sind oberseitig dunkelbraun, unterseitig heller gefärbt und tragen manchmal helle Fellbereiche am relativ kleinen, flachen Kopf und am Nacken.

**Wohnt dort:** Einst im Mittelmeerraum mit Schwerpunkten in der Ägäis und Adria sowie im südwestlichen Schwarzen Meer und an der Atlantikküste vorkommend, existieren von der menschenscheuen Mönchsrobbe heute nur noch Restbestände.

Diese halten sich an den wenigen noch ungestörten Sand- und Felsküsten des Mittelmeers auf. Von Landseite her unzugängliche Höhlen und Felsüberhänge, die zum Teil nur tauchend erreicht werden können, sind die bevorzugten Aufenthaltsorte der sehr ortstreuen Tiere.

**Lebt so:** Mönchsrobben leben einzeln oder in kleinen Gruppen und ernähren sich hauptsächlich von Fischen, daneben auch von Tintenfischen. Während sie im Wasser geselliger sind, gehören Mönchsrobben an Land zu den am wenigsten geselligen Robbenarten.

**Familienleben:** Die Weibchen gebären nach zwölfmonatiger Tragzeit meist sehr abgeschieden in einer Höhle an Land ihr Junges, das mit schwarzem Wollhaar zur Welt kommt, vier Wochen gesäugt wird und danach seinen ersten Fellwechsel hat.

### Gefahr von allen Seiten

Aufgrund der einstigen Nachstellungen durch den Menschen leben heute nur noch weniger als 500 Mittelmeer-Mönchsrobben, die auch durch Viruserkrankungen, Vergiftungen sowie Einsturz ihrer Höhlen gefährdet sind.

# Seeleopard  Hydrurga leptonyx

**Sieht so aus:** Ein silber- bis dunkelgraues, unterseits helleres Fell, das an Hals, Schultern, Flanken und Bauch eine deutliche Fleckenzeichnung aufweist, kennzeichnet den Seeleoparden neben seinem langgestreckten Körper, dem großen Kopf und dem massiven Kiefer mit eindrucksvoll großen Eck- und kräftigen Backenzähnen. Die Männchen erreichen bei Gewichten von 200–450 kg eine Körperlänge von 2,50–3,20 m, die Weibchen werden mit bis zu 3,40 m etwas größer und mit bis zu 590 kg auch deutlich schwerer.

**Wohnt dort:** Die polaren und subpolaren Gewässer der südlichen Erdhalbkugel, vom Packeisrand bis zum antarktischen Festland, sind der Lebensraum dieser Wasserraubtiere, die sich oft in der Nähe anderer Robbenarten, vor allem von Krabbenfressern und Kerguelen-Seebären, sowie von großen Pinguinkolonien aufhalten.

**Lebt so:** Als notorische Einzelgänger verteilen sich die Seeleoparden recht gleichförmig über ihren Lebensraum. Die Männchen werden mit zwei bis sechs, die Weibchen erst mit drei bis sieben Jahren geschlechtsreif. Wenn das Weibchen sein in der Regel einzelnes Junges auf dem Eis zur Welt bringt, bleibt das Männchen im Meer verschwunden.

### Dem Namen gerecht werden

Seeleoparden verzehren auch Krill, Fische, Tintenfische und Aas. Ihren Namen aber haben die antarktischen Wasserraubtiere wegen ihrer Jagd auf andere Robben, vor allem auf junge Krabbenfresser und See-Elefanten sowie auf Pinguine.
Ihre verlängerten Vorderflossen verhelfen ihnen im Wasser zu höheren Geschwindigkeiten und größerer Wendigkeit.
Nicht wenige Krabbenfresserrobben tragen Narben als Bissmale ihrer Jäger davon, wenn sie sich durch rollende Bewegungen den Seeleoparden im letzten Moment entziehen konnten.

# Südlicher See-Elefant  Mirounga leonina

**Sieht so aus:** Mit bis zu 6,20 m Körperlänge und 3700 kg Gewicht sind die Männchen dieser Art die größten Wasserraubtiere der Welt. Dagegen wirken die Weibchen mit „nur"  2,70 m Körperlänge und 300–800 kg geradezu zierlich. Die männlichen Kolosse tragen als Ausdruck ihrer Männlichkeit zudem einen aufblasbaren Rüssel. Auch ist ihre Haut an Hals und Nacken meist narbig. Das Fell alter Tiere ist silbergrau oder braun, Neugeborene kommen mit schwarzem Flaumhaar und 40 kg Gewicht nach 50 Wochen Tragzeit (davon zwölf Wochen Keimruhe) zur Welt.

## Haremsbesitz will verteidigt werden

Wenn zwei See-Elefantenbullen bei Haremsstreitigkeiten aufeinandertreffen, geht es nach anfänglichem Anbrüllen und Aufblasen der Rüssel richtig zur Sache.

Mit ihren kräftigen Eckzähnen bringen sich die Kontrahenten vor allem in der Kopf- und Halsregion stark blutende Wunden bei, die aber in der Regel rasch wieder verheilen. Alte Kämpfer sind deshalb geradezu mit Narben übersät.

So wild und urtümlich diese Rivalenkämpfe aussehen, so zärtlich wirkt solch ein Koloss, wenn er eine seiner zierlichen Haremsdamen umarmt.

**Wohnt dort:** Südliche See-Elefanten leben fast rund um den Südpol, meist am Rande des Packeises.

**Lebt so:** Sie jagen nach Fischen und Tintenfischen, dies oft in größerer Entfernung zur Küste und in Wassertiefen bis zu 100 m. Wie andere Robben mit gewaltigen Größenunterschieden zwischen den Geschlechtern bilden auch See-Elefanten zur Fortpflanzungszeit Harems. Bei ihnen umfasst ein Harem bis zu 40 Weibchen.

Sehr viel mehr Weiblichkeit könnte ein Bulle an seinem Strandabschnitt nicht mehr überwachen und verteidigen.

# Kaliforn. Seelöwe *Zalophus californianus*

Der Kalifornische Seelöwe ist durch seine häufige Haltung und die Fütterungsshows in vielen Zoos ebenso wie durch seine Auftritte im Zirkus eine der beliebtesten Robbenarten.

**Sieht so aus:** Es ist nicht schwer, die Geschlechter zu unterscheiden: Die Männchen werden 2,40 m groß und 275 kg schwer, die Weibchen bei maximal 1,80 m lediglich 90 kg. Durch den hohen Scheitelkamm als Ansatz der Kaumuskulatur besitzen die Bullen zudem eine hohe, kuppelförmige Stirn. Während die Männchen meist dunkel kastanienbraun gefärbt sind mit manchmal hellen Fellbereichen an Kopf, Flanken, Hinterteil und Bauch, sind die Weibchen wie auch die Jungtiere hellbraun. Von den übrigen Seelöwen unterscheiden sich die Kalifornischen Seelöwen durch ihre schlanke Gestalt, die fehlende „Löwenmähne" und den verhältnismäßig schmalen Kopf.

**Wohnt dort:** Von der zu den Ohrenrobben zählenden Art sind drei Unterarten bekannt. Neben dem eigentlichen Kalifornischen Seelöwen (*Zalophus californianus californianus*), der mit zwei Populationen an der pazifischen Küste und am Golf von Kalifornien vor-

## Verwandter im dichten Pelz: der Nördliche Seebär

Aufgrund seines wolligen Fells mit der dichten Unterwolle galt der Nördliche Seebär (*Callorhinus ursinus*, Bild rechts), auch Bärenrobbe genannt, den Pelzjägern immer schon als die wertvollste Pelzrobbe.

Die erwachsenen Männchen sind dunkelbraun bis schwarz, die Weibchen und Jungtiere oberseits silbergrau, unterseits rostbraun gefärbt.

Doch auch über diese zweifelhafte Wertschätzung hinaus halten Nördliche Seebären viele Rekorde.

So bildeten sie vor ihrem Rückgang infolge starker Bejagung auf den Pribylow-Inseln (Alaska) mit 2,5 Millionen Tieren die weltweit größte Ansammlung von Säugetieren. Die Bullen werden 350 kg schwer, die Weibchen nur 50 kg und bleiben damit um ein Siebenfaches leichter als ihre Männchen. Mit durchschnittlich 15–30 Weibchen scharen die Bullen recht große Harems um sich. Ein Rekordhalter paarte sich in einer Saison nachgewiesenermaßen sogar mit 161 Weibchen.

kommt, gehört noch der Galapagos-Seelöwe (*Zalophus californianus wollebaeki*) dazu, der auf den Galapagos-Inseln und in einer kleinen Kolonie vor der Küste Ecuadors lebt. Dritter im Bunde ist der wahrscheinlich ausgestorbene Japanische Seelöwe (*Zalophus californianus japonensis*), der das Ostchinesische Meer und die Küstengewässer Japans besiedelte.

**Lebt so:** Die Tiere ernähren sich hauptsächlich von Tintenfischen, vielerlei Fischarten, Krebsen und Muscheln, erbeuten aber auch gelegentlich junge Nördliche Seebären (siehe Kasten).

**Familienleben:** Anfang Juli besetzen die erwachsenen Männchen an Stränden ihre Territorien, die sie gegen andere Bullen verteidigen. Ihre Harems umfassen fünf bis 20 Weibchen. Nach 50 Wochen Tragzeit werden die Jungen geboren. Ihre Stillzeit beträgt etwa sechs bis zwölf Monate. Gelegentlich säugen Weibchen neben den Neugeborenen auch noch ihr einjähriges Junges. In den ersten Tagen sind Mutter und Kind fast ständig zusammen.

Wenn die Mütter später nur noch einmal am Tag zum Stillen kommen, scharen sich die Jungtiere am Strand zu „Kindergarten"-Gruppen zusammen.

### Naturtalent genutzt

In puncto Verspieltheit und gewandtem Bewegen an Land sind Kalifornische Seelöwen die reinsten Naturtalente. Weil sie z. B. auch Gegenstände auf ihrer Nase sicher balancieren können und weil sie sich zudem leicht abrichten lassen, sind sie geborene Artisten und zur Vorführung in Zoos und Zirkussen so geeignet.

# Walross Odobenus rosmarus

**Sieht so aus:** Die sehr großen, massig-plumpen Tiere mit Körperlängen von über 3 m (Männchen) bzw. fast 3 m (Weibchen) werden zwischen 1000–1900 kg (Männchen) bzw. um die 800 kg schwer. Ihre Markenzeichen sind die dicke Oberlippe mit dem auffälligen Bart aus steifen Borsten und die hauerartig verlängerten oberen Eckzähne. Die gräulich braune Haut mit zimtfarbenem Einschlag ist bei Jungtieren dunkler und wird bei alten Männchen blasser.

**Wohnt dort:** Heimat der Kolosse ist das Polarmeer rund um den Nordpol von Ostkanada und Grönland bis zum nördlichen Eurasien und Westalaska. Die im Atlantik lebende Polarrasse unterscheidet sich durch gebogene Hauer und eine Einsenkung über der Nase von der Pazifischen Rasse, die mehr oder weniger gerade Stoßzähne sowie auffällige Hautrunzeln aufweist.

**Lebt so:** Die überaus geselligen Robben bevorzugen flache Küstengewässer, an deren Stränden oder auf dem Packeis sie sich in großen Massen zusammendrängen. Als Nahrung dienen ihnen bodenbewohnende Wirbellose und langsam schwimmende Fische, die sie mit ihrem ausgezeichneten Tastsinn aufspüren und mit ihrem breiten Maul staubsaugergleich einsaugen.

Nach der Paarung im arktischen Winter gebären die Weibchen nur alle zwei Jahre nach 15–16 Monaten Tragzeit meist im Mai ein Junges.

> **Weniger Schalenöffner, sondern Waffe, Statussymbol und Steigeisen**
>
> Walrosse nutzen ihre Stoßzähne weniger als bisher angenommen zum Loslösen oder Öffnen von Schalentieren.
> Ihre Erkennungszeichen, die sie von allen anderen Robbenarten unterscheiden, dienen den Tieren vielmehr als Waffen und Statussymbole sowie als Steighilfen. Damit können sie sich nämlich an steilen Eiskanten aus dem Wasser ziehen.

# Seekuh, Nagelmanati Trichechus manatus

**Sieht so aus:** Sie ist mit 3,7–4,6 m Körperlänge und einem Gewicht von 1600 kg die größte der heute noch lebenden vier Arten aus der Ordnung der Seekühe. Allen vieren – das sind neben dem Nagel- oder Karibischen Manati noch der Flussmanati des Amazonasbeckens, der Westafrikanische Manati und die Gabelschwanzkuh, auch Dugong genannt, aus dem Südwestpazifik – gemeinsam ist der walzenförmige Körper, die Manatis zeichnen sich durch einen runden Schwanz aus. Der Nagelmanati hat eine dicke, graubraune, unbehaarte Haut sowie verkümmerte Nägel an den Vorderflossen. Als einzige Säugetiere besitzen Seekühe übrigens nur sechs statt der üblichen sieben Halswirbel.
**Wohnt dort:** Der Nagelmanati kommt in flachen Küstengewässern, Flussmündungen und Flüssen von Florida und der Karibik über das nördliche Südamerika und an der Atlantikküste bis Brasilien vor.
**Lebt so:** Pro Tag verzehren Seekühe acht bis 15 Prozent ihres Körpergewichts an Pflanzen,

### Nur der Mensch als Feind

Seekühe haben als einzigen Feind den Menschen. Wurden die neugierig vertrauten Tiere früher gejagt, schaden ihnen heute schnelle Motorboote, die sie schlecht hören können und deren Schiffsschrauben sie oft zu spät ausweichen.

die sie mit den breiten, muskulösen und mit Tastborsten umsäumten Lippen unter Wasser greifen und ins Maul befördern. Mit der Zunge wird der Geschmack des Seegrases und der Wasserpflanzen getestet.
Manatis sind vorwiegend Einzelgänger. Sie werden bis zu 28 Jahre, eventuell sogar über 60 Jahre alt. Dafür pflanzen sie sich aber nur sehr langsam fort. Maximal alle zwei Jahre bekommen die Weibchen nach 12–18 Monaten Tragzeit ein Kalb. Und das wird seinerseits erst mit drei bis fünf Jahren geschlechtsreif.

# Schweinswal Phocoena phocoena

**Sieht so aus:** Der kleine, bis 1,50 m lange Wal mit der niedrigen, dreieckigen Rückenflosse zählt zu den Delfinen, hat aber einen rundlichen Kopf ohne abgesetzten „Schnabel". Seine Oberseite ist braungrau getönt, die Unterseite weißlich.

**Wohnt dort:** Er lebt in den küstennahen Gewässern der Nordhalbkugel und kommt somit als „unser" Wal auch im Ost- und Nordseeraum vor.

**Lebt so:** Schweinswale leben einzeln oder in kleinen Gruppen bis zu zehn Tieren. Sie schwimmen langsam rollend und vermeiden im Gegensatz zu anderen Delfinen Sprünge aus dem Wasser. Bei der Nahrungssuche machen sie hauptsächlich Jagd auf Hering, Makrele, Wittling und Kabeljau. Dabei orientieren sie sich mithilfe einer Art Echolot-System durch schnelle Klicklaute.

**Familienleben:** Zwischen Müttern und Kälbern sowie zwischen Männchen und Weibchen zur Paarungszeit bestehen enge Bindungen. Nach zehn bis elf Monaten Tragzeit gebären die Weibchen ihre Jungen dicht an der Küste. Acht Monate lang werden die kleinen Schweinswale gesäugt. Die jungen Weibchen sind mit eineinhalb Jahren, die Männchen mit drei Jahren geschlechtsreif.

## Fatale Fischernetze

Beim Fischfang der Menschen werden deren Netze oft zu tödlichen Gefängnissen für die Schweinswale. Weil sie die Netze nicht orten können, bleiben sie darin hängen, verletzen sich schwer oder ertrinken. So verenden allein in Stellnetzen der Nordsee jährlich etwa 7000 Schweinswale. Zusätzlich können noch Schadstoffe im Meer, lärmende Schiffsmotoren, Bohrinseln und neuerdings Offshore-Windkraftanlagen „unseren" kleinen Wal schädigen oder vertreiben.

# Großer Tümmler Tursiops truncatus

**Sieht so aus:** Mit 2,30–3,90 m Körperlänge und einem Gewicht von 150–200 kg ist der einfarbig graue Delfin mit seiner helleren, leicht rötlichen Unterseite und dem kräftigen, mittellangen Schnabel der wohl bekannteste „Flipper".

**Wohnt dort:** Er besiedelt wärmere Küstengewässer des Atlantiks und gemäßigten Nordpazifiks.

**Lebt so:** Tintenfische und Fische stehen auf dem Speiseplan der Tiere, die in Gruppen, sogenannten Schulen, von gut einem Dutzend Tieren bis zu 1000 Tieren unterwegs sind.

**Familienleben:** Nach zwölf bis 14 Monaten Tragzeit bekommen die Weibchen in der Regel ein Junges, das mit der Schwanzflosse voran zur Welt kommt und bei der Geburt bereits rund zehn Prozent des Gewichts seiner Mutter auf die Waage bringt.
Schon etwa zwei Stunden nach der Geburt trinkt es zum ersten Mal von der fettreichen Muttermilch, die aus zwei Zitzen beiderseits der Geschlechtsfalte austritt. 18–20 Monate lang wird das Kalb gesäugt, insgesamt bleibt es drei bis sechs Jahre lang mit der Mutter zusammen.

### Springen aus Taktik und Spaß

Mit ihren Sprüngen treiben Delfine ihre Fischbeute vor sich her. Doch auch zur Werbung oder einfach nur aus Spaß vollführen sie diese eleganten, anmutigen Bewegungen, die sie auch als Begleiter von Schiffen zeigen.

Mindestens 36 Delfinarten in 17 Gattungen kommen weltweit vor. Davon ist der Heaviside-Delfin (*Cephalorhynchus heavisidii*) mit 1,20 m Körperlänge der kleinste, der Schwertwal (siehe S. 306) mit 7 m Länge und 4,5 t Gewicht der größte und schwerste seiner Familie.

# Schwertwal, Orca Orcinus orca

**Sieht so aus:** Die sehr lange (bis 1,80 m), beim Männchen gerade aufgestellte, beim Weibchen (Bild) etwas kleinere und sichelförmige Rückenflosse gab diesem größten aller delfinverwandten Wale den Namen. Schwertwale erreichen Längen von über 9 m, ihr Maximalgewicht liegt bei 10,5 t (Männchen) bzw. 7,4 t (Weibchen). Typisches Orca-Kennzeichen ist die kontrastreiche Schwarz-Weißzeichnung. Die ansonsten rein schwarzen Tiere tragen über dem Auge einen weißen Fleck, der sich länglich-oval nach hinten zieht. Ein weiteres weißes Feld reicht von der Spitze des Unterkiefers über Kehle und Bauch, schnürt sich in der Bauchmitte uhrglasförmig zusammen und endet am Hinterkörper dreizackig.
**Wohnt dort:** In allen Meeren zu Hause, wird die Verbreitung der Schwertwale im Norden und Süden durch die Eismassen begrenzt. Selbst in Eiskanäle und in Flussmündungen schwimmen Orcas hinein.
**Lebt so:** Ihre beiden anderen Namen „Killer-" und „Mörderwal" deuten an, dass Orcas nicht nur Fische und Kopffüßer verzehren. Sie machen auch Jagd auf andere Wale, Robben, Seekühe und Meeresvögel. Dabei zeigen sie sowohl beim Beutefang wie beim Beuteteilen ein ausgeprägtes Sozialverhalten. Orcas leben in stabilen Gruppen von drei bis 50 Tieren, die sich zu größeren „Schulen" zusammenschließen können.
**Familienleben:** Die Weibchen gebären nur alle fünf bis sechs Jahre nach zwölf bis 17 Monaten Tragzeit ein Kalb, das bei der Geburt schon 2,40 m lang ist.

### Jagd an Land

Nicht selten erbeuten Orcas ihre Opfer, indem sie sich über Eisschollen oder auf Strände schnellen und das dort liegende Beutetier mitreißen.
In Delfinarien galten die relativ leicht zu dressierenden Schwertwale lange Zeit als absolut harmlos – bis zum tödlichen Angriff auf eine Trainerin.

# Blauwal Balaenoptera musculus

**Sieht so aus:** Mit 25–35 m Körperlänge und einem Gewicht von 80–150 t sind Blauwale die größten Tiere, die jemals auf unserer Erde lebten und leben. In einem Zoo hätten Sie natürlich niemals Platz, aber dennoch sollen sie hier nicht ausgelassen werden.
**Wohnt dort:** Die Riesen der Meere wechseln auf ihren großen, jahreszeitlichen Wanderungen zwischen kalten, polnahen Gewässern mit reichlichem Nahrungsangebot und äquatornahen, flachen Meeresbuchten zum Kalben hin und her.
**Lebt so:** Meist durchstreifen sie die Weltmeere in kleinen Gruppen von drei bis vier Tieren, können aber auch größere Verbände bilden. Blauwale zählen zur Familie der Furchenwale. Ihr Name bezieht sich auf die Kehlfalten, die sich beim Fressen ausdehnen und so das Volumen des Mauls erheblich vergrößern können.
Der Blauwal ernährt sich nämlich, wie alle Furchenwale, von winzigen Schwimmkrebschen, dem Krill. Bei der Nahrungsaufnahme nimmt er einfach einen riesigen Schluck Wasser ins Maul, schließt dieses und presst das Wasser durch die Barten, das sind bürstenartig ausgefranste Hornplatten am Kieferrand, wieder hinaus. Dabei bleibt der Krill in den Barten wie in einer Reuse hängen und wird dann verschluckt.

## Einspritztechnik

Das nach zehn bis zwölf Monaten Tragzeit geborene Walkalb bringt vier bis fünf Prozent des Gewichts seiner Mutter auf die Waage.
Es begleitet sie auf der 3200 km langen Wanderung nach Norden zu den Nahrungsgründen.
Wenn es Hunger bekommt, dockt es an einer der beiden Zitzen an. Mithilfe von Muskeln um die Zitzen spritzt ihm die Walkuh die äußerst fettreiche Muttermilch (46 Prozent Fettgehalt!) direkt ins Maul.

Info-Ecke

# Zoos in Europa

**Zoologischer Garten Dresden**
Tiergartenstr. 1, 01219 Dresden
www.zoo-dresden.de
13 ha, 2800 Tiere in 340 Arten. Schwerpunkt asiatische Säugetiere (Rothund, Schneeleopard, Amurkatze, Himalaja-Thar, Tur, Goral, Takin, Milu, Banteng, Vietnam-Sika, Nilgau, Schweinshirsch); im Afrikahaus Röhrensysteme für Nacktmulle

**Zoologischer Garten Leipzig**
Pfaffendorfer Straße 29, 04105 Leipzig
www.zoo-leipzig.de
23,2 ha, ca. 6500 Tiere in 840 Arten. Weltweit größte Menschenaffenanlage („Pongoland"), Tiger-Taiga, Afrika-Savanne, weiterer Ausbau des sehr modernen Themenzoos („Zoo der Zukunft")

**Zoologischer Garten Halle**
Fasanenstr. 5a, 06114 Halle/Saale
www.zoo-halle.de
9 ha, 1700 Tiere in 300 Arten. Raubtierhaus mit Indochina-Tigern, Angola-Löwen, Jaguaren, Felsgehege mit seltenen Berghuftieren (Thar, Bezoarziege, Markhor, Westkaukasischer Steinbock)

**Tierpark Friedrichsfelde**
Am Tierpark 125, 10319 Berlin
www.tierpark-berlin.de
160 ha, ca. 8700 Tiere in 1003 Arten. Größter Landschaftszoo Europas, seltene Huftierarten, Zuchtgruppen Afrikanischer und Asiatischer Elefanten, Alfred-Brehm-Haus mit mehreren Tiger- und Leoparden-Unterarten, seltene Klein- und Schleichkatzen

**Zoologischer Garten Berlin**
Hardenbergplatz 8, 10787 Berlin
www.zoo-berlin.de
35 ha, ca.13 900 Tiere in 1440 Arten. Der artenreichste Zoo der Welt, drei Nashornarten, modernes Flusspferdhaus mit beiden Arten, Großer Panda

**Tierpark Hagenbeck**
Lockstedter Grenzstraße 2, 22527 Hamburg-Stellingen
www.hagenbeck.de
25 ha, ca. 2500 Tiere in 350 Arten. Zuchtgruppe Asiatischer Elefanten, Orang-Utan-Kuppel, Afrika- und Eismeerpanorama, Onager, Südamerikanische Riesenotter

**Erlebniszoo Hannover**
Adenauerallee 3, 30175 Hannover
www.zoo-hannover.de
22 ha, 2070 Tiere in 220 Arten. Großsäuger in detailgetreu nachgestalteten Natur- und Kulturlandschaften („Gorillaberg", „Sambesi", „Dschungelpalast")

**Zoologischer Garten Magdeburg**
Am Vögelsang 12, 39124 Magdeburg
www.zoo-magdeburg.de
12,5 ha, 650 Tiere in 170 Arten. Europaweit größte Sammlung südamerikanischer Krallenaffen, Schwerpunkt Südamerika, Spitzmaulnashorn-Zucht

**Zoo Wuppertal**
Hubertusallee 30, 42117 Wuppertal
www.zoo-wuppertal.de
24 ha, ca. 4000 Tiere in 470 Arten. Schwerpunkt Haltung von Groß- und Kleinkatzen, Affen

**Zoo Dortmund**
Mergelteichstr. 80, 44225 Dortmund
www.zoo-dortmund.de
28 ha, 1840 Tiere in 265 Arten. Weltweit führend in Haltung und Zucht des Großen und Kleinen Ameisenbären, Schwerpunkt Südamerika, Regenwaldhaus mit Orang-Utans und Schabrackentapiren

**Zoo Erlebniswelt Gelsenkirchen**
Bleckstr. 47, 45889 Gelsenkirchen
www.zoom-erlebniswelt.de

ca. 30 ha, 490 Tiere in 100 Arten. „Alaska" mit vielen nordischen Säugetierarten, „Afrika", „Asien", jeweils mit typischen Säugetierarten

### Zoo Duisburg
Mühlheimer Str. 273, 47058 Duisburg
www.zoo-duisburg.de
15,5 ha, 2150 Tiere in 280 Arten. Seltene Delfinarten, Fossa, Nebelparder, Riesenotter, Koala, Wombat, Matschie-Baumkänguru, Bürstenschwanz-Rattenkänguru

### Zoo Krefeld
Uerdinger Str. 377, 47800 Krefeld
www.zookrefeld.de
13 ha, 1200 Tiere in 200 Arten. Regenwaldhaus, Jaguaranlage, Berg-Anoa, seltene Huftiere, Kleiner Ameisenbär

### Allwetterzoo Münster
Sentruper Str. 315, 48161 Münster
www.allwetterzoo.de
30 ha, 3670 Tiere in 380 Arten. Große Affensammlung, Afrikapanorama, Nordpersischer Leopard, Asiatische Goldkatze, Prinz-Alfred-Hirsch, Asiatische Elefanten

### Zoologischer Garten Osnabrück
Am Waldzoo 2–3, 49082 Osnabrück
www.zoo-osnabrueck.de
ca. 20 ha, 1920 Tiere in 270 Arten. Schwerpunkt südamerikanische Arten, neue Huftieranlage für afrikanische Arten

### Zoo Köln
Riehler Str. 173, 50735 Köln
www.zoo-koeln.de
20 ha, 8000 Tiere in 690 Arten. Elefantenhaus mit riesiger Anlage, zahlreiche Großraubtiere, viele Affenarten, weltbekannte Halbaffensammlung

### Zoologischer Garten Frankfurt
Alfred-Brehm-Platz 16, 60316 Frankfurt/Main
www.zoo-frankfurt.de
13 ha, 4800 Tiere in 565 Arten. Bekannt für Haltung und Zucht seltener Arten (viele Welt-Erstzuchten); Grzimek-Haus mit zahlreichen, seltenen, nachtaktiven Säugetierarten, sehr attraktives, neues Menschenaffenhaus mit Zucht aller vier Menschenaffenarten, Mähnenwolfanlage, Okapi, Spitzmaulnashorn-Zucht

### Opel-Zoo Kronberg
Königsteiner Str. 35, 61476 Kronberg
www.opelzoo.de
25 ha, ca. 1300 Tiere in 200 Arten. Zahlreiche Großtiere, Afrikasavanne, Mesopotamischer Damhirsch

### Zoologischer Garten Saarbrücken
Graf-Stauffenberg-Str. 66, 66121 Saarbrücken
www.saarbruecken.de
15 ha, 1000 Tiere in 150 Arten. Madagaskarhaus mit neun Lemurenarten, Fauna nach Kontinenten geordnet, Afrikahaus

### Zoologischer Garten Neunkirchen
Zoostr. 25, 66538 Neunkirchen
www.zoo-neunkirchen.de
12 ha, 1000 Tiere in 190 Arten. Schwerpunkt asiatische Arten

### Tiergarten Heidelberg
Tiergartenstr. 3, 69120 Heidelberg
www.tiergarten-heidelberg.de
10,2 ha, über 1200 Tiere in 186 Arten. Zuchtgruppen seltener Affen (Roloway-Meerkatze), Katzen (Asiatische Goldkatze, Rohrkatze); Afrikasavanne

### Zoologisch-Botanischer Garten Wilhelma
Neckartalstr. 9, 70376 Stuttgart
www.wilhelma.de
28 ha, 8000 Tiere in 1050 Arten. Zahlreiche Affenarten, Kleinsäugerhaus mit seltenen Arten, große Huftieranlagen, Nordpersischer Leopard, alte Haustierrassen

### Zoo Karlsruhe
Ettinger Str. 6, 76137 Karlsruhe
www.karlsruhe.de/zoo
9 ha, 910 Tiere in 130 Arten. Weltberühmte Eisbärenzucht; größte Kropfgazellen-Gruppe in Europa
### Tierpark Hellabrunn

Tierparkstr. 30, 81543 München
www.zoo-munich.de
36 ha, 14800 Tiere in 665 Arten. Geo-Zoo mit Asiatischen Elefanten, Panzernashörnern, zahlreichen Huftieren und Affenarten, „Dschungelzelt" mit Großkatzen

### Zoologischer Garten Augsburg
Brehmplatz 1, 86161 Augsburg
www.zoo-augsburg.de
22 ha, 1500 Tiere in 285 Arten. Afrikapanorama, Amurleopard, Plumplori

### Tiergarten Nürnberg
Am Tiergarten 30, 90480 Nürnberg
www.tiergarten.nuernberg.de
70 ha, 2270 Tiere in 282 Arten. Landschaftszoo, zahlreiche Huftiere (Kropfgazelle, Kulan, Guanako, Mendes-Antilope, Somali-Wildesel, Bongo, Gelbrückenducker, Rotducker), Flachlandtapir, Schabrackentapir, Seekuh, Delfinarium

### Thüringer Zoopark Erfurt
Zum Zoopark 8–10, 99087 Erfurt
www.zoopark-erfurt.de
48 ha, ca. 1400 Tiere in 190 Arten. Löwensavanne, Elefanten, Breitmaulnashorn-Zucht, seltene Affen, Zucht alter, bedrohter Haustierrassen

## Österreich:
### Tiergarten Schönbrunn
Maxingstr. 13b, A-1130 Wien
www.zoovienna.at
17 ha, 2800 Tiere in 413 Arten. Aus dem ältesten Zoo der Welt wurde einer der fortschrittlichsten: Regenwaldhaus, Wüstenhaus, Afrikanische Elefanten, seltene Huftiere, Panzernashörner

### Wildpark Altenfelden
Atzesberg 8, A-4121 Altenfelden
www.wildpark-altenfelden.at
82 ha, mehr als 850 Tiere in 145 Arten. Einzigartige Hirschsammlung mit rund 15 Arten bzw. Unterarten

### Zoo Salzburg, Hellbrunn
Anifer Landesstr. 1, A-5081 Salzburg-Anif
www.salzburg-zoo.at
14 ha, ca. 500 Tiere in 140 Arten. Geo-Zoo mit Schwerpunkten tropisches Südamerika, afrikanische Savanne, Alpen; Goldkopflöwenaffe, Hausmäuse und Hausratten faszinierend ausgestellt in Panoramagehegen (Dachboden, Küche)

### Alpenzoo Innsbruck
Weiherburggasse 37, A-6020 Innsbruck
www.alpenzoo.at
5 ha, mehr als 2000 Tiere in ca. 150 Arten. Themenzoo, in dem Tiere des Alpenraums präsentiert werden, darunter alle größeren Säugetierarten dieser Region

## Schweiz:
### Zoo Basel
Binnigerstr. 40, CH-4011 Basel
www.zoobasel.ch
13 ha, 7600 Tiere in 640 Arten. Artenreichster Zoo der Schweiz; große Zuchterfolge, Menschenaffen, Panzernashörner, Afrikanische Elefanten

### Zoo Zürich
Zürichbergstr. 221, CH-8044 Zürich
www.zoo.ch
20 ha, 4000 Tiere in 340 Arten. „Masoala-Regenwaldhaus" mit seltenen Säugetieren Madagaskars (unter anderem Fingertier, Igeltanrek, Rodrigues-Flughund, Alaotra-Halbmaki, Roter Vari), Asiatische Elefanten, zahlreiche Affenarten, weitere Lebensraum-Gehege wie „Himalaja" mit Schneeleopard, Amurtiger, Kleiner Panda, „indischer Gir-Wald" mit Asiatischem Löwen

## Niederlande:
### Zoo Emmen
Hoofdstraat 18, NL-7801 BA Emmen
www.dierenpark-emmen.nl
19 ha, zahlreiche Tierarten
Erfolgreiche Zucht Asiatischer Elefanten (besonders gewaltiger Bulle mit riesigen Stoßzähnen)

### Zoo Rotterdam
Van Aerssenlaan 49, NL-3039 KE Rotterdam

www.blijdorp.nl
www.rotterdam.zoo.nl
25 ha, 5800 Tiere. Einer der schönsten Zoos Europas; zahlreiche Zuchtgruppen; Asiatische Elefanten, Panzernashörner, Zwergflusspferde, Sumatra-Tiger

### Artis Zoo Amsterdam
Plantage Kerklaan 38–40, NL-1018 Amsterdam
www.artis.nl
10 ha, 8200 Tiere. Traditionsreicher niederländischer Zoo, Afrikasavanne, Südamerikapampa mit typischen Säugetieren

### Burgers Zoo Arnheim
Anton van Hooffplein 1, NL-6816 SH Arnheim
www.burgerszoo.eu
45 ha, über 3000 Tiere. Ökosystem-Hallen (Urwald, Wüste, Ozean), sehr große Afrikaanlage, berühmte Schimpansenkolonie

## Belgien:
### Zoo Antwerpen
Königin Astridplein 26, B-2018 Antwerpen
www.zooantwerpen.be
über 10 ha (zusätzliche, größere Außengelände), über 5000 Tiere in mehr als 950 Arten. Zuchtprogramme unter anderem für Bonobos und Okapis

## England:
### London Zoo und Whipsnade Zoo
ZSL London Zoo, Outer Circle, Regent's Park, London NW1 4RY
ZSL Whipsnade Zoo, Dunstable, Bedfordshire LU6 2LF, www.zsl.org
Beide Zoos werden gemeinschaftlich verwaltet. Im London Zoo leben 750 Tierarten, darunter viele seltene Primatenarten, auf 15 ha, im mit 243 ha weitaus größeren Whipsnade Zoo 2500 Tiere, vor allem auch Großsäuger wie Elefanten und Nashörner in Zuchtgruppen.

### Jersey Zoo
Les Augres Manor, Trinity, Jersey, JE 3 5BP
jerseyzoo@durrell.org
Von Gerald Durrell gegründet, werden vor allem hochbedrohte Tierarten (190 Arten) auf 10 ha in Erhaltungszuchten gehalten. Darunter Löwenaffen, seltene Halbaffenarten sowie Rodrigues- und Livingstone-Flughunde. Heute unterstützt der Durrell Wildlife Conservation Trust weltweit Artenschutzprojekte und bildet künftige Artenschützer aus (www.durrell.org).

## Frankreich:
### Zoo Mulhouse
51 Rue du Jardin Zoologique, F-68100 Mulhouse
www.zoo-mulhouse.com
1200 Tiere in 190 Arten, darunter vor allem seltene Säugetierarten in Erhaltungszuchtprogrammen, wie z. B. der Prinz-Alfred-Hirsch

## Tschechien:
### Zoo Dvur Králové
Námestí T. G. Masaryka 38, Dvur Králové nad Labem, CZ-54417
www.DvurKralove.cz
Auf 62,5 ha werden vor allem seltene Huftiere safariähnlich gezeigt. Absolute Besonderheit: Die einzigen Nördlichen Breitmaulnashörner in einem Zoo (Zuchtgruppe, aus der Tiere wieder in Afrika angesiedelt werden)

## Ungarn:
### Zoo Budapest
H-1146 Budapest, Állatkerti krt. 6–12
www.zoobudapest.com
Hauptstadtzoo mit interessantem Tierbestand, darunter züchtende Gorillas und Asiatische Elefanten, und vor allem mit denkmalsgeschützten, prachtvollen Tierhäusern, die für sich allein genommen schon absolut sehenswert sind.

### Kittenberger Zoo Veszprém
H-8200 Veszprém, Kittenberger út. 17
www.veszpzoo.hu
29,5 ha, 546 Tiere in 114 Arten. Einer der traditionsreichsten Zoos Ungarns mit neuen Gehegen; Afrika-Savanne, sehr große Schimpansenanlage, begehbares Lemurengehege, Dscheladas.

# Register

## A

Abessinischer Fuchs 142
Abruzzengämse 71
*Acinonyx jubatus* 146
*Aepyceros melampus* 162
Afrikanischer Elefant 176
Afrikanischer Löwe 148
Afrikanischer Wildesel 154
Afrikanisches Hirschferkel 105
Ai 236
*Ailuropoda melanoleuca* 96
*Ailurus fulgens* 97
*Alces alces* 69
*Allocebus spec.* 201
*Alopex lagopus* 288
*Alouatta seniculus* 262
Alpaka 250
Alpenmurmeltier 47
Ameisenbär 235
Amerikanischer Schwarzbär 221
*Ammodorcas clarkei* 159
Andalusischer Hase 42
Angola-Giraffe 169
Anoa 115
*Antilocapra americana* 227
Anubispavian 183
*Aotes trivirgatus* 255
Arabische Oryx 157
*Arctictis binturong* 83
Asiatischer Elefant 124
Asiatischer Löwe 94
Asiatischer Wildesel 117
*Ateles geoffroyi* 261
Aye-Aye 204

## B

Babirusa 120
*Babyrousa babyrousa* 120
Baird-Tapir 248
*Balaenoptera musculus* 307
Balirind 114
Bambusbär 96
Bambuslemur 200
Banteng 114
Bär, Braun- 52
Bär, Eis- 290
Bärenmarder 58
Bärenrobbe 301
Baribal 221
Bär, Lippen- 95
Bartaffe 129
*Bassariscus astutus* 218
Baummarder 57
Baumschliefer 178
Bechsteinfledermaus 41
Berberaffe 180
Berganoa 115
Berggorilla 186
Berglemming 50
Berglöwe 224
Bergtapir 248
Bergzebra 152
Beutelbär 274
Beutelflughörnchen 282
Beutelmäuse 280
Beutelratten 210
Beutelteufel 278
Bezoarziege 73
Biber, Eurasischer 48
Biber, Kanada- 212
Binturong 83
Bisam 48
Bison 228
*Bison bison* 228
*Bison bonasus* 70
Blattnasen 240
Blauwal 307
Blessbock 164
Blutbrustpavian 181
Bongo 163
Bonobo 188
*Boselaphus tragocamelus* 107
*Bos frontalis* 113
*Bos javanicus* 114
*Bos mutus* 112
*Bos savauli* 114
*Brachyteles arachnoides* 260
*Bradypodidae* 236
*Bradypus tridactylus* 236
Braunbär 52
Braune Hyäne 144
Braunes Langohr 40
Breitmaulnashorn 151
Breitschnauzenhalbmaki 200
Brüllaffe 262
*Bubalus arnee* 113
*Bubalus depressicornis* 115
*Bubalus mindorensis* 116
*Bubalus quarlesi* 115
*Budorcas taxicolor* 111
Büffel, Kaffern- 166
Buntbock 164
Buschbaby 192
Buschschliefer 178
Buschschwein 174

## C

*Cacajao calvus* 257
*Callicebus spec.* 254
*Callimico goeldii* 263
*Callithrix jacchus* 268
*Callorhinus ursinus* 301
*Camelus bactrianus* 102
*Camelus dromedarius* 103
*Canis latrans* 223
*Canis lupus* 100
*Canis lupus arctos* 289
*Canis lupus dingo* 285
*Canis simensis* 142
*Capra aegagrus cretica* 73
*Capra falconeri* 108
*Capra ibex* 72
*Capra ibex nubiana* 156
*Capreolus capreolus* 68
*Capricornis crispus* 110
*Capricornis spec.* 110
*Capricornis sumatraensis* 110
Capybara 238
*Castor canadensis* 212
*Castor fiber* 48
*Cebuella (Callithrix) pygmaea* 267
*Cebus apella* 259
*Cephalophus jentinki* 165
*Cephalophus natalensis* 165
*Cephalophus spec.* 165
*Cephalophus sylvicultor* 165
*Cephalophus zebra* 165
*Cephalorhynchus heavisidii* 305
*Ceratotherium simum* 151
*Cercopithecus diana* 185
*Cercopithecus diana roloway* 185
*Cervus elaphus* 66
*Cervus unicolor* 104
*Cheirogaleus spec.* 201
*Chlamyphorus truncatus* 234
*Choloepus hoffmanni* 237
*Chrysocyon brachyurus* 244
*Connochaetes taurinus* 160
*Cricetus cricetus* 49
*Crocuta crocuta* 144
*Cryptoprocta ferox* 207
*Cuon alpinus* 99
*Cyclopes didactylus* 235

*Cynomys ludovicianus* 214

## D
Dachs 60
Dallschaf 230
*Dama dama* 67
*Damaliscus pygargus* 164
*Damaliscus pygargus pygargus* 164
*Dama mesopotamica* 67
Damhirsch 67
*Dasypodidae* 234
*Dasypus novemcinctus* 234
*Dasyuridae* 280
*Daubentonia madagascariensis* 204
*Dendrohyrax spec.* 178
*Desmodus rotundus* 240
Diana-Meerkatze 185
Dibatag 159
*Dicerorhinus sumatrensis* 123
*Diceros bicornis* 150
Dickhornschaf 230
*Didelphis virginiana* 210
Dingo 285
*Dolichotis patagonum* 239
*Dolichotis salinicola* 239
Dreifinger-Faultier 236
Drill 184
Dromedar 103
Dschelada 181
Dschiggetai 117
Ducker 165

## E
*Echinops telfairi* 206
Eichhornaffe 258
Eichhörnchen 46
Eisbär 290
Eisfuchs 288
Elch 69
Elefant, Afrikanischer 176
Elefant, Asiatischer 124

Elefant, Wald- 176
*Elephas maximus* 124
*Equus asinus* 154
*Equus grevyi* 152
*Equus hemionus* 117
*Equus przewalskii* 118
*Equus quagga* 152
*Equus spec.* 152
*Equus zebra* 152
Erdferkel 138
Erdmännchen 140
Erdwolf 145
*Erethizon dorsatum* 213
*Erinaceus concolor* 37
*Erinaceus europaeus* 37
*Eulemur macaco* 199
Eurasischer Biber 48
Eurasischer Luchs 86
Europäischer Bison 70
Europäischer Iltis 55

## F
Faultiere 236
Feldhamster 49
Feldhase 42
*Felis (Leopardus) pardalis* 245
*Felis (Leptailurus) serval* 147
*Felis (Lynx) pardinus* 63
*Felis (Otocolobus) manul* 87
*Felis (Prionailurus) rubiginosus* 85
*Felis (Prionailurus) viverrinus* 84
*Felis (Puma) concolor* 224
*Felis silvestris* 62
Fingertier 204
Fischkatze 84
Fischotter 61
Flachkopfbeutelmaus 280
Flachlandgorilla 186
Flachlandtapir 248
Fleckenhyäne 144
Fleckenkantschil 105
Fledermaus, Bechstein- 41
Fledermäuse, Amerikanische 240

Fledermaus, Gespenster- 284
Fledermaus, Neuseeland- 284
Flughörnchen 282
Flughunde 76
Flusspferd 170
Flusspferd, Zwerg- 173
Fossa 207
Frettchen 55
Frettkatze 207
Fuchs, Abessinischer 142
Fuchs, Eis- 288
Fuchs, Grau- 222
Fuchskusu 283
Fuchs, Polar- 288
Fuchs, Rot- 51

## G
Gabelbock 227
*Galago* 192
*Galago senegalensis* 192
Galapagos-Seelöwe 300
Gämse 71
Gaur 113
Gayal 114
Gehaubter Kapuziner 259
Gelbbauch-Beutelflughörnchen 282
Gelber Pavian 183
Gelbrückenducker 165
Gemeiner Vampir 240
Geoffroy-Klammeraffe 261
Gepard 146
Gerenuk 159
Gespensterfledermaus 284
Gewöhnlicher Fuchskusu 283
Gewöhnlicher Präriehund 214
Gibbon, Schopf- 133
*Giraffa camelopardalis* 168
Giraffe 168
Giraffengazelle 159
Gleitbeutler 282

Gnu, Streifen- 160
Goldener Halbmaki 200
Goldener Löwenaffe 269
Goldkopflöwenaffe 269
Goldsteiß-Löwenaffe 269
Gorilla 186
*Gorilla beringei* 186
*Gorilla gorilla* 186
Graubär 53
Grauer Halbmaki 200
Graues Langohr 40
Graufuchs 222
Graupavian 182
Grevy-Zebra 152
Grizzly 53
Großer Ameisenbär 235
Großer Igeltanrek 206
Großer Kaninchennasenbeutler 281
Großer Panda 96
Großer Tanrek 206
Großer Tümmler 305
Großes Mara 239
Großes Mausohr 39
Großkantschil 105
Grüner Pavian 183
Guanako 253
*Gulo gulo* 58
Gürteltiere 234

## H
Haarnasenwombat 275
Halbmaki 200
Hamster, Feld- 49
Hanumanlangur 131
*Hapalemur aureus* 200
*Hapalemur griseus* 200
*Hapalemur simus* 200
Hase, Feld- 42
Hase, Schnee- 44
Haubenlangur 130
Hausmaus 38
Heaviside-Delfin 305
*Hemiechinus auritus* 78
*Hemitragus hylocrius* 109

*Hemitragus jemlahicus* 109
Hermelin 54
*Heterohyrax spec.* 178
Heulwolf 223
*Hexaprotodon liberiensis* 173
Himalaja-Tahr 109
*Hippopotamus amphibius* 170
*Hippotragus niger* 158
*Hippotragus niger variani* 158
Hirsch, Dam- 67
Hirscheber 120
Hirschferkel 105
Hirsch, Maultier- 226
Hirsch, Rot- 66
Hirsch, Schwarzwedel- 226
Hoffmann-Zweifingerfaultier 237
Höhlenflughunde 76
*Hyaena brunnea* 144
*Hyaena hyaena* 144
Hyäne, Braune 144
Hyäne, Flecken- 144
Hyäne, Schabracken- 144
Hyäne, Streifen- 144
Hyänenhund 143
*Hydrochaeris hydrochaeris* 238
*Hydrurga leptonyx* 298
*Hyemoschus aquaticus* 105
*Hylobates concolor* 133
*Hystrix cristata* 139

## I

Igel, Europäischer 37
Igel, Langohr- 78
Igeltanrek 206
Iltis 55
Iltis, Schwarzfuß- 216
Impala 162
Indianerbüffel 228
Indischer Löwe 94
Indisches Panzernashorn 122
Indri 203
*Indri indri* 203
Irbis 88
Isabell-Braunbär 53

## J

Jaguar 246
Japanischer Seelöwe 300
Japanischer Serau 110
Javanashorn 122
Jentinkducker 165

## K

Kaffernbüffel 166
Kaiserschnurrbarttamarin 266
Kalifornischer Seelöwe 300
Kamel 102
Kamtschatkabär 52
Kamtschatka-Schaf 230
Kanadabiber 212
Känguru 276
Kaninchennasenbeutler 281
Kaninchen, Wild- 45
Kantschil 105
Kapgiraffe 169
Kapuziner, Gehaubter 259
Karibu 293
Katta 196
Katzenbär 97
Katzenfrett 218
Katzenmakis 201
Khur 117
Kiang 117
Killerwal 306
Klammeraffe, Geoffroy- 261
Kleiner Gürtelmull 234
Kleiner Igeltanrek 206
Kleiner Panda 97
Kleiner Plumplori 126
Kleinkantschil 105
Klippschliefer 178
Koala 274
Koboldmaki 128
Kodiakbär 52
Kojote 223
Kordofan-Giraffe 169
Kouprey 114
Krallenaffe 264
Kretische Wildziege 73
Kronenducker 165
Kulan 117
Kurzschnabeligel 273

## L

Lama 250
Lamagazelle 159
*Lama glama* 250
*Lama guanicoë* 253
*Lama pacos* 250
Langohr 40
Langohrigel 78
Langschnabeligel 273
Langschwanzkatze 245
Langur, Hanuman- 131
Langur, Hauben- 130
Lanzennasen 240
Larvensifaka 202
*Lasiorhinus krefftii* 275
*Lasiorhinus latifrons* 275
Lemming, Berg- 50
*Lemmus lemmus* 50
*Lemur catta* 196
*Leontopithecus caissara* 264, 269
*Leontopithecus chrysomelas* 269
*Leontopithecus chrysopygus* 269
*Leontopithecus rosalia* 269
Leopard 90
*Leopardus wiedi* 245
*Lepus europaeus* 42
*Lepus granatensis* 42
*Lepus timidus* 44
Lippenbär 95
Lisztaffe 264
*Litocranius walleri* 159
Lori 126
*Loris tardigradus* 126
Löwe, Afrikanischer 148
Löwe, Asiatischer 94
Löwenaffe 269
*Loxodonta africana* 176
*Loxodonta cyclotis* 176
Luchs, Eurasischer 86
Luchs, Pardel- 63
*Lutra lutra* 61
*Lycaon pictus* 143
*Lynx lynx* 86

## M

*Macaca mulatta* 129

*Macaca nemestrina* 129
*Macaca silenus* 129
*Macaca sylvanus* 180
*Macroderma gigas* 284
*Macropus rufus* 276
*Macrotis lagotis* 281
Madame Berthe's Mausmaki 201
Magot 180
Mähnenschaf 155
Mähnenspringer 155
Mähnenwolf 244
Mähnenziege 155
Maki 128, 199
Maki, Maus- u. Katzen- 201
Maki, Mohren- 199
Manati 303
Mandrill 184
*Mandrillus leucophaeus* 184
*Mandrillus sphinx* 184
*Manis gigantea* 193
*Manis spec.* 193
Mantelaffe 264
Mantelpavian 182
Manul 87
Mara 239
Marderbär 83
Marder, Baum- 57
Marderhund 98
Marder, Stein- 56
Markhor 108
Marmosetten 266, 267, 268
*Marmota marmota* 47
*Martes foina* 56
*Martes martes* 57
*Martes zibellina* 82
Massai-Giraffe 169
Maultierhirsch 226
Mausmakis 201
Mausohr, Großes 39
Mauswiesel 54
Meerkatze 185
*Meles meles* 60
*Melursus ursinus* 95
*Mephitis mephitis* 217
Mesopotamischer Damhirsch 67
*Microcebus berthae* 201
*Microcebus spec.* 201

Mittelmeermönchsrobbe 297
*Mirounga leonina* 299
*Mirza spec.* 201
Mohrenmaki 199
*Monachus monachus* 297
Mönchsrobbe 297
*Moschiola meminna* 105
Moschusochse 292
Muriki 260
Murmeltier, Alpen- 47
*Mus domesticus* 38
*Mustela erminea* 54
*Mustela nigripes* 216
*Mustela nivalis* 54
*Mustela putorius* 55
*Mustela putorius f. fera* 55
*Myocastor coypus* 48
*Myotis bechsteinii* 41
*Myotis myotis* 39
*Myrmecophaga tridactyla* 235
*Mystacina tuberculata* 284

**N**
Nachtaffe 255
Nacktnasenwombat 275
Nagelmanati 303
*Nasalis larvatus* 132
Naseaffe 132
Nasenbär 241
Nashorn, Breitmaul- 151
Nashorn, Panzer- 122
Nashorn, Java- 122
Nashorn, Spitzmaul- 150
Nashorn, Sumatra- 123
*Nasua narica* 241
*Nasua nasua* 241
Nebelparder 89
*Neofelis diardi* 89
*Neofelis nebulosa* 89
Netzgiraffe 168
Neunbindengürteltier 234
Neuseeland-Fledermaus 284

Nigerianische Giraffe 168
Nilgau 107
Nilgiri-Tahr 109
Nilpferd 170
*Ningaui timealeyi* 280
Nordafrikanisches Stachelschwein 139
Nordamerikanisches Katzenfrett 218
Nördlicher Haarnasenwombat 275
Nördlicher Pudu 247
Nördlicher Seebär 301
Nördlicher Tamandua 235
Nordluchs 86
Nordopossum 210
Nubische Giraffe 168
Nubischer Steinbock 156
Nubischer Wildesel 154
Nutria 48
*Nyctereutes procyonoides* 98
*Nycticebus coucang* 126
*Nycticebus pygmaeus* 126

**O**
*Ochotona spec.* 79
*Odobenus rosmarus* 302
*Odocoileus hemionus* 226
*Odocoileus virginianus* 226
Okapi 167
*Okapia johnstoni* 167
Onager 117
*Ondatra zibethicus* 48
Opossum, Virginia- 210
Orang-Utan 134
Orca 306
*Orcinus orca* 306
*Oreamnos americanus* 231
*Ornithorhynchus anatinus* 272
*Orycteropus afer* 138

*Oryctolagus cuniculus* 45
*Oryx leucoryx* 157
Oryx, Arabische 157
Oryx, Weiße 157
Ostigel 37
Östlicher Gorilla 186
Östlicher Grauer Bambuslemur 200
*Ovibos moschatus* 292
*Ovis canadensis* 230
*Ovis dalli* 230
*Ovis nivicola* 230
Ozelot 245

**P**
Pallaskatze 87
Pampashase 239
Panda, Großer 96
Panda, Kleiner 97
Panda, Roter 97
*Pan paniscus* 188
*Panthera leo* 148
*Panthera leo persica* 94
*Panthera onca* 246
*Panthera pardus* 90
*Panthera tigris* 92
*Panthera (Uncia) uncia* 88
*Pan troglodytes* 188
Panzernashorn 122
*Papio hamadryas* 182
*Papio hamadryas anubis* 183
*Papio hamadryas cynocephalus* 183
Pardelluchs 63
Pavian, Anubis- 183
Pavian, Blutbrust- 181
Pavian, Gelber u. Grüner 183
Pavian, Grau- 182
Pavian, Mantel- 182
Pavian, Silber- 182
Pavian, Steppen- 183
*Petaurus australis* 282
Pfeifhase 79
Pferdehirsch 104
*Phacochoerus africanus* 175
*Phascolarctus cinereus* 274
*Phoca vitulina* 296

*Phocoena phocoena* 304
*Phyllostomidae* 240
Pika 79
*Pilbara-Ningaui* 280
Pinselohrschwein 174
*Pithecia pithecia* 256
*Planigale ingrami* 280
*Plecotus auritus* 40
*Plecotus austriacus* 40
Plumplori 126
Polarfuchs 288
Polarwolf 289
*Pongo abelii* 134
*Pongo pygmaeus* 134
*Potamochoerus larvatus* 174
*Potos flavus* 242
Präriehund 214
Präriewolf 223
*Priodontes maximus* 234
*Procavia spec.* 178
*Procyon lotor* 220
Pronghorn 227
*Propithecus verreauxi* 202
*Proteles cristatus* 145
Przewalski-Pferd 118
*Pteropodidae* 76
*Pteropus spec.* 77
Pudu 247
*Pudu mephistopheles* 247
*Pudu pudu* 247
Puma 224
Pyrenäengämse 71

**Q**
Quagga 153

**R**
*Rangifer tarandus* 293
Rappenantilope 158
Reh 68
Rentier 293
Rhesusaffen 129
*Rhinoceros sondaicus* 122
*Rhinoceros unicornis* 122
Riesenflughörnchen 282
Riesengürteltier 234

Riesenkänguru 276
Riesenschuppentier 193
Rindergämse 111
Roloway-Meerkatze 185
Rostkatze 85
Rotbüffel 166
Rotducker 165
Roter Brüllaffe 262
Roter Panda 97
Roter Springaffe 254
Rotes Riesenkänguru 276
Rotfuchs 51
Rothirsch 66
Rothund 99
*Rousettus spec.* 77
*Rupicapra pyrenaica* 71
*Rupicapra rupicapra* 71

## S

*Saguinus bicolor* 264
*Saguinus imperator* 266
*Saguinus oedipus* 264
Saiga 106
*Saiga tatarica* 106
*Saimiri sciureus* 258
Saki, Weißkopf- 256
Sambar 104
*Sarcophilus lanarius (harrisii)* 278
Schabrackenhyäne 144
Schabrackentapir 248
Schaf, Dickhorn- 230
Schimpanse 188
Schlanklori 126
Schleichkatzen 83
Schliefer 178
Schnabeligel 273
Schnabeltier 272
Schneehase 44
Schneeleopard 88
Schneeschaf 230
Schneeziege 231
Schopfducker 165
Schopfgibbon 133
Schraubenziege 108
Schuppentiere 193
Schwanzaffen 129
Schwarzbär 221
Schwarzer Panther 90

Schwarzfersenantilope 162
Schwarzfußiltis 216
Schwarzgesichtslöwenaffe 264, 269
Schwarzschwanz-Präriehund 214
Schwarzwedelhirsch 226
Schweifaffen 256
Schwein, Pinselohr- 174
Schweinswal 304
Schwein, Warzen- 175
Schwertwal 306
*Sciurus vulgaris* 46
Seebär, Nördlicher 301
See-Elefant 299
Seehund 296
Seekuh 303
Seeleopard 298
Seelöwe 300
*Semnopithecus spec.* 131
Senegal-Galago 192
Serau 110
Serval 147
*Setifer setosus* 206
Sifaka 202
Silberlöwe 224
Silberpavian 182
Skunk 217
Somali-Wildesel 154
*Sorex araneus* 36
Spinnenaffe 260
Spitzhörnchen 80
Spitzmaulnashorn 150
Springaffen 254
Springtamarin 263
Stachelschwein 139
Steinbock 72
Steinbock, Nubischer 156
Steinmarder 56
Stelzengazelle 159
Steppentarpan 119
Steppenzebra 152
Stinktier 217
Streifengnu 160
Streifenhyäne 144
Streifenskunk 217
Südamerikanischen Nasenbär 241

Südlicher See-Elefant 299
Südlicher Serau 110
Südlicher Tamandua 235
Südpudu 247
Sumatranashorn 123
Sumpfaffe 254
Sumpfbiber 48
*Suricata suricatta* 140
*Sus salvanius* 121
*Sus scrofa* 64
*Sylvicapra grimmia* 165
*Sylvicapra spec.* 165
*Syncerus caffer* 166
Syrischer Braunbär 53

## T

*Tachyglossus aculeatus* 273
Tahr 109
Takin 111
Tamadua 235
*Tamandua mexicana* 235
*Tamandua tetradactyla* 235
Tamarau 116
Tamarin, Kaiserschnurrbart- 266
Tamarin, Spring- 263
Tanrek, Großer- 206
Tapir 248
*Tapirus bairdii* 248
*Tapirus indicus* 248
*Tapirus pinchaque* 248
*Tapirus terrestris* 248
*Tarsius spec.* 128
Tasmanischer Beutelteufel 278
*Tenrec ecaudatus* 206
*Theropithecus gelada* 181
Thornicroft-Giraffe 168
Tieflandanoa 115
Tiger 92
Tigerhyäne 144
Totenkopfaffe 258
*Trachypithecus spec.* 130
*Tragelaphus eurycerus* 163

*Tragulus javanicus* 105
*Tragulus napu* 105
Trampeltier 102
*Trichechus manatus* 303
*Trichosurus vulpecula* 283
Tümmler, Großer 305
*Tupaia spec.* 80
Tupajas 80
Tupfenhyäne 144
*Tursiops truncatus* 305

## U

Uakari 257
Uganda-Giraffe 168
*Urocyon cinereoargenteus* 222
Urson 213
*Ursus americanus* 221
*Ursus arctos* 52
*Ursus maritimus* 290

## V

Vampir 240
*Varecia variegata* 198
Vari 198
*Vicugna vicugna* 252
Vielfraß 58
Vikunja 252
Virginia-Hirsch 226
Virginia-Opossum 210
*Vombatus ursinus* 275
*Vulpes vulpes* 51

## W

Waldducker 165
Waldelefant 176
Waldgiraffe 167
Waldiltis 55
Waldspitzmaus 36
Waldtarpan 119
Waldwildkatze 62
Wallaby 276
Walross 302
Wanderu 129
Wapiti 66
Warzenschwein 175
Waschbär 220
Waschbärhund 98
Wasserbüffel 113
Wasserschwein 238
Weißbrustigel 37

Weißbüschelaffe 268
Weiße Oryx 157
Weißer Wolf 289
Weißkopfsaki 256
Weißrüssel-Nasenbär 241
Weißwedelhirsch 226
Westafrikanische Giraffe 269
Westlicher Gorilla 186
Wickelbär 242
Wiesel, Maus- 54
Wildesel, Afrikanischer 154
Wildesel, Asiatischer 117
Wildkamel 102
Wildkaninchen 45
Wildkatze 62
Wildschwein 64
Wildschwein, Zwerg- 121
Wildziege, Kretische 73
Wisent 70
Witwenaffe 254
Wolf 100
Wolf, Erd- 145
Wolf, Mähnen- 244
Wolf, Polar- 289
Wolf, Prärie- 223
Wolf, Weißer- 289
Wollmaki 202
Wombat 275

## Y
Yak 112

## Z
*Zaedyus pichiy* 234
*Zaglossus bruijni* 273
*Zalophus californianus* 300
*Zalophus californianus californianus* 300
*Zalophus californianus japonensis* 300
*Zalophus californianus wollebaeki* 300
Zebra 152
Zebraducker 165
Ziege, Schnee- 231
Zobel 82
Zweifinger-Faultier 237
Zwergameisenbär 235
Zwergflusspferd 173
Zwerggürteltier 234
Zwergmara 239
Zwergschimpanse 189
Zwergseidenaffe 267
Zwergwildschwein 121

# Bildquellen

Titelfoto: iStockphoto/Henk Bentlage

Bauschmann, Gerd: S. 93; Blickwinkel.de/H. Schmidbauer: S. 242; Fischer, Eric: S. 17, 20(o.), 27, 52, 64, 65(2), 68(o.), 86, 94, 95, 96 (auch U2 o.), 97(u.), 98(2), 100, 101, 105, 120 (auch Klappe vorn innen o.), 124 (auch U2 z.v.o.), 134, 140, 141(auch U2 3.v.o.), 146(o.), 150, 153, 158, 170, 188 (auch U2 2.v.u.), 189, 191, 196, 206, 240, 248, 249, 250, 261, 276, 288, 289, 296; Fünfstück, Hans-Joachim: S. 20(u.), 21, 22, 23, 24, 71, 72, 112, 118, 142, 161, 169, 181(o.); Hagerty, Ryan/NCTC Image Library: S. 216; Hau, Gerald/Alfred Limbrunner: S. 297; Hausmann, Ralf: S. 6, 70, 129, 135, 144, 160, 175, 176, 182, 229; Hecker, Frank/Alfred Limbrunner: S. 54; iStockphoto/Adriaan J van den Berg: S. 162; iStockphoto/Andrea Romagnolo: S. 251; iStockphoto/Andrew Halsall: S. 270/271; iStockphoto/Anna Yu: S. 58; iStockphoto/Bill Raboin: S. 210; iStockphoto/Brent Lukey: S. 9; iStockphoto/Carlos Ameglio: S. 222; iStockphoto/Catharina van den Dikkenberg: S. 184(o.); iStockphoto/Charles Schug: S. 211; iStockphoto/Curtis Richter: S. 294/295; iStockphoto/Dave Raboin: S. 226; iStockphoto/David Gomez: S. 147; iStockphoto/David Klein: S. 208/209; iStockphoto/David Parsons: S. 237; iStockphoto/Dawn Nichols: S. 167(u.); iStockphoto/Derek Dammann: S. 221; iStockphoto/Dirk Freder: S. 97(o.); iStockphoto/Ervin Monn: S. 34/35; iStockphoto/Graeme Purdy: S. 90; iStockphoto/Graeme Purdy: S. 149; iStockphoto/Guenter Guni: S. 172; iStockphoto/Hector Garcia: S. 308; iStockphoto/Heinrich van den Berg: S. 193; iStockphoto/Heinz Effner: S. 42; iStockphoto/Henk Bentlage: S. 197; iStockphoto/HighlanderImages: S. 91; iStockphoto/Holger Ehlers: S. 130(u.); iStockphoto/James Coleman: S. 217; iStockphoto/jim kruger: S. 224; iStockphoto/joe moran: S. 262; iStockphoto/Johan Swanepoel: S. 2 (auch hintere Umschlagklappe außen); iStockphoto/John Carnemolla: S. 8; iStockphoto/John Pitcher: S. 225; iStockphoto/Jonathan Heger: S. 139; iStockphoto/Karel Broz: S. 68(u.); iStockphoto/Karen Massier: S. 252; iStockphoto/kawisign: S. 48; iStockphoto/Keiichi Hiki: S. 7; iStockphoto/Keith Molloy: S. 102; iStockphoto/Kjersti Joergensen: S. 132 (auch Klappe vorn innen 3.v.o.); iStockphoto/Laura Hart: S. 253; iStockphoto/LIN CHUN-TSO: S. 104; iStockphoto/Marcus Lindström: S. 84(u.); iStockphoto/Mark Turner: S. 268; iStockphoto/Mihail Zhukov: S. 82; iStockphoto/Miles Higgins: S. 220; iStockphoto/Nico Smit: S. 148 (auch U2 3.v.u.), 192; iStockphoto/oversnap: S. 136/137; iStockphoto/Petar Zigich: S. 212; iStockphoto/Peter Wey: S. 44(u.); iStockphoto/p-lynn: S. 259; iStockphoto/Ray Hems: S. 285; iStockphoto/Rich Phalin: S. 227; iStockphoto/Richard Fitzer: S. 307; iStockphoto/Shane White: S. 273 (auch Klappe vorn innen u.); iStockphoto/Simone van den Berg: S. 258; iStockphoto/Steffen Foerster: S. 159; iStockphoto/Stephen Meese: S. 246; iStockphoto/stockstudioX: S. 230; iStockphoto/syagci: S. 232/233; iStockphoto/thp73: S. 286/287; iStockphoto/Tom Tietz: S. 164;